Klaus Greis

Wissenschaftliches Publizieren mit Word für Windows

Klaus Greis

Wissenschaftliches Publizieren mit Word für Windows

Von der erfolgreichen Seminararbeit
bis zur professionellen Publikation
im Internet

http://www.vieweg.de

Satz: Klaus P. Greis, Moos
Gedruckt auf säurefreiem Papier

ISBN-13: 978-3-528-05571-4
DOI: 10.1007/978-3-322-86647-9

e-ISBN-13: 978-3-322-86647-9

Inhaltsverzeichnis

Über dieses Buch

In Ihrem Tätigkeitsbereich *Wissenschaftliches Arbeiten* schreiben Sie unterschiedliche Arten *wissenschaftlicher Arbeiten.* Das Spektrum reicht dabei vom einseitigen Protokoll bis zur Dissertation mit mehreren Hundert Seiten. In jedem Fall müssen inhaltliche und formale Ansprüche an eine wissenschaftliche Arbeit erfüllt sein.

Der erste Teil Ihrer Arbeit ist der, den man als *geistige Arbeit* bezeichnet und den ein PC nicht ersetzen kann. Dazu gehören Themenfindung und Strukturierung Ihrer Ideen ebenso wie die bibliographischen Arbeiten.

Beim zweiten Teil Ihrer Arbeit, der *schreibtechnischen Umsetzung,* kann Ihnen der PC helfen. An dieser Stelle setzt dieses Buch ein. Es ist zusammen mit Word für Windows eine konkrete Arbeitshilfe zur effizienten Erstellung Ihrer wissenschaftlichen Arbeit.

So, wie viele Wege nach Rom führen, gibt es auch beim Einsatz von Word oft verschiedene Möglichkeiten, das gewünschte Ergebnis zu bekommen. Bei den gezeigten Lösungswegen verzichte ich bewusst auf die Darstellung von Alternativen und – in der Regel – auch darauf, die Entscheidung für die gezeigte Lösung zu begründen. Der Grund dafür ist die Konzeption des Buches: Es beschreibt anstelle aller möglichen Funktionen die praxiserprobten Lösungen, die Sie ohne Umwege ans Ziel zu bringen.

Viele Wege nach Rom?

Teil A behandelt Funktion und Bestandteile wissenschaftlicher Arbeiten und nur die dafür notwendigen Word-Funktionen. Für die Einrichtung von Word und damit das verbundene Optimierungspotential für Ihre Arbeit finden Sie konkrete Anleitungen.

Teil A: Die Grundlagen

Im Sinne eines erfolgreichen Projekt-Managements behandelt Teil B die notwendigen Schritte zur erfolgreichen Projektdurchführung. Eine praxiserprobte Checkliste hilft Ihnen, alle erforderlichen Schritte zu berücksichtigen.

Teil B: Das Projekt

Teil C behandelt ein Thema, das zum Zeitpunkt der Entstehung dieses Buches (Frühjahr 1997) noch nicht gang und gäbe war: elektronisches Publizieren wissenschaftlicher Arbeiten. Es geht um die Möglichkeiten, Manuskripte für Datenträger oder für das Internet aufzubereiten.

Teil C: Neue Wege

Teil D: *Die Referenz*	Teil D beschreibt als vollständige Referenz von A wie *Abbildungsverzeichnis* bis Z wie *Zusammenfassung* die Bestandteile wissenschaftlicher Arbeiten in ihrer Funktion innerhalb des Gesamtmanuskripts. Die zur Bearbeitung notwendigen Schritte werden ausführlich dargestellt.
Teil E *Die Quellen*	Obwohl es sich bei diesem Buch „nur" um ein Computerbuch handelt und nicht um eine wissenschaftliche Arbeit, so muß meiner Meinung nach doch die verwendete Literatur genannt werden – was nicht bei jedem Computerbuch zum vorliegenden Thema üblich ist. Der Vollständigkeit halber habe ich auch die verwendete Software aufgeführt.
Lesehilfen	Das Buch enthält textexterne und textinterne Lesehilfen. Zu den externen gehören Inhalts- und Stichwortverzeichnis. Textinterne Lesehilfen sind neben Absatz- und Schriftgestaltung auch die Marginalien in den äußeren Randspalten. Das können Hinweise in Form von Stichworten sein – wie neben diesem Absatz das Wort *Lesehilfen* – oder grafische Symbole.
Zitate und Belege	Belege für Zitate und Quellen finden Sie in diesem Buch in den Fußnoten in Form des sogenannten *Kurzbelegs*[1].

Bei dieser Markierung finden Sie Warnungen vor möglichen Stolpersteinen in Arbeitsabläufen und Tips zur Vereinfachung Ihrer Arbeit. Als Warnung finden Sie die Markierung *vor* der Stelle, an der etwas schief gehen kann.

Das Maus-Symbol weist darauf hin, dass bei Bearbeitung die Maus einzusetzen ist. In einigen Fällen heißt das, dass Sie sie einsetzen *müssen*, weil es nicht anders geht; in anderen Fällen bedeutet das Symbol, dass Sie sie einsetzen *können*, weil es mit der Maus einfacher ist.

So geht's! Bei dieser Markierung sind ausführlich die Arbeitsschritte dargestellt, mit denen Sie Ihr Manuskript bearbeiten können.

Viel Erfolg! Für die Arbeit mit Ihrer Arbeit wünsche ich Ihnen viel Erfolg. Sollten Sie beim Einsatz dieses Buches auf verbesserungswürdige Dinge stoßen, können Sie mir das gerne mitteilen.[2]

---

[1] Siehe Kapitel 48.

[2] CompuServe 100103,1632; 100103.1632@compuserve.com; Klaus.P.Greis@t-online.de

Die Grundlagen:
Was – Wie – Womit

Wissenschaftliche Arbeiten: Typen, Funktion, Bestandteile **1**

Nach der Immatrikulation fängt es an, und mit der letzten Prüfung ist es zu Ende – das Erstellen wissenschaftliche Arbeiten. Je nach Fachrichtung, Studienabschnitt und Verwendungsabsicht handelt es sich um sehr unterschiedliche Studienarbeiten, die Sie zu erstellen haben: von den kompakten Laborberichten über die kürzeren Pro- und längeren Hauptseminararbeiten bis zur umfangreichen Diplom- oder Staatsexamensarbeit.[1]

In jedem Fall kommen zwei Dinge auf Sie zu:

- ❏ Sie müssen eigene Überlegungen formulieren und sich mit denen anderer auseinandersetzen.

- ❏ Das Resultat Ihrer Arbeit legen Sie in einer mehr oder weniger festgelegten Form anderen zur Lektüre vor.

Das gleiche gilt für andere Autoren wissenschaftlicher Publikationen, sei es eine Dissertation, ein Vortragsmanuskript oder ein Aufsatz für eine Fachzeitschrift.

1.1 Aufbau und Struktur der Manuskripte

Ein Referat für ein Hauptseminar ist ohne Inhaltsverzeichnis undenkbar; eine Diplomarbeit aus dem ingenieurwissenschaftlichen Bereich kommt nicht ohne Formelzeichenverzeichnis aus. Was aber bei jeder dieser beispielhaft genannten Arbeiten nicht fehlen darf, sind Titelseite und Literaturverzeichnis. Jede Arbeit enthält je nach ihrem Verwendungszweck unterschiedliche Textelemente. Die Textelemente kommen in den verschiedenen Arbeiten in unterschiedlicher Häufung und in unterschiedlichen Kombinationen vor.[2]

Spezifische Bestandteile

---

[1] Siehe *Poenicke, K.*: Arbeiten, 1988, S. 91-106; *Rückriem, G. u.a.*: Technik, 1992, S. 56-83; *Theisen, M. R.*: Arbeiten, 1993, S. 6-12.
[2] Siehe *Poenicke, K.*: Arbeiten, 1988, S. 107-113.

Maximalkatalog   Die folgende Aufstellung ist deshalb als Maximalkatalog zu verstehen. Die Teile sind in der Reihenfolge aufgeführt, in der sie in einem Manuskript[1] zu verwenden sind.

❑ Titelseite

❑ Inhaltsverzeichnis

❑ Abkürzungsverzeichnis

❑ Formelzeichenverzeichnis

❑ Abbildungs-, Tabellen- u.ä. Verzeichnisse

❑ Einleitung

❑ Hauptteil

❑ Zusammenfassung

❑ Anhang

❑ Literaturverzeichnis

❑ Stichwortverzeichnis

1.2 Protokolle

Ein Protokoll kann – so erklärt das DUDEN-Fremdwörterbuch[2] – zweierlei sein:

❑ Ein „genauer schriftlicher Bericht über Verlauf und Ergebnis eines Versuchs"

❑ Eine „schriftliche Zusammenfassung der wesentlichsten Ergebnisse einer Sitzung"

Beide Varianten haben eine gemeinsame Funktion: Sie sollen ein Ereignis dokumentieren, so dass zu einem späteren Zeitpunkt die notwendigen Informationen zur Verfügung stehen. Welche Art eines Protokolls zu erstellen ist, hängt vor von der Art des Ereignisses ab, das zu protokollieren ist.[3]

---

[1] Der Begriff *Manuskript* bezeichnet in seiner ursprünglichen Bedeutung eine *„hand- oder maschinenschriftliche Ausarbeitung"* (so der DUDEN). In diesem Buch verwende ich den Begriff für alles, was mit Hilfe von Word erstellt oder bearbeitet wird.

[2] *Duden Fremdwörterbuch*. Bearb. von Wolfgang Müller u.a. 4., neu bearb. u. erw. Aufl., Mannheim, Wien, Zürich: Bibliographisches Institut, 1982, S. 632.

[3] Für den naturwissenschaftlichen Bereich siehe *Ebel, H. F./Bliefert, C.*: Schreiben, 1994, S. 15-17; zur Unterscheidung der Protokollarten siehe *Rückriem, G. u.a.*: Technik, 1992, S. 70-75

Während im Sitzungsprotokoll eines Gremiums vor allem die Ergebnisse zu protokollieren sind, ist beispielsweise im Rahmen der pädagogischen Ausbildung bei Hospitationen der Unterrichtsablauf zu protokollieren.[1] Dabei ist also nicht entscheidend, (nur) das Ergebnis zu protokollieren, ob also Lernziele des Unterrichts erreicht sind; wichtig ist vielmehr wegen der Ausbildungsfunktion der Hospitation die Dokumentation des Unterrichtsverlaufes in seinen Lernphasen (Aspekt *Verlaufsprotokoll*); natürlich zählt dazu auch die Phase der Lernkontrolle (Aspekt *Ergebnisprotokoll*).

Ergebnis-protokoll

Verlaufs-protokoll

Wenn Sie ein Protokoll geschrieben haben, müssen Sie je nach Verwendungszweck ein oder mehrere Exemplare ausdrucken. Ob Sie dabei für sich selbst ein Exemplar mit ausdrucken oder/und das Protokoll speichern, können Sie am besten entscheiden. Mein Tip: Drucken Sie ein Exemplar und entlasten Sie dafür Ihre Festplatte – auch im Zeitalter von Gigabyte-Platten.[2]

Drucken Speichern

1.3 Laborberichte

Laborberichte sind – im Sinne der ersten DUDEN-Definition im vorherigen Abschnitt – Verlaufsprotokolle. Sie beschreiben also sowohl den Verlauf eines Laborversuchs als auch seine Ergebnisse. Ergänzt werden diese Teile des Manuskripts in der Regel durch zusätzliche Informationen zu dem im Versuch behandelten Thema.

Damit lassen sich die Teile von Laborberichten benennen, die aber nicht notwendigerweise alle in einem Bericht enthalten sein müssen; mitunter werden durch die Laborleitung formale Rahmenbedingungen zur Gestaltung der Berichte vorgegeben.[3]

Ob sich der Einsatz von Word bei Einzel-Laborberichten lohnt – bei umfangreicheren Berichten sicher eher als bei einer zweiseitigen Kurzzusammenfassung –, können Sie selbst am besten entscheiden. Bei Versuchen, die im Rahmen einer größeren Untersuchung durchzuführen sind, dürfte ihr Einsatz auf jeden Fall selbstverständlich

---

[1] Ein Beispiel in *Rückriem, G. u.a.*: Technik, 1992, S. 265-267.
[2] Zum Speichern siehe Kapitel 7, zum Drucken Kapitel 13.
[3] Siehe *Ebel, H. F./Bliefert, C.*: Schreiben, 1994, S. 23-24.

sein, denn die Rahmenarbeit erstellen Sie sicher mit Word.

Titelseite   Die Titelseite[1] kann außer den formalen Angaben wie dem Titel, dem bzw. den Verfassernamen, der Semesterzahl usw. auch das Inhaltsverzeichnis enthalten, wenn es nur wenige Einträge umfaßt.[2] Verzeichnisse für Formelzeichen[3] und Abkürzungen[4] lassen sich bei geringerem Umfang auf einer Seite zusammenfassen.

Die anschließenden Teile des Versuchsberichts sind in getrennten Abschnitten mit entsprechenden Überschriften[5] darzustellen. Beginnen Sie mit dem ersten Abschnitt auf der Seite nach den Verzeichnissen.

Aufgaben-   Die Aufgabenstellung wird in der Regel ausformuliert vor-
stellung   gegeben, so dass Sie diese direkt übernehmen können. Wenn die Aufgabe unterteilt ist, ist es sinnvoll, die Beschreibung der einzelnen Teilaufgaben durch Absatzmarkierungen.[6]

„Die notwendige Theorie" ist ein weiteres Kapitel. Wenn Sie sich bei diesem Teil eines Versuchsberichtes auf Literatur zum Thema beziehen bzw. daraus zitieren, müssen Sie entsprechende Literaturverweise einfügen.[7]

Versuchs-   Die Beschreibung des Versuchsaufbaus enthält Angaben
aufbau   zum verwendeten Instrumentarium und seiner Anordnung sowie zu Hilfsmitteln und Hilfsstoffen. Wenn beim Aufbau eine bestimmte Reihenfolge zu beachten ist, sollten Sie die einzelnen Schritte des Versuchsaufbaus in Form nummerierter Absätze beschreiben. Die Absätze können Sie von Word automatisch nummerieren lassen.[8] Ebenfalls nummeriert werden die einzelnen Schritte der Versuchsdurchführung, weil sie in einer logischen Reihenfolge durchzuführen sind.

Beobachtungen   Bei der Beschreibung der Beobachtungen lassen sich durch Querverweise[9] auf andere Abschnitte des Berichts

---

[1] Siehe Kapitel 45.
[2] Siehe Kapitel 31.
[3] Siehe Kapitel 26.
[4] Siehe Kapitel 18.
[5] Siehe Kapitel 46.
[6] Siehe Kapitel 5, Abschnitt *Zeilen und Absätze*.
[7] Siehe Kapitel 48.
[8] Siehe Kapitel 5, Abschnitt *Zeilen und Absätze*.
[9] Siehe Kapitel 39.

inhaltliche Bezüge herstellen, so dass Sie hier nicht wiederholen müssen, was Sie an anderer Stelle bereits geschrieben oder im Anhang dokumentiert haben.

Bei der Darstellung der Erklärung/Interpretation/Hypothesenbildung lassen sich durch Querverweise, etwa auf den Theorieabschnitt oder auf Messprotokolle im Anhang, inhaltliche Bezüge herstellen.

Erklärung

Der Anhang[1] enthält die Teile des Berichts, die zum Nachvollziehen Ihres Versuchsberichts im Sinne einer wissenschaftlichen Arbeit notwendig sind. Das können Berechnungsblätter,[2] Tabellen[3] oder Diagramme[4] sein. Von Seiten des Labors zur Verfügung gestellte Materialien lassen sich ebenfalls als Anhang zu der von Ihnen erstellten Teilen anfügen, sofern sie nicht zwingend in einen der vorherigen Abschnitte einzugliedern sind. Die verwendete Literatur ist entweder in einem, wenn auch kleinen Literaturverzeichnis[5] aufzulisten oder in Form eines sogenannten Vollbelegs aufzuführen.[6]

Anhang

Wenn Sie den Versuchsbericht fertiggestellt haben, drucken Sie außer den zur Abgabe notwendigen Exemplaren noch eines für Ihre Unterlagen aus, und vergessen Sie nicht, den Bericht zu speichern und zu sichern.[7]

Damit steht Ihnen der Versuchsbericht immer wieder zur Verfügung, wenn Sie ihn oder Teile davon eventuell später in anderem Zusammenhang wieder brauchen:

Drucken und Speichern

❑ Wenn Sie beispielsweise eine Tabelle und das zugehörige Diagramm für einen Vortrag brauchen, drucken Sie die beiden einfach auf Folie bzw. kopieren einen Papierausdruck auf Folie.

Vortragsfolie

❑ Wenn Sie etwa im Rahmen einer Diplomarbeit Versuche durchführen müssen, die Sie in früheren Semestern bereits als Laborübungen gemacht haben, dann lassen sich die damaligen Versuchsberichte oder Teile davon eventuell in die Diplomarbeit integrieren. Das Ganze kann Ihnen eine Menge Zeit und Arbeit erspa-

Recycling

---

[1] Siehe Kapitel 19.
[2] Siehe weiter unten in diesem Kapitel.
[3] Siehe Kapitel 44.
[4] Siehe Kapitel 22.
[5] Siehe Kapitel 33.
[6] Siehe Kapitel 48.
[7] Siehe Kapitel 13.

ren, die Sie dann an anderer Stelle nutzbringend einsetzen können.

1.4   Referate und andere Seminararbeiten

Thesenpapier
Hausarbeit
Referat

Unter dem Begriff Seminararbeiten sind hier unterschiedliche Arten von Manuskripten zu verstehen:[1] das Thesenpapier, das als Diskussionsgrundlage für Prüfungen[2] oder in Seminaren dient; die Übungs- oder Hausarbeit, die etwa als Voraussetzung für die Zulassung zu einer umfangreicheren Seminararbeit verlangt wird; das Referat, das heute die umfangreiche Seminararbeit schlechthin bezeichnet, genau genommen aber „nur" den mündlichen Vortrag bedeutet.

Exkursions-
bericht

In die Gruppe dieser Manuskripte gehören auch Berichte, die im Rahmen sogenannter Praxissemester zu schreiben sind. Ein anderes Beispiel solcher Manuskripte sind Exkursionsberichte, die als Auswertung der Veranstaltung erstellt werden müssen.

Je nach dem Seminar, in dem die Arbeit anzufertigen ist, wird das Thema mehr oder weniger abgegrenzt und damit auch das Manuskript mehr oder weniger umfangreich sein. Übereinstimmend bezeichnen die Begriffe Manuskripte, in denen ein Thema nach wissenschaftlichen Kriterien und mit den dem jeweiligen Fachgebiet entsprechenden Arbeitsweisen behandelt wird.

Inhaltsver-
zeichnis

Wenn es sich bei Ihrer Seminararbeit um mehr als ein zwei- oder dreiseitiges Thesenpapier handelt, müssen Sie nach der Titelseite ein Inhaltsverzeichnis einfügen. Sie können es von Word automatisch erstellen lassen. Dabei werden nicht nur die Überschriftentexte im Wortlaut übernommen, sondern dahinter auch gleich die zugehörigen Seitenzahlen eingefügt.[3]

Das Inhaltsverzeichnis verweist aber nicht nur auf die Seiten, auf denen der zu einer Überschrift gehörende Text steht. Es zeigt gleichzeitig, ob und wie Sie einzelne Kapi-

---

[1] Zur Funktionsunterscheidung siehe auch *Poenicke*, S. 96-98; *Theisen*, S. 8-9.

[2] Im Abschnitt *Arbeiten zur Prüfungsvorbereitung* weiter unten sind zwei Varianten beschrieben.

[3] Zu Inhaltsverzeichnissen siehe Kapitel 31, zu Überschriften Kapitel 46 und zur Seitennumerierung Kapitel 42.

tel untergliedert haben. Dementsprechend werden die Überschriften nummeriert; es sind jedoch auch Überschriften ohne Nummerierung möglich, wenn Sie keine Untergliederung verwenden. Ob Sie Kapitel gliedern, hängt vom Umfang und der Art Ihrer Darstellung ab.[1]

Zur Darstellung des Themas stehen drei Teile zur Verfügung: Einleitung,[2] Hauptteil[3] und gegebenenfalls die Zusammenfassung[4]. Unter bestimmten Umständen ist dem letzten Teil der Beschreibung noch ein Anhang[5] anzufügen.

Wesentliche Merkmale der Seminararbeiten sind die korrekte Form der Zitate und der zugehörigen Belege in Zusammenhang mit dem Literaturverzeichnis. Die Umsetzung dieser Anforderungen an eine wissenschaftliche Arbeit ist durch Verwendung besonderer Funktionen von Word einfach und sicher.[6]

Zitate
Literaturver-
zeichnis

1.5   Formulare, Listen, Tabellen

Wenn Sie Messreihen oder Umfrageergebnisse aufnehmen und dann auswerten müssen, sind diese Informationen zunächst tabellarisch aufzulisten. Sie können dazu ein Formular erstellen, die notwendigen Beschriftungen einfügen und anschließend als leeren Vordruck ausdrucken lassen. Dazu bietet Word mit der Tabellenfunktion sehr komfortable Möglichkeiten.[7]

Sie kennen das vielleicht aus eigener Erfahrung: Ein Formular hat viel zu kleine Felder für die große Menge von Informationen, die dort einzutragen sind. Zudem fehlt links ein ausreichend großer Seitenrand, um das Formular zu lochen. Wenn man es aber locht, damit es anschließend abgeheftet werden kann, fehlen genau die beiden Zahlen, auf die es ankommt. Gestalten Sie also die Felder entsprechend groß – Sie kennen Ihre Handschrift

---

[1] Zur Gliederung von Kapiteln und zur Numerierung von Überschriften siehe Kapitel 9.
[2] Siehe Kapitel 23.
[3] Siehe Kapitel 30.
[4] Siehe Kapitel 49.
[5] Siehe Kapitel 19.
[6] Zu Zitaten und Belegen siehe Kapitel 48, zum Literaturverzeichnis Kapitel 33.
[7] Siehe Kapitel 44.

am besten –, und berücksichtigen Sie einen ausreichenden Heftrand. Sollte dadurch die Formularbreite zu klein werden, gestalten Sie das Formular als Querformat.

1.6 Berechnungsbogen

Eine Abwandlung der oben beschriebenen Formulare sind Berechnungsbogen. Es handelt sich dabei um Tabellen, die Sie als leere Formulare ausdrucken und dann bei der Aufnahme von Messwerten verwenden. Wenn diese Werte durch Berechnungen weiter verarbeitet werden sollen, kann das grundsätzlich auf zwei Arten geschehen:

Rechen-
methoden

❑ Sie berechnen die Ergebnisse mit einem Taschenrechner und tragen sie anschließend in das Formular ein.

❑ Sie übertragen die aufgenommenen Messwerte, geben Sie anschießend in das gleiche Formular auf dem Bildschirm ein, lassen jetzt aber, statt selbst zu rechnen, Word die Rechenarbeit ausführen.

Die zweite Variante lässt sich vor allem dann einsetzen, wenn es sich um umfangreiche Berechnungen handelt, wenn Sie die Auswertung nicht vor Ort vornehmen und/oder wenn Sie die Ergebnisse bzw. alle Zahleninformationen in Form eines Diagramms darstellen wollen.[1]

Tabellenformeln
Um die Berechnungen durchführen zu lassen, schreiben Sie auf dem Bildschirm in die einzelnen Felder der Tabelle die notwendigen Formeln. Sobald Sie nun alle Messwerte eingegeben haben und den Cursor in das Ergebnisfeld setzen, wird das Resultat angezeigt.[2] Das fertige Berechnungsformular können Sie ausdrucken. Sie können das Ganze aber auch im Rahmen einer umfangreicheren Arbeit als Beleg im Anhang der Arbeit einfügen.

Formelhilfen
Damit die Berechnungen nachvollziehbar werden, können Sie einige weitere Merkmale in die Tabelle einfügen:

❑ Nummerieren Sie die Spalten. Dadurch können Sie sich in Formeln auf einzelne Spalten beziehen.

❑ Sie können aber Formeln – gemeint sind jetzt nicht die Berechnungsformeln, sondern die „Vorzeige-

---

[1] Zur Erstellung von Diagrammen siehe Kapitel 22.

[2] Zu Berechnungen in Tabellen siehe Kapitel 44, Abschnitt *Berechnungen in Tabellen.*

formeln" – auch durch die entsprechenden Formelzeichen darstellen. Dazu können Sie anstelle der Nummerierung der Spalten die einzelnen Formelzeichen einfügen, die dann in den „Vorzeigeformeln" verwendet werden.

1.7   Arbeiten zur Prüfungsvorbereitung

Nachdem Sie sich in Absprache mit dem/den Prüfungsberechtigten Ihres Fachgebietes ein Thema festgelegt haben, bereiten Sie sich auf die Prüfung vor. Damit beide Seiten – Sie und die Prüfenden – eine verbindliche Diskussionsgrundlage haben, müssen Sie gewissermaßen „die Karten offenlegen". Das bedeutet, dass Sie in einem sogenannten Thesenpapier schriftlich festhalten, in welchem inhaltlichen Rahmen und auf welcher Literaturgrundlage Sie Ihr Prüfungsthema behandeln wollen.

Das Thesenpapier umfaßt den formalen Teil (persönliche Angaben, Prüfer, Prüfungsanlaß, Prüfungsgegenstand) und den inhaltlichen Teil.   *Formalien*

Den inhaltlichen Teil Ihres Thesenpapiers können Sie in zwei grundsätzlich unterschiedlichen Formen erstellen. Die beiden in Bild 1.1 und 1.2 dargestellten Beispiele zeigen, wie sich inhaltlich verwandte Themen, aber aus den unterschiedlichen Blickwinkeln verschiedener Fachgebiete bearbeitet – hier Zeitgeschichte und Politologie –, in zwei verschiedenen Formen darstellen lassen.   *Inhalt*

Das klassische Thesenpapier

Diese Form enthält, ähnlich wie die im vorherigen Abschnitt beschriebenen Seminararbeiten, als normalen Text Ihre Überlegungen zur Behandlung des Themas sowie ein Literaturverzeichnis.[1] Bild 1.1 zeigt die erste Seite dieser Form eines Thesenpapiers.

Die strukturierte Inhaltsbeschreibung

Sie enthält nicht ausformulierten Text, sondern zeigt als Gliederungsschema die Struktur des inhaltlichen Gedankengerüstes, an dem Ihr Prüfungsgespräch aufgebaut

---

[1] Siehe Kapitel 33.

und entwickelt werden kann.[1] Bild 1.2 zeigt die erste Seite dieser Form eines Thesenpapiers.

P. Gasus
Matrikel-Nr. 123456
An der Rennbahn 7
65432 Weiterunten

Hauptprüfung Zeitgeschichte
bei Herrn Prof. Dr. A. Q. Rat
Fachbereich Geschichte
WS 1997/98

Thesenpapier zum Prüfungsthema:

**Die Entwicklung der deutschen Sozialdemokratie im
Kaiserreich und in der Weimarer Republik**

1   Die Abgrenzung des behandelten Zeitraums

Im Zeitraum von der (eigentlichen) Gründung der Sozialdemokratischen Partei 1875 bis zu ihrem Verbot 1933 sind die Jahre zwischen den Parteitagen von *Erfurt (1891)* und *Heidelberg (1925)* besonders wichtig. In dieser Zeit liegen Schlüsselereignisse der Sozialdemokratie und der deutschen Arbeiterbewegung.

1.1   Nach dem Sozialistengesetz

In Erfurt gab sich ein Jahr nach dem Fall des Sozialistengesetzes eine gegenüber der Zeit vor Inkrafttreten dieses Gesetzes wesentlich veränderte Partei ein Programm, das kurz- und langfristige Ziele benannte. Diese Theorie konnte jedoch nicht nur nicht verhindern, daß die Praxis der Partei zunehmend an *Reformen und Parlamentarismus* orientiert war; sie schien eine solche Praxis darüber hinaus noch zu fördern.

Nachdem Sie das Thesenpapier fertiggestellt haben, speichern Sie es und drucken es aus. Ändern Sie nach Abgabe des Thesenpapiers an der Datei nichts mehr, damit Sie

---

[1] Zur Gliederung von Überschriften siehe Kapitel 9.

sicher sein können, dass sowohl Sie als auch die Prüfenden dieselbe Fassung haben. Andernfalls könnte es während der Prüfung zu Missverständnissen oder sogar ernsten Schwierigkeiten kommen.

Bild 1.2:
Strukturierte Form eines Thesenpapiers

P. Gasus
Matrikel-Nr. 123456
An der Rennbahn 7
65432 Weiterunten

Frau Prof. Dr. G. O. Graf
Fachbereich Wissenschaftliche Politik

Hauptprüfung Politologie
WS 1997/98

Die folgende Systematik soll das „Thesenpapier zur Prüfung" ersetzen. Sie enthält die Punkte, die notwendigerweise bei der Behandlung des Themas berücksichtigt werden müssen.

Die Sozialdemokratische Partei Deutschlands
in der Zeit der Weimarer Republik

I.   Parteitheorie

    A.   Begriff der Partei

    B.   Parteitypen

        1.   nach M. Weber

        2.   nach S. Neumann

        3.   nach M. Duverger

        4.   nach W. Abendroth

        5.   nach O. Kirchheimer

    C.   Parteiensysteme

        1.   Einparteiensystem

        2.   Mehrparteiensystem

            a)   Zweiparteiensystem

            b)   Vielparteiensystem

    D.   Entwicklungsgeschichte der Parteien

        1.   England

        2.   Westeuropa – Deutschland

Sollten Ihnen aber nach der Abgabe dennoch Änderungen wichtig erscheinen, tragen Sie diese handschriftlich in Ihr gedrucktes Exemplar ein. Damit Sie ganz sicher an der

Gegebenenfalls aktualisieren

Datei keine Änderungen vornehmen können, versehen Sie die Datei mit einem Schreibschutz; Word sorgt dann dafür, dass Sie das Dokument nicht ohne weiteres ändern können.

1.8 Diplomarbeiten, Dissertationen und andere Abschlussarbeiten

Unterschiede zu Seminararbeiten?

Allen inhaltlichen und formalen Anforderungen, die an Seminararbeiten gestellt werden, gelten grundsätzlich auch bei den Abschlussarbeiten, allerdings in einem weitaus strengeren Maße, denn sie sind Bestandteil der Abschlussprüfung bzw. notwendige Bedingung. Die erhöhten Anforderungen betreffen nicht nur die inhaltliche Seite der Arbeit, sondern auch den formalen, darstellungstechnischen Aspekt. Dementsprechend soll auch das Resultat Ihrer Arbeit sein: ein überzeugender Inhalt in einem bestechenden Äußeren. Den zweiten Aspekt zu erreichen, dazu kann der Einsatz von Word zusammen mit diesem Buch beitragen.

Dissertationen

Sollten Sie an Ihrer Dissertation arbeiten,[1] denken Sie rechtzeitig daran, ob Sie die Arbeit in der klassischen Form veröffentlichen oder im Internet publizieren wollen. Zur Zeit der Entstehung dieses Buches (Frühjahr 1997) bestand an der Universität Konstanz und an der Technischen Hochschule Chemnitz die Möglichkeit, Dissertationen im Internet zu publizieren. Wenn die Promotionsordnung diese Möglichkeit bietet und Sie gegebenenfalls davon Gebrauch machen wollen, sollten Sie rechtzeitig einige Besonderheiten beachten.[2]

1.9 Vortragsmanuskripte

Sollten Sie irgendwann einen Vortrag halten dürfen oder müssen, dann sollten Sie das Manuskript dazu natürlich mit Word erstellen. Es gibt dafür mehrere gute Gründe:

---

[1] Ausführlich mit Besonderheiten für den naturwissenschaftlichen Bereich siehe *Ebel, H. F./Bliefert, C.*: Schreiben, 1994, S. 41-77; allgemein *Poenicke, K.*: Arbeiten, 1988, S. 99-101 und *Theisen, M. R.*: Arbeiten, 1993, S. 11-12.

[2] Siehe Kapitel 16.

❑ Sie können den Text sehr schnell umformatieren und das Exemplar, das Sie während des Vortrags verwenden, in größerer Schrift ausdrucken (auch wenn Sie vielleicht Augen haben wie der sprichwörtliche Sperber). Sie haben mit dieser Großschriftvariante keine Probleme, wenn Sie stehend anhand Ihres Manuskripts den Vortrag halten wollen. Ebenso einfach können Sie den rechten Rand vergrößern, um so auf dem Ausdrucke mehr Platz für Kommentare oder andere Ergänzungen zu bekommen.

Große Schrift

Kommentar-spalte

❑ Sie können das Manuskript formatieren und in einer entsprechend präsentablen Form für die Verwendung im Tagungsbericht zur Verfügung stellen.

Grundlage für den Tagungs-bericht

❑ Sie können die Datei aber auch in einem Format speichern, das mit anderen Programmen verarbeitet werden kann. Das ist dann nützlich, wenn beispielsweise der Tagungsbericht nicht in fotokopierter Form zusammengestellt werden soll, sondern alle Vortragsmanuskripte neu gesetzt werden. Da sich die Verwendung von PC allmählich in allen Bereichen durchsetzt, wird immer mehr darum gebeten, Texte (zusätzlich) in Form von Dateien zur Verfügung zu stellen.

❑ Sie haben den Text immer wieder verfügbar und können ihn in anderem Zusammenhang nutzen. Sie können ihn jederzeit modifizieren, erweitern oder in anderer Weise überarbeiten.

Recycling

1.10 Zeitschriftenaufsätze

Zeitschriftenaufsätze werden wohl in den seltensten Fällen wegen des Zeilenhonorars geschrieben – in der Regel geht es um „Ruhm und Ehre". Wie auch immer – wenn Sie einen Aufsatz veröffentlichen wollen, müssen Sie einige Dinge beachten.[1]

Zeitschriftenverlage geben den Autoren unter dem Stichwort „Hinweise für Autoren" oder „Hinweise zur Manuskripterstellung" bzw. ähnlich lautenden Titeln vor, in welcher Form ein Manuskript einzureichen ist. Sie finden dort nicht nur Hinweise auf den Zeilenabstand, auf die

Autoren-hinweise

---

[1] Ausführlich siehe *Ebel, H. F./Bliefert, C.*: Schreiben, 1994, S. 80-105, zur Bearbeitung von Aufsatzmanuskripten mit Besonderheiten im naturwissenschaftlichen Bereich S. 105-134.

Textbreite oder auf das Seitenformat, sondern vermehrt auch der Hinweis bzw. die Bitte, den Aufsatz – ähnlich wie bei Vortragsmanuskripten – außer als Manuskript auch auf Diskette zu liefern.

Wo veröffentlichen?

Wenn Sie nun bei Ihrem Vorhaben nicht wissen, ob und welche Fachzeitschriften für Sie in Frage kommen, können Sie sich in Ihrer Fachbereichsbibliothek umsehen. Auch eine gut sortierte Fachbuchhandlung kann weiterhelfen.

Zeitschriften-Katalog der Fachpresse

Daneben gibt es aber – und nicht nur für Ihr Publikationsvorhaben, sondern als generelle Informationsquelle – auch einen Katalog, in dem alles an Zeitschriften aufgeführt ist, was derzeit aus allen denkbaren Gebieten zu haben ist: von *„AAA Arbeiten aus Anglistik und Amerikanistik"* über *„RTR Railway Technical Review"* bis *„ZWR Das Deutsche Zahnärzteblatt"*.

Bei diesem Katalog handelt es sich um den *Zeitschriften-Katalog der Fachpresse*. Er wird jährlich aus Anlaß der Frankfurter Buchmesse herausgegeben vom

Verlag Buchhändler-Vereinigung GmbH
Zeitschriften-Informations-Service(ZIS)
Großer Hirschgraben 17-21
60311 Frankfurt Main

Der Katalog enthält die Sachgruppensystematik des Zeitschriften-Informations-Service, ein alphabetisches Titelverzeichnis, ein nach Sachgruppen sortiertes Titelregister und ein Verlagsverzeichnis.

CD-ROM-Katalog

In einer erweiterten Fassung ist der Zeitschriften-Katalog seit 1994 auch auf CD-ROM erhältlich. Nach ZIS-Angaben enthält die CD ca. 3200 Zeitschriftentitel gegenüber 2200 im Katalog. Vielleicht ist die CD in Ihrer Bibliothek verfügbar.

Nicht wissenschaftlich, aber notwendig: Korrespondenz & Co.   2

In gewisser Hinsicht sind die im vorigen Kapitel beschriebenen Studienarbeiten eine rein interne Angelegenheit. Diplomarbeiten und Dissertationen bewegen sich im Grenzgebiet, zunächst diesseits, dann jenseits der Grenze. Und dann gibt es noch Briefe und ähnliche Schreiben, mit denen Sie die Grenze ganz klar überschreiten.

Die Rede ist von dem, was man in Unternehmen als Außenkontake bezeichnet. Ihre Semesterarbeiten dienen „nur" – und das ist nicht abwertend gemeint – innerhalb Ihres Fachgebietes als Kommunikationsmittel. Mit der Abschlussarbeit verhält es sich bis zur Prüfung zunächst ebenso; danach lässt sie sich im Bereich der Außenkontake wirksam einsetzen, wenn Sie Ihre Diplomarbeit etwa bei Bewerbungen präsentieren. Ihre Korrespondenz dient (fast) ausschließlich Ihren Außenkontakten. Das bedeutet, dass Sie mit Briefen und anderen Schreiben auch die Möglichkeit haben, sich selbst darstellen. Setzen Sie also Ihre Korrespondenz auch als Werbemittel ein.

Eigenwerbung

Machen Sie es nicht so, wie jener Verfasser eines Schreibens, der in einem Brief zwei Schriftarten in drei unterschiedlichen Größen verwendet hat und Teile, die ihm wichtig erschienen, teils unterstrichen, teils fett geschrieben hat. Mit derart gestalteten Schreiben lässt sich nur demonstrieren, dass auf der Festplatte eine umfangreiche Zahl von Schriften mit vielen Gestaltungsmerkmalen installiert ist, mehr aber nicht.

Weniger ist mehr!

2.1 „Alltägliche" Korrespondenz

Die Anführungszeichen in der Überschrift verdeutlichen bereits, dass Sie Ihre Tage in erster Linie mit anderem verbringen als mit Korrespondenz. Trotzdem werden Sie mehr oder weniger oft Briefe schreiben – beispielsweise eine Anfrage bei Unternehmen wegen eines Praktikantenplatzes oder eine Bitte an Institutionen um Quellenmaterialien zum Thema Ihrer Examensarbeit, um nur zwei nicht untypische Anwendungsfälle zu nennen.

Natürlich setzen Sie für die Korrespondenz Word ein. Dabei haben Sie drei grundsätzliche Möglichkeiten:

Mühsam und ineffizient

❑ Sie können auf dem leeren Bildschirm beginnen: links oben Ihre Absenderangaben; darunter durch einige Zeilenschaltungen getrennt die Empfängeradresse; mit einem Tabulator – oder noch schlimmer: mit der Leertaste – nach rechts versetzt das Datum; dann wieder am linken Rand die Anredeformel, der Text und die abschließende Grußformel. Den nächsten Brief können Sie auf die gleiche Weise schreiben. Weil dieses Verfahren nicht nur mühsam, sondern auch zeitraubend ist, sollten Sie eine der beiden folgenden Varianten anwenden.

Professionell und effizient

Aktueller Brief.dot

Eleganter Brief.dot

Professioneller Brief.dot

❑ Die zweite Möglichkeit bieten vorbereitete Dokumentvorlagen, die sich im Lieferumfang von Word befinden. Es sind vorbereitete Briefvordrucke, die Sie verwenden können, wenn Sie ein neues Dokument erstellen, also einen Brief schreiben wollen.

Sie können solche Vorlagen Ihren Ansprüchen anpassen und dann erneut speichern. Auf diese Weise steht Ihnen ein immer gleich gut aussehender Briefvordruck zur Verfügung, der Ihnen zudem beim Schreiben Ihrer Briefe Zeit spart.

In Word stehen Ihnen drei Briefvordrucke in Form von drei Dokumentvorlagen zur Verfügung; links sehen Sie die zugehörigen Symbole. Außerdem können Sie mit dem Brief-Assistenten Briefvordrucke durch Beantwortung von Fragen im Dialog erstellen.

So geht's!

1. Um einen Brief zu schreiben, wählen Sie den Befehl DATEI/NEU und klicken auf der Registerkarte *Briefe & Faxe.*

2. Doppelklicken Sie dann auf dem Symbol des gewünschten Briefes; dadurch bekommen Sie den vorbereiteten Brief in ein Dokumentfenster.

3. In diesem Briefvordruck ersetzen Sie dann die Hinweistexte durch Ihre Angaben.

Auch effizient

Brief-Assistent.wiz

❑ Die dritte Möglichkeit bietet die Dokumentvorlage *Brief-Assistent.* Der Assistent nimmt ihnen – wie im richtigen Leben – einige Dinge ab, so dass Sie sich mehr oder weniger stark auf den Inhalt konzentrieren können.

Wenn Sie die Vorlage eines Briefes verändern wollen, erstellen Sie mit einer der oben genannten Dokumentvorlagen ebenfalls eine neue Datei (Befehl DATEI/NEU, Option
Neu: Vorlage), ändern die Vorlage und speichern Sie unter
einem neuen Namen (Befehl DATEI/SPEICHERN UNTER,
Dateityp *Dokumentvorlage*).[1]

Als Vorlage
speichern

Was Ihnen beim Briefschreibern hilft – die Dokumentvorlagen und der Assistent –, steht auch für Faxe in Form
von Vorlagen zu Verfügung.

Auch für Faxe

2.2 Lebenslauf

Irgendwann im Verlauf des Studiums müssen Sie einen
Lebenslauf schreiben. Die Diskussion der unendlichen
Geschichte, ob ein Lebenslauf von Hand geschrieben sein
muss oder ob er mit Word erstellt werden darf, soll hier
nicht aufgenommen werden. Nur einige Bemerkungen:

❏ Wenn ein handschriftlicher Lebenslauf verlangt wird,   *Überlegungen*
   müssen Sie Word natürlich beiseite lassen. Für den
   Begleitbrief wird es ebenso natürlich wieder eingesetzt
   (siehe Hinweise oben).

❏ Das Argument, dass man einem Lebenslauf seine
   „Computerherkunft" ansehen könne, hat – wenn
   überhaupt jemals – bestenfalls in der Computerstein-
   zeit gegolten; heute, im Zeitalter von Tintenstrahl-
   und Laserdruckern ist das kein Argument mehr.

❏ Ob es tatsächlich sinnvoll ist, in einem Lebenslauf
   den Dateinamen einschließlich Verzeichnispfad ein-
   zudrucken, ist sicher eine Überlegung wert.

❏ Ein Lebenslauf dokumentiert Lebensabschnitte und
   Ereignisse, nicht die Zahl der auf dem PC installierten
   Schriften und die Vielfalt der gestalterischen Möglich-
   keiten von Word.

Lebensläufe werden in Form einer Tabelle erstellt. Für die   *Tabellarisch*
Erstellung mit Word bedeutet das den Einsatz der Tabellenfunktion.[2] Eine Tabelle besteht hier aus zwei Spalten;
die Anzahl der Zeilen hängt von der Anzahl der zu doku-
mentierenden Lebensabschnitte und Ereignisse ab. In der

---

[1] Zur Erstellung von Dokumentvorlagen siehe Kapitel 5, Abschnitt
   Vorgehensweise zum Erstellen einer Dokumentvorlage.
[2] Siehe Kapitel 44.

linken Spalte werden Stichworte eingefügt, zu denen dann in der rechten Spalte die zugehörigen Informationen einzufügen sind.

Weniger ist mehr!

Die Tabellenfunktion bietet zwar umfangreiche Möglichkeiten zur grafischen Gestaltung mit Linien, Rahmen und Schattierungen. Bei einem Lebenslauf sollten diese aber nicht unbedingt eingesetzt werden.

Vorlagen und Assistent

Sie können aber bei der Gestaltung des Lebenslaufs auch wieder Dokumentvorlagen verwenden. In Word stehen Ihnen Vorlagen für einen *aktuellen,* einen *eleganten* und einen *professionellen* Lebenslauf zur Verfügung (Befehl DATEI/NEU, Registerkarte *Sonstige Dokumente*). Die Attribute stammen von Microsoft; was dabei einen aktuellen Lebenslauf von einem eleganten und diesen wiederum von einem professionellen unterscheidet, müssen Sie selbst herausfinden. Sie können sich – wie bei den Briefen und Faxen auch – vom Word-internen *Lebenslauf-Assistenten* bei der Erstellung und Gestaltung Ihres Lebenslauf helfen lassen (Bild 2.1).

Bild 2.1:
Der Lebenslauf-Assistent führt Sie – wie auch alle anderen Funktions-assistenten in Word – Schritt für Schritt durch die Programm-funktion.

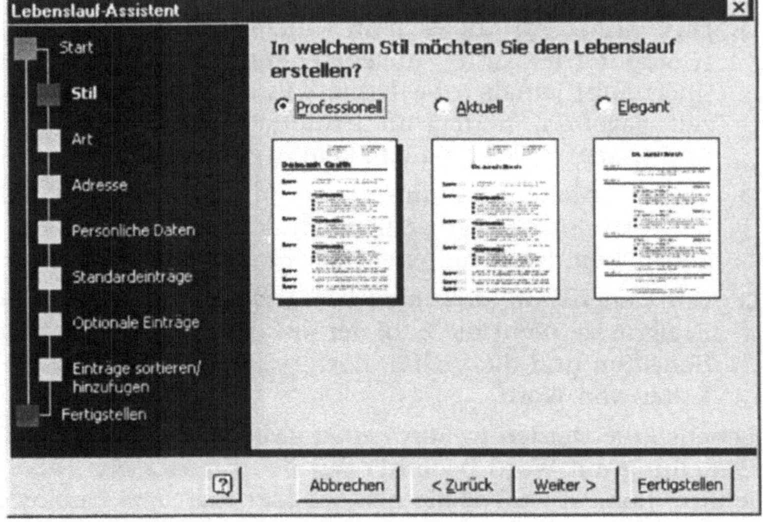

Word – der Werkzeugkasten für wissenschaftliches Publizieren 3

„Ich muss effizient meine Arbeit schreiben! Was bietet mir Word dabei an Nützlichem?"

„Wahnsinn, das neue Word! Und was man damit alles machen kann!"

Die erste Aussage illustriert den Hintergrund, vor dem in diesem Kapitel konzentriert (und in anderen ausführlich) diejenigen Programmfunktionen dargestellt sind, die für die effiziente Bearbeitung wissenschaftlicher Publikationen besonders hilfreich sind.

In Laufe der Jahre hat Word – wie andere Textverarbeitungsprogramme auch – einen Funktionsumfang erreicht, den vermutlich nur die paar Leute vollständig einsetzen, die man an den schon sprichwörtlichen Fingern einer Hand abzählen kann.

Und weil in einer solchen Situation natürlich für jeden etwas dabei ist, stehen auch Ihnen als Autor wissenschaftlicher Publikationen sehr viele nützliche Funktionen zur Verfügung. Sinnvoll ausgewählt verfügen Sie mit Word tatsächlich über einen Werkzeugkasten mit sehr vielen und sehr nützlichen Dingen. Die einzelnen Werkzeuge müssen Sie jetzt nur noch zielgerichtet und gekonnt einsetzen. Das vorliegende Buch wird Ihnen sowohl beim Auswählen als auch beim Einsetzen helfen.

3.1 Ideen strukturieren – Inhalte gliedern

Eine der ersten Aufgabe bei der Erstellung aller Arbeiten ist es, die Gedanken und Überlegungen zu einer Arbeit zu strukturieren. Was sich auf dem großen weißen Papier durch – neudeutsch – *Mind Mapping*[1] erledigen lässt, können Sie mit der sogenannten *Gliederungsfunktion* in

---

[1] Zum Mind Mapping und anderen Techniken zur Strukturierung von Gedanken siehe *Ebel, H. F./Bliefert, C.*: Schreiben, 1994, S. 68-71; dort auf S. 71 auch ein anschauliches Beispiel einer *Mind Map*, einer Karte strukturierter Gedanken.

Word tun.[1] Sie können dabei zunächst die zentralen Stichworte notieren, diese in die gewünschte Reihenfolge bringen und ihnen dann weitere untergeordnete Stichworte zuordnen.

Inhaltsübersicht

Aus den so strukturierten Ideen wird dann nach und nach die Inhaltsübersicht Ihrer Arbeit, die dann schon recht früh große Ähnlichkeit mit dem späteren Inhaltsverzeichnis der Arbeit hat.[2]

3.2   Texte schreiben und gestalten

Text schreiben

Nachdem die Gliederung Ihrer Arbeit irgendwann „steht", müssen Sie zu den Stichworten den Text formulieren, also tippen. Oder weniger salopp ausgedrückt und im Sinne der Word-Terminologie: Sie müssen *Text eingeben.*[3]

Gestaltung als Lesehilfe

Beim Lesen des Textes spielt sein Aussehen eine wichtige Rolle. Gemeint ist jetzt aber nicht der „schöne Text mit der phantastischen Schrift und den coolen Bildern". Es geht vielmehr um die *funktionale* Gestaltung. In diesem Sinne erfüllen Gestaltungsmerkmale, das sogenannte *Layout*, die Funktion von Lesehilfen zur effizienten Informationsaufnahme. Beispiele sind etwa

Beispiele

❑ die Nummerierung von Überschriften – so wie die obige mit der Nummer 3.2

❑ die Kennzeichnung von Absätzen mit Markierungspunkten – so wie hier die kleinen Vierecke

Effizient gestalten

Sehr effizient lassen sich Texte, auch und vor allem sehr umfangreiche, mit sogenannten *Dokument- und Formatvorlagen* gestalten.[4] Dabei lassen sich einem Text oder der ganzen Arbeit mehrere Gestaltungsmerkmale auf einmal per Mausklick zuordnen. Das Ganze sieht dann auch noch aus wie gekonnt und nicht nur wie gewollt.

3.3   Texte sprachlich überarbeiten

Ein glänzender Rhetoriker – wenn man es nicht schon vorher ist – wird man sicher durch den Einsatz von Word

---

[1] Zur Gliederungsfunktion siehe Kapitel 9.
[2] Zur Erstellung von Inhaltsverzeichnissen siehe Kapitel 31.
[3] Siehe Kapitel 5.
[4] Siehe ebenfalls Kapitel 5.

nicht, aber der eine oder andere sprachliche Fehler lässt sich mit Word schon ausbügeln.

Mit der *Rechtschreibprüfung* lassen sich Ihre „Lieblings-vertipper" ebenso korrigieren wie die „so richtig falsch" geschriebenen Wörter. Was die Funktion allerdings nicht kann, isst – oder ist? – die Entdeckung semantischer Fehler. Ein Satz wie *„Was einer isst, ist egal!"* geht bei der Rechtschreibprüfung glatt durch,[1] obwohl in dem Satz eigentlich nicht von Essen die Rede isst. Verzeihung: ist. Mit der *Grammatikprüfung* lassen sich grammatische Fehler entdecken und nach genauem Lesen der Fehler-hinweise auch korrigieren.[2]

Rechtschreibprü fung

Grammatik-prüfung

Word (oder Microsoft) erhebt mit der Funktion *Zusam-menfassung* den Anspruch, einen längeren Text inhaltlich zusammenzufassen.[3] Wägen Sie den Einsatz dieser Funktion mit einem gesunden Maß an Mißtrauen ab und einem noch größeren Maß an Selbstvertrauen in Ihre eigene Fähigkeit, einen längeren Text inhaltlich zutreffend zusammenzufassen.

Zusammen-fassung

3.4   Der wissenschaftliche Apparat

Je nach Typ Ihrer wissenschaftlichen Arbeit werden Sie auch Anmerkungen einfügen. Der Text dieser Anmerkun-gen befindet sich entweder am Ende der Seite oder ganz am Ende der Arbeit. Im einen Fall ist von *Fußnoten* die Rede, im anderen von *Endnoten.*[4] Beide müssen eindeutig gekennzeichnet, in der Regel nummeriert werden. Diese Nummerierung lassen Sie von Word durchführen. Damit sind Ihre Anmerkungen immer korrekt nummeriert – es gibt keine Nummer mehrfach und auch keine fehlenden Nummern.

Anmerkungen

Fußnoten

Endnoten

Wenn Sie an einer Stelle Ihres Manuskripts auf eine an-dere verweisen, dann geschieht das durch sogenannte

Querverweise

---

[1] Vorausgesetzt, Sie benutzen in Ihrem Word das elektronische Wörter-buch, das bereits die neue deutschte Rechtschreibung berücksichtigt. Was Sie dazu tun müssen, ist in Kapitel 5 beschrieben.

[2] Ein Beispiel aus dem richtigen Leben finden Sie in Kapitel 5, Ab-schnitt *Texte sprachlich korrigieren.*

[3] Zur Zusammenfassung von Texten siehe Kapitel 49.

[4] Hier haben Sie das lebende Beispiel einer Fußnoten. In den Kapiteln 20 und 28 ist die Funktion und ihr effizienter Einsatz ausführlich be-schrieben.

Querverweise.[1] Sie schreiben also einer Stelle des Manuskripts, dass der Leser an einer anderen Stelle des Textes etwas lesen solle. Diese beiden Stellen lassen sich mit der Querverweis-Funktion so miteinander verknüpfen, dass im Manuskript immer die korrekte Seitenzahl für den Verweis erscheint. Blättern muss man bei dieser Variante aber immer noch selbst.

Hyperlink   Wenn auch das „Blättern" noch von Word übernommen werden soll, dann setzen Sie die „elektronische" Variante der Querverweis-Funktion ein; damit ist auch schon angedeutet, dass das Ganze nur auf dem Bildschirm funktioniert. Die Rede ist von sogenannten *Hyperlinks*. Nachdem Sie einen Hyperlink in den Text eingefügt haben, brauchen Sie nur noch mit der Maus darauf zu klicken, und Word blättert an die gewünschte Stelle.[2]

3.5   Die Verzeichnisse

Inhalts-verzeichnis   Ohne Verzeichnisse ist eine wissenschaftliche Arbeit nicht denkbar. Zur Minimalausstattung gehört ein Inhaltsverzeichnis. Darin sind alle Überschriften in der Reihenfolge ihres Auftretens im Manuskript aufgelistet. Damit das Verzeichnis auch gleichzeitig als Wegweiser fungiert, lassen Sie von Word die korrekten Seitennummern in das Verzeichnis eintragen.[3]

Thematische Verzeichnisse   Wissenschaftliche Arbeiten enthalten oft auch Abbildungen, Tabellen oder anderes erklärendes „Beiwerk". Solche Bestandteile müssen korrekt beschriftet und innerhalb des Manuskripts durchnummeriert werden; nur dann sind sie innerhalb einer Arbeit eindeutig zu identifizieren und leicht auffindbar. Wenn Sie diese Aufgabe von Word ausführen lassen,[4] dann können Sie sehr einfach und effizient auch Verzeichnisse der Abbildungen, Tabellen

---

[1] Ausführlich siehe Kapitel 39.

[2] Die Arbeit mit Hyperlinks ist in Kapitel 16 beschrieben.– nicht nur als manuskript-interne Variante, sondern auch als Verbindungsmöglichkeit aus Ihrem Manuskript heraus in die weite Welt.

[3] Zur Erstellung von Inhaltsverzeichnissen siehe Kapitel 31, zur Seitennummerierung siehe Kapitel 42.

[4] Zur automatisierten Beschriftung und Nummerierung siehe Kapitel 36.

usw. erstellen lassen – natürlich einschließlich der zugehörigen Seitennummern.[1]

Wenn Ihre Arbeit auch noch ein Stichwortverzeichnis erhalten soll, dann können Sie auch dieses von Word automatisiert erstellen lassen. Ihre Aufgabe besteht darin, die Wörter, die in das Verzeichnis übernommen werden sollen, im Manuskript zu markieren. Die „Stichwortautomatik" durchsucht dann Ihr Manuskript nach diesen besonderen Markierungen und listet diese alphabetisch sortiert und mit den zugehörigen Seitennummern auf.[2]

*Stichwort-
verzeichnis*

3.6   Grafiken und anderes Sonderzubehör

Wenn Sie nicht nur Text schreiben, sondern auch noch andere Bestandteile in Ihrer Arbeit brauchen, dann haben Sie für vieles von diesem „Sonderzubehör" in Word die notwendigen Werkzeuge. Um sie einzusetzen, brauchen Sie Word nicht zu verlassen; es ist alles integriert.

❑ Mit dem *Zeichnungseditor*[3] können Sie Funktionsschemata wie in Bild 27.1 erstellen, aber auch Beschriftungen in Bilder einfügen wie etwa in Bild 11.11.

❑ Mit dem *Diagrammeditor*[4] können Sie unübersichtliche, weil umfangreiche Zahlenkolonnen in anschauliche Diagramme umsetzen, so wie Bild 22.1.

❑ Mit dem *Formeleditor*[5] können Sie alles das schreiben, was über $a^2 + b^2 = c^2$ hinausgeht.

❑ Mit dem *HTML-Editor*[6] können Sie Ihre Manuskripts so aufbereiten, dass sie im Internet als Online-Dokumente aller Welt zur Lektüre zur Verfügung stehen.

---

[1] Zur Erstellung solcher Verzeichnisse siehe Kapitel 17 und 25.
[2] Siehe Kapitel 43.
[3] Siehe Kapitel 27.
[4] Siehe Kapitel 22.
[5] Siehe Kapitel 34.
[6] Siehe Kapitel 16.

Die optimale Organisation Ihrer Arbeit

4

Mit Arbeit sind an dieser Stelle zwei Dinge gemeint: sowohl das Ziel als auch der Weg. Beides müssen Sie organisieren, damit Sie – um einen Fachbegriff aus der Technik zu verwenden – einen hohen Wirkungsgrad erreichen. Es soll also eine inhaltlich und formal sehr gute Arbeit (Manuskript) mit möglichst wenig Arbeit (Zeitaufwand) entstehen.

4.1 Word optimal einrichten

So wie Sie Ihren Arbeitsplatz Ihrer individuellen Anforderungen anpassen, können Sie auch Word als individuelle Arbeitsumgebung einrichten, indem Sie bestimmte „Dinge" bereitlegen. Word bietet eine umfangreiche Reihe von Optimierungsmöglichkeiten; die im Folgenden genannte Auswahl hat sich als recht brauchbar erwiesen.

Schnellstart

Das kann damit anfangen, dass Sie Word durch Windows automatisch starten lassen. Dadurch wird nach dem Start von Windows als erstes Anwendungsprogramm Word gestartet.[1] Sollten Sie für Ihre Arbeit weitere Programme ebenfalls öfter brauchen, dann fügen Sie auch diese in die Autostart-Gruppe ein. Die eingefügten Programme werden der Reihe nach gestartet.

Autostart

Von Word woanders hin und zurück

Zwischen den einzelnen, laufenden Programmen können Sie sehr schnell mit der Tastenkombination [Alt]+[⇆] umschalten; sobald der Name des gewünschten Programms angezeigt wird, lassen Sie die beiden Tasten los. Eine andere Möglichkeit ist die Auswahl des gewünschten Programms aus der Task-Leiste; diese können Sie – falls nicht dauerhaft sichtbar – mit der Tastenkombination [Strg]+[Esc] einblenden. Mit einem Mausklick auf der zugehörigen Schaltfläche aktivieren Sie das Programm.

Zwischen Programmen wechseln

---

[1] Ausführliche Informationen zur Funktion *Autostart* finden Sie in Ihrer Windows-Dokumentation.

Tun Sie nicht zu viel des Guten, indem Sie Programme laufen lassen, die Sie nicht mehr brauchen. Diese kosten nur Rechnerleistung und Speicherplatz. Also beenden Sie alles, was Sie nicht tatsächlich brauchen.

Mit Symbolleisten effizient arbeiten

Sie können viele Programmfunktionen starten, indem Sie auf einem Symbol in einer der Symbolleisten klicken. Nicht angezeigte Leisten lassen sich aus der Bestandsliste auswählen und so anzeigen. Die Leisten lassen sich frei plazieren. Sie können Symbolleisten jederzeit verändern, indem Sie die notwendigen Symbole einfügen oder überflüssige entfernen.

Symbolleisten plazieren ...

Um eine Symbolleiste zu plazieren, klicken auf der Leiste und ziehen sie an die gewünschte Position auf dem Bildschirm; das funktioniert allerdings nur, wenn Sie nicht gerade auf einem Symbol klicken. Wenn Sie eine Leiste beispielsweise in den Bereich des linken oder rechten Seitenrandes setzen, werden einige Zeilen mehr angezeigt.

... auswählen

Aus den vorbereiteten Leisten, die im Lieferumfang von Word enthalten sind, können Sie die für Ihre Zwecke passenden unabhängig voneinander auswählen. Zur Auswahl von Symbolleisten klicken Sie mit der rechten Maustaste auf einer Symbolleiste und wählen dann im Kontextmenü aus. Falls überhaupt keine Palette angezeigt wird, wählen Sie im Dialogfeld des Befehls ANSICHT/SYMBOLLEISTEN die gewünschte aus.

... verändern

Fügen Sie Symbole in eine Symbolleiste ein, indem Sie mit der rechten Maustaste auf einer Leiste klicken und im Kontextmenü *Anpassen* wählen. Auf der Registerkarte *Befehle* des Dialogfeldes *Anpassen* wählen Sie dann eine *Kategorie*. Aus der Liste der *Befehle* können Sie dann mit der Maus das Symbol der gewünschten Funktion in eine der vorhandenen Symbolleisten ziehen.[1]

Sie können auch Makros, die Sie selbst aufgezeichnet oder erstellt haben – sieh nächster Abschnitt –, in eine Symbolleiste integrieren. Wählen Sie dazu in der Kategorienliste den Eintrag Makro; in der Liste rechts daneben wählen Sie dann das Makro aus und ziehen es auf eine

---

[1] Eine konkrete Anwendung ist on Kapitel 21 beschrieben.

Symbolleiste. Die Makrofunktion steht dann auf Mausklick zur Verfügung.

Makros einsetzen

Ein sehr nützliches Hilfsmittel steht Ihnen mit Makros   *Aufzeichnen*
zur Verfügung. Wenn Sie eine Folge von Arbeitsschritten
mehrere Male nacheinander ausführen müssen, können
Sie – vergleichbar einem Kassetten- oder Videorecorder –
mit dem Makrorecorder diese Schritte aufzeichnen (Befehl
EXTRAS/MAKRO/AUFZEICHNEN).

Anschließend lässt sich dieses Makro beliebig oft wieder   *Abspielen*
abspielen; Sie sparen sich dabei die Zeit, jedesmal die
aufgezeichneten Einzelschritte erneut auszuführen. Am
schnellsten geht es, wenn Sie – siehe vorheriger Abschnitt – die Makrofunktion auf eine Symbolleiste legen.

Dokumentansichten und Bildschirmanzeige

Ein Dokument lässt sich in verschiedenen Ansichten und   *Ansichten*
dabei in unterschiedlichen Anzeigegrößen anzeigen. Die
Art der Ansicht lässt sich mit den Optionen im Menü
ANSICHT bestimmen.

❑ Als Arbeitsansicht ist SEITEN-LAYOUT zu empfehlen,
   weil Sie in dieser Ansicht alles so sehen, wie es auch
   ausgedruckt wird. Mit dem Befehl ANSICHT/DOKU-
   MENTSTRUKTUR lassen sich in einem zusätzlichen Fen-
   sterausschnitt am linken Rand die Überschriften des
   Dokuments anzeigen (Bild 4.1).[1]

❑ Mit ANSICHT/GLIEDERUNG bekommen Sie die ideale
   Ansicht, wenn Sie in einem beliebigen Bearbeitungs-
   stadium des Manuskripts die inhaltliche Struktur bearbeiten wollen (Bild 4.2).[2] Dabei können Sie ausge-
   wählte Überschriftenebenen anzeigen lassen und die
   übrigen Teile des Dokuments ausblenden. So erreichen ein optimales Maß an Übersichtlichkeit.

Dokumente lassen sich in unterschiedlichen Größen   *Anzeigegröße*
darstellen. Sie können von der 10%-Briefmarkengröße bis
zum Breitwandformat mit 500% stufenlos die gewünschte
Anzeigegröße wählen.

---

[1] Zu Überschriften siehe Kapitel 46.
[2] Ausführlich zur Bearbeitung der Gliederung siehe Kapitel 9.

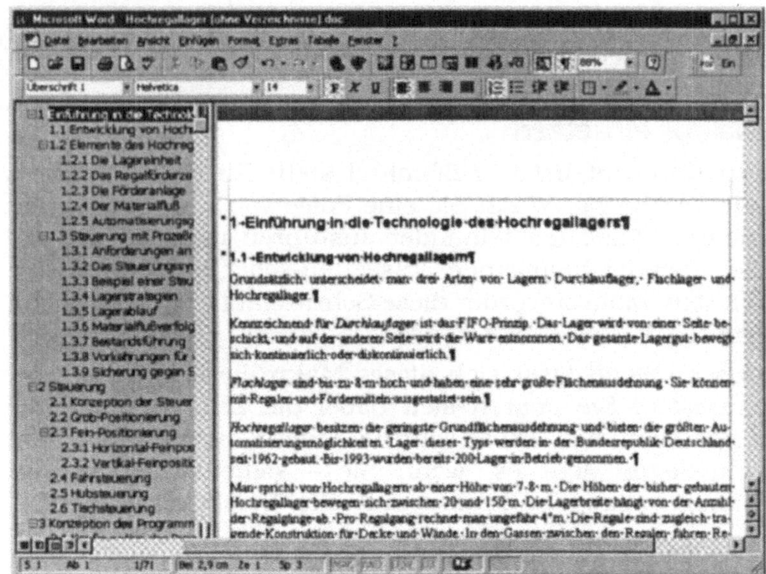

Klicken Sie in der Standard-Symbolleiste auf dem Pfeil der Zoom-Anzeige. In der geöffneten Liste der Vergrößerungen wählen Sie dann, indem Sie auf dem gewünschten Eintrag klicken. Wenn Sie eine andere als die vorgegebenen Größen brauchen, dann klicken Sie direkt im Zoom-Feld und geben dort die erforderliche Zahl (ohne %-Zeichen) ein. Durch Drücken der Taste ⟨←⟩ wird die Anzeigegröße realisiert.

Nicht druckbare Zeichen

Was sich ausdrucken lässt, wird auf dem Bildschirm angezeigt. Darüber hinaus können Sie die sogenannten nicht druckbaren Zeichen anzeigen lassen; die Absatzmarke (¶) ist ein solches Zeichen; andere Beispiele sind die Tabstops (→) oder die Gitternetzlinien von Tabellen. Durch solche Zeichen erhalten Sie zusätzliche Informationen über einen Text. Sie können die nicht druckbaren Zeichen und Symbole unabhängig voneinander oder gemeinsam anzeigen bzw. ausblenden.

Zeichnungen und Grafiken

Bei Abbildungen, Formeln oder Diagrammen kann es sinnvoll sein, sie nicht anzeigen zu lassen. Immer dann, wenn Sie solchen Manuskriptbestandteile nicht laufend Informationen entnehmen müssen, sollten Sie sie ausblenden, weil sich dadurch das Manuskript auf dem Bildschirm schneller bewegen lässt.

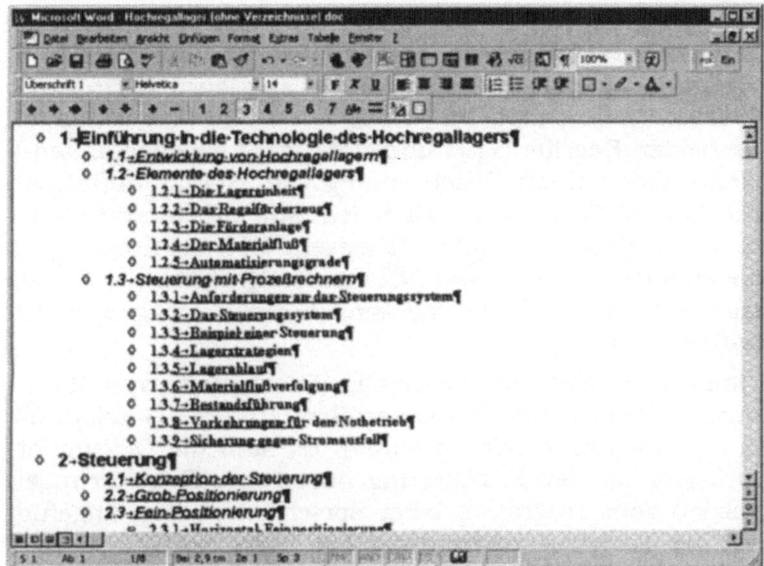

Bild 4.2:
Die Gliederungsansicht zeigt die Struktur des Manuskripts nicht nur, Sie können sie Struktur in dieser Ansicht auch ganz einfach bearbeiten.

Bestimmen Sie die anzuzeigenden Zeichen und Elemente mit dem Befehl EXTRAS/OPTIONEN auf der Registerkarte *Ansicht*. Die auf der Registerkarte angebotenen Optionen hängen dabei von der aktuellen Ansicht des Dokuments ab.

4.2 Organisation von Dateien und Ordnern

Dateien

Eine Datei sind alle Informationen (Text, Grafik, Gestaltungsmerkmale), die auf einem Datenträger (Festplatte, Diskette, CD-ROM, Magnetband) unter einem Dateinamen gespeichert sind. Innerhalb eines Verzeichnisses lassen sich Dateinamen nicht mehrfach verwenden. Die mehrfache Verwendung ist aber auch bei der Ablage in unterschiedlichen Verzeichnissen nicht empfehlenswert!

Wenn hier von Dateien die Rede ist, handelt es sich in der Regel um Textdateien. Diese Dateien haben bei Word die Erweiterung DOC. Diese wird vom Programm beim Speichern automatisch angefügt, so dass Sie nur den eigentlichen Namensteil einzugeben brauchen.

Textdateien

Dokumente

Im Sprachgebrauch der Textverarbeitungen heißen die Textdateien *Dokumente*. Damit wird die auf dem Bildschirm oder auf einem Ausdruck sichtbare Form einer Textdatei bezeichnet. Im vorliegenden Buch verwende ich die beiden Begriffe Datei und Dokument gleichbedeutend. Wenn aber bei der Beschreibung von Programmfunktion der Begriff *Datei* erforderlich ist, um Missverständnisse zu vermeiden, verwende ich diesen. Ein Dokument, das Sie erstellen, kann sowohl das ganze Manuskript sein als auch einzelne Teile davon, wenn Sie diese in getrennten Dateien erstellen.

Dokument-vorlagen

Eine andere Dateiart, die bei der Bearbeitung von Manuskripten eine wichtige Rolle spielen, sind die Dateien, die Gestaltungsmerkmale enthalten. Es sind die Dokumentvorlagen mit der Erweiterung DOT. Diese Erweiterungen werden vom Programm beim Speichern ebenso angefügt wie die Namenserweiterungen bei Dokumenten, so dass Sie auch hier nur den eigentlichen Namensteil einzugeben brauchen.

Größe von Dateien

Um eine Vorstellung von der Größe einer Datei und damit dem notwendigen Speicherbedarf zu bekommen, soll das Dokument „*Thesenpapier zum Prüfungsthema*" als Beispiel dienen (Titelseite in Bild 1.1). Es umfaßt zweieinhalb DIN-A4-Seiten mit normaler Textdichte und hat eine Größe von rund 14 KByte. Auf einer 3,5-Zoll-HD-Diskette mit 1,44 MByte könnten also etwa 100 Manuskripte von der Größe dieses Thesenpapiers gespeichert werden. Ein 100-seitiges Manuskript mit einer vergleichbaren Textdichte wie das Thesenpapier hat ungefähr 300 KByte. Auch eine Arbeit dieses Umfangs lässt sich also auf einer Diskette speichern und sichern.[1]

Dateinamen

Mit Windows 95 ist die 8-Zeichen-Mauer bei Dateinamen beseitigt. Sie müssen sich also nicht mehr auf diese acht Zeichen im Dateinamen beschränken. Nutzen Sie ·die Möglichkeit, Dateien für Arbeiten im Klartext zu benennen.

Das Referat im Hauptseminar zur *Sozialgeschichte der Weimarer Republik* – so könnte übrigens auch der Ordner benannt sein, wenn Ordner für einzelne Veranstaltungen angelegt werden – kann jetzt wirklich unter diesem Na-

---

[1] Siehe Kapitel 7.

men gespeichert werden: *Sozial- und wirtschaftspolitische Vorstellungen der NSDAP.*

Wenn Sie am Anfang von Dateinamen Zahlen verwenden, werden diese Dateien in den Listenfeldern von Dateinamen, wie beispielsweise beim Öffnen von Dateien (Befehl DATEI/ÖFFNEN), vor den Namen aufgelistet, die mit Buchstaben beginnen. Damit sie aber auch in der richtigen Sortierfolge aufgelistet werden, setzten Sie vor die einstelligen Zahlen 1 bis 9 jeweils eine 0 (Null). Dadurch werden beispielsweise zehn Kapitel folgendermaßen aufgelistet:

Zahlen im Dateinamen

01 – 02 – 03 – 04 – 05 – 06 – 07 – 08 – 09 – 10

Im anderen Fall würde die Sortierfolge so aussehen:

1 – 10 – 2 – 3 – 4 – 5 – 6 – 7 – 8 – 9

Ordner

Ordner sind definierte Bereiche auf einem Datenträger, also beispielsweise Ihrer Festplatte. In einem Ordner werden Dateien mit gleichen Merkmalen gespeichert, beispielsweise nur Referate oder nur Arbeiten aus einem bestimmten Studienfach.

Zum Speichern von Dateien können Sie Ordner als Standardeinstellungen festlegen. Auf diesen Ordner haben Sie dann immer schnellen Zugriff, wenn Sie Dateien öffnen oder speichern wollen (Befehl EXTRAS/OPTIONEN, Registerkarte *Dateiablage*).

Standardordner

Es lohnt erfahrungsgemäß den Aufwand, in die Struktur der Dateiablage ein bißchen Zeit zu investieren. Nichts ist mühsamer, als nach einiger Zeit alles wieder über den Haufen zu schmeißen, um wieder neu anzufangen.

Speichern Sie nicht alles in den Ordner *Eigene Dateien*, der bei der Installation von Word automatisch angelegt worden ist, auch wenn das Programm diesen Ordner beim Speichern als Standardordner vorschlägt. Legen Sie auf der Festplatte einen oder mehrere Ordner an, in denen Sie ausschließlich bestimmte Arbeiten speichern (Bild 4.3).[1]

---

[1] Zum Anlegen von Ordnern finden Sie Informationen in Ihrer Windows-Dokumentation; zum Speichern von Dateien siehe Kapitel 7, Abschnitt *Speichern*, in diesem Buch.

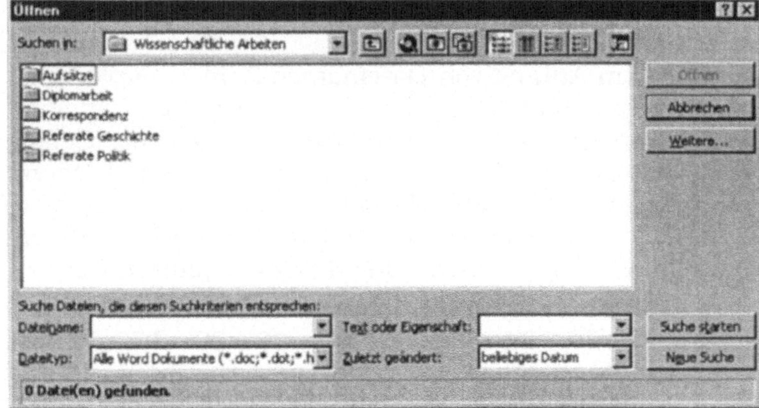

Nachdem Sie also die für Ihre Arbeit optimale Ablagestruktur erstellt haben, können Sie das Ganze auf dem Desktop in einem Ordner zusammentragen. Das sieht dann beispielsweise so aus wie in Bild 4.4.

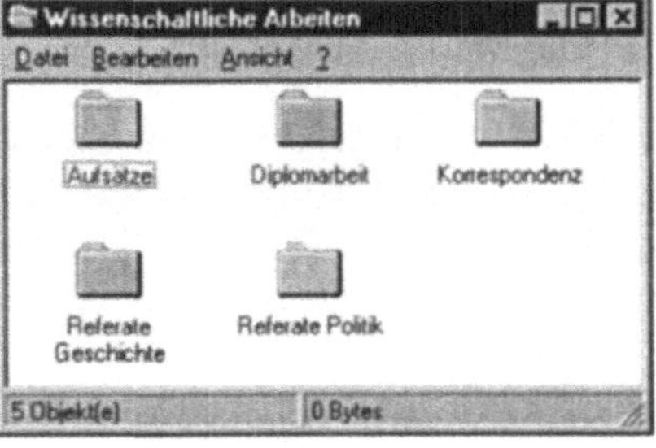

Effiziente Manuskriptbearbeitung

5

5.1 Vom Denken, Schreiben und Vergessen

Die folgenden Hinweise sind nicht spezifisch für die Arbeit mit Word; sie hatten auch bereits in der Zeit vor Word ihre Berechtigung, als Manuskripte noch im Sinne des Wortes handschriftlich erstellt wurden. Die Hinweise scheinen mir deshalb notwendig, weil Word wie auch andere Textverarbeitungen – bei allen phantastisch-nützlichen Funktionsmerkmalen – manchmal auch die Eigenschaft haben, zur falschen Zeit zum unangemessenen Einsatz falscher Funktionen zu verleiten.

Wenn Sie den Text Ihrer Arbeit nicht einfach von einer handschriftlichen Vorlage „abtippen", sondern anhand von Stichworten am Bildschirm formulieren, dann lassen Sie sich möglichst nicht durch Schreibfehler aus dem Konzept bringen. Das Gleiche gilt für ein vergessenes Komma oder andere Interpunktionsfehler. Auch die Suche nach einem treffenderen Ausdruck als dem gerade eingetippten sollte Sie nicht dazu verleiten, den Schreibfluss zu unterbrechen.

Erst mal drauf-losschreiben ...

Sie schreiben, wie vermutlich 99,9% der Bevölkerung, langsamer als Sie denken. Wenn Sie also einen Gedanken „im Kopf haben", versuchen Sie, ihn mehr oder weniger schnell auf den Bildschirm zu bringen. Der Versuch, dabei gleichzeitig Fehler zu korrigieren, kann Sie dann möglicherweise vergessen lassen, was Sie eigentlich schreiben wollten. Und da Murphys Gesetz – *„Wenn etwas schiefgehen kann, dann wird es auch schiefgehen."*[1] – wie überall so auch bei der Arbeit an Manuskripten gilt, bekommen Sie den grandiosen Gedanken vielleicht nicht mehr zusammen. Also lassen Sie Fehler (im Moment) Fehler sein, und korrigieren Sie sie später mit Hilfe von Word und durch ausführliche Lektüre.[2]

... und später korrigieren

---

[1] *Graf, J.*: Computergesetze, 1990, S.11.
[2] Zur sprachlichen Bearbeitung siehe in diesem Kapitel Abschnitt *Texte sprachlich korrigieren*; zur Sprachverwendung siehe Kapitel 8.

Das gleiche gilt auch für die Änderung bereits eingegebener Textsequenzen während des Schreibens. Word bietet zwar sehr effiziente Funktionen zum Verschieben, Kopieren und Löschen von Text. Vermeiden Sie es aber, die Formulierung eines Gedankenganges zu unterbrechen, nur weil Sie beispielsweise gerade entdeckt haben, dass die beiden vorangegangenen Absätze eigentlich umgestellt werden sollten. Die logische Abfolge einzelner Abschnitte können Sie später viel besser und effektiver anhand eines Ausdruckes überprüfen.

Da wir gerade beim Sichern von Gedanken sind, vergessen Sie nicht, die Speicherautomatik von Word zu aktivieren.[1]

5.2 Texte schreiben und bearbeiten

Eingabemodi   Sie können Text mit der Tastatur in zwei verschiedenen Eingabemodi eingeben: im Einfügemodus und im Überschreibmodus. Der aktuelle Modus ist in der Statuszeile zu erkennen; dort sind die Buchstaben *ÜB* hervorgehoben oder abgeblendet. Sie können zwischen den Eingabemodi umschalten, indem Sie die Taste Einfg drücken oder mit der Maus auf dem Eingabemodusfeld klicken bzw. doppelklicken.

Einfügemodus   Wenn Sie Text im *Einfügemodus* eingeben, wird alles, was rechts vom Cursor steht, weiter nach rechts geschoben. Dieser Modus ist der sicherere von beiden: Wenn Sie den nach rechts geschobenen Text nicht mehr brauchen, löschen Sie ihn.

Überschreib-
modus   Im *Überschreibmodus* wird alles, was rechts vom Cursor steht, von dem eingegebenen Text überschrieben. Texteingabe im Überschreibmodus ist ebenso praktisch wie gefährlich: Sie müssen Text, den Sie ändern wollen, nicht extra löschen – auf der anderen Seite kann Ihnen aber Text verlorengehen, wenn Sie den Überschreibmodus nur versehentlich eingeschaltet haben, lange schreiben und dabei nicht hin und wieder auf den Bildschirm schauen.

---

[1] Ausführlich zum Sichern und Speichern siehe Kapitel 8.

Leerzeilen, neue Zeilen und Absätze

Wenn der Cursor an das Zeilenende gelangt, müssen Sie nicht selbst eine neue Zeile anfangen. Word führt automatisch einen Zeilenumbruch durch, sobald eine Zeile voll ist.

Neue Zeile

Wenn Sie in einem Text Leerzeilen einfügen wollen, drücken Sie für jede Leerzeile einmal die Taste ⏎. Eine andere Möglichkeit, Leerzeilen zwischen Absätzen entstehen zu lassen, bietet die Absatzformatierung.[1]

Leerzeile

Word behandelt alles, was Sie zwischen zwei Zeilenschaltungen eingegeben haben, als einen Absatz. Um einen neuen Absatz bzw. eine neue Zeile anzufangen, drücken Sie die Taste ⏎. Der Text wird jetzt mit einer Absatzmarke (¶) abgeschlossen. Zugleich springt der Cursor an den Anfang der nächsten Zeile.

Neuer Absatz

Text markieren

Wenn Sie Text weiter bearbeiten wollen, beispielsweise löschen, verschieben oder mit Schriftattributen versehen, dann müssen Sie den gewünschten Textabschnitt markieren. Dazu haben Sie zwei Möglichkeiten. Unabhängig von der Art des Markierens wird markierter Text immer invertiert, d.h. auf schwarzem Hintergrund dargestellt.

Beliebige Teile markieren Sie, indem Sie an der Anfangsposition des zu markierenden Textes klicken, die Maustaste gedrückt halten und die Maus bis zum Ende der beabsichtigten Markierung ziehen; dort lassen Sie Taste wieder los.

Ein Wort markieren Sie, indem Sie darauf doppelklicken. Um *mehrere Wörter* zu markieren, halten Sie die Mausteste nach dem zweiten Klicken fest und ziehen sie über die zu markierenden Wörter.

Einen ganzen Satz markieren Sie, indem Sie die Taste Strg gedrückt halten und dann an beliebiger Stelle im Satz klicken.

Einen Absatz markieren Sie, indem Sie auf dem linken Seitenrand in Höhe des Absatzes doppelklicken.

---

[1] Siehe Kapitel 6.

Setzen Sie den Cursor an die Position, an der die Markierung anfangen soll. Drücken Sie dann die Taste ⟨⇧⟩, und halten Sie sie gedrückt. Erweitern Sie die Markierung von der Cursorposition aus mit den Richtungstasten ⟨←⟩⟨→⟩⟨↑⟩⟨↓⟩ bis zu der Position, an der die Markierung enden soll. Dort lassen Sie alle Tasten wieder los.

Zum Markieren größerer Textbereiche können Sie statt der Richtungstasten auch alle Tasten bzw. Tastenkombinationen verwenden, mit denen Sie den Cursor im Dokument bewegen. Wenn Sie beispielsweise das ganze Dokument markieren wollen, setzen Sie den Cursor an den Anfang des Dokuments (⟨Strg⟩+⟨Pos1⟩) und drücken dann die Taste ⟨⇧⟩ zusammen mit der Tastenkombination ⟨Strg⟩+⟨Ende⟩.

Wenn Text markiert ist und Sie neuen Text eingeben oder die Tasten ⟨←⟩, ⟨Leer⟩ bzw. ⟨←⟩ drücken, wird der markierte Text mit dem ersten Tastendruck gelöscht. Auf diese Weise kann Text unbeabsichtigt gelöscht werden. Diese Programmfunktion hat aber auch folgenden Vorteil: Text, den Sie entfernen *und* durch einen anderen ersetzen wollen, brauchen Sie nur zu markieren; wenn Sie dann weiterschreiben, wird der „alte" Text automatisch durch den neuen ersetzt, ohne dass Sie den (potentiell gefährlichen) Überschreibmodus einschalten müssten.

Text löschen

Text, der im Dokument nicht mehr gebraucht wird, kann wieder gelöscht werden. Um Text links von der Cursorposition zu löschen, drücken Sie die Taste ⟨←⟩. Wollen Sie Text rechts von der Cursorposition löschen, drücken Sie die Taste ⟨Entf⟩. Bei größeren Abschnitten muss der Text zuerst markiert werden. Wenn Sie anstelle des zu löschenden Textes neuen Text eingeben wollen, können Sie unmittelbar nach dem Markieren mit dem Schreiben beginnen. Der markierte Text wird mit der Eingabe des ersten Zeichens gelöscht.

Text verschieben und kopieren

Sie können Text mit der Tastatur oder mit der Maus verschieben. Jede Möglichkeit hat ihre Vorteile.

❑ Schneiden Sie den Text mit der Tastenkombination `⇧`+`Entf` aus, fügen Sie ihn an der anderen Stelle mit `⇧`+`Einfg` wieder ein. Der ausgeschnittene Text befindet sich in der Windows-Zwischenablage; deshalb können Sie beliebig viele Kopien in das Dokument einfügen.

❑ Klicken Sie auf dem markierten Text, und ziehen Sie ihn dann mit gedrückter Maustaste an die neue Position (Drag&Drop-Funktion). Bei dieser Möglichkeit befindet sich der zu verschiebende Text *nicht* in der Zwischenablage.

Beim Kopieren können Sie wie beim Ausschneiden sowohl die Tastatur als auch die Maus verwenden.

❑ Kopieren Sie den Text mit der Tastenkombination `Strg`+`Einfg` in die Windows-Zwischenablage, und fügen Sie an der anderen Stelle mit `⇧`+`Einfg` eine Kopie ein.

❑ Klicken Sie bei gedrückter Taste `Strg` auf dem markierten Text, und ziehen Sie dann mit der Maus bei gedrückter Taste `Strg` eine Kopie an die andere Stelle.

Suchen und Ersetzen

Sie möchten wissen, ob Sie in Ihrem Manuskript die Abkürzung „etc." verwendet haben. Nachdem Sie sie mehrfach gefunden haben, wollen Sie im ganzen Manuskript die Abkürzung „etc." durch „usw." ersetzen. *Beispiel 1*

Sie haben wichtige Stichwörter zur Hervorhebung anders formatiert als den übrige Text. Einige sind **fett**, andere *kursiv* formatiert. Sie wollen jetzt alle einheitlich **fett** formatieren. *Beispiel 2*

Sie wollen alle Absätze Ihres Manuskripts, denen Sie eine bestimmte Layoutvorlage zugewiesen haben, einheitlich mit anderen Merkmalen formatieren. *Beispiel 3*

Die Beispiele zeigen, was Sie in solchen Situationen mit der Suchen-Ersetzen-Funktion einfach, schnell und vollständig machen können:

❑ Zeichen suchen und eventuell durch andere ersetzen (Buchstaben, Ziffern, Sonderzeichen)

❑ Text löschen (Zeichen suchen und durch nichts ersetzen)

❑ Schriftarten und Schriftattribute suchen und eventuell durch andere ersetzen

❑ Formatvorlagen suchen und durch andere ersetzen

Achten Sie beim Ersetzen darauf, dass anschließend die eingefügten Ersatzausdrücke die grammatisch korrekte Form haben.

So geht's!

Setzen Sie vor dem Start der Funktion den Cursor an den Anfang des Manuskripts oder markieren Sie den Teil, in dem Sie suchen bzw. ersetzen wollen.

1. Wählen Sie BEARBEITEN/SUCHEN bzw. BEARBEITEN/ ERSETZEN, und geben Sie in den Textfeldern Such- und Ersatzbegriffe ein.

2. Bestimmen Sie mit *Format* bzw. *Sonstiges* sowie den Kontrollfeldern weitere Such- bzw. Ersatzbedingungen. Starten Sie den Suchvorgang mit *Weitersuchen*.

3. Bei erfolgreicher Suche können Sie entscheiden, ob weitergesucht oder ersetzt werden soll. Beim Ersetzen können Sie entscheiden, ob nur die aktuelle Fundstelle (*Ersetzen*) oder alle Fundstellen (*Alle ersetzen*) ersetzt werden sollen.

Sortieren

Sie können Absätze oder Einträge in Tabellen sortieren. Die zu sortierenden Einträge lassen sich dabei alphabetisch oder alphanumerisch in aufsteigender oder fallender Folge sortieren. Praktische Anwendungen der Sortierfunktion für beides, Absätze und Tabelleneinträge, finden sich bei der Erstellung von Abkürzungs-, Formelzeichen- und Literaturverzeichnissen. Dort sind auch die notwendigen Befehle und Optionen beschrieben.[1]

5.3 Automatisierte Texterstellung

Word ermöglicht einen gewissen Grad an Automatisierung bei der Texteingabe. Genau genommen handelt es

---

[1] Zum Abkürzungsverzeichnis siehe Kapitel 10, zum Formelzeichenverzeichnis Kapitel 16 und zum Literaturverzeichnis Kapitel 22.

sich bei der *automatisierten* Erstellung nur um die Reproduktion zuvor eben doch *manuell* erstellter Textelemente.

Es geht um sogenannte *Textbausteine* oder – so die korrekte Bezeichnung in der Word-Terminologie – um *Auto-Texte*. Das sind von Ihnen vorgefertigte Wörter, Ausdrücke oder ganze Passagen, die sich per Tastendruck oder Mausklick in das Manuskript einfügen lassen.[1] Auch Bilder lassen sich auf diese Weise einfügen; Beispiele sehen Sie in diesem Buch: Die Bilder in der Marginalspalte (Maus, Tastatur, Achtung-Zeichen) habe ich in Form von AutoTexten eingefügt.

AutoTexte werden so in das Manuskript eingefügt, wie sie erstellt und gespeichert worden sind, d.h., dass die Schreibweise einschließlich möglicher Schreibfehler übernommen wird. Achten Sie also penibel auf korrekte Eingabe bei der Erstellung. Andernfalls würde der Zeitvorteil bei der Texterstellung durch den späteren Korrekturaufwand wieder zunichte gemacht.

Grundsätzlich können Sie die Funktion zur Erstellung von AutoTexten mit dem Befehl EXTRAS/AUTOKORREKTUR und dann auf der Registerkarte *AutoText* starten. Schneller geht es aber mit der Symbolleiste *AutoText*. Sie können einblenden, indem Sie mit der rechten Maustaste auf einer beliebigen Symbolleiste klicken und dann im Kontextmenü den Eintrag *AutoText* markieren.

Symbolleiste verwenden

AutoTexte erstellen

1. Schreiben Sie den Text, den Sie als AutoText verwenden wollen, und markieren Sie ihn.

So geht's!

2. Klicken Sie auf der AutoText-Symbolleiste auf der Schaltfläche *Neu*. Damit wird das Dialogfeld *AutoText erstellen* geöffnet.

3. Geben Sie im Textfeld einen Namen ein, der Ihnen später die Identifikation des AutoTextes ermöglicht, oder lassen Sie den vorgeschlagenen Eintrag unverändert.

---

[1] Eine Anwendung ist in Kapitel 10 in Zusammenhang mit der Verwendung von Abkürzungen beschrieben. Eine weitere, nützliche Einsatzmöglichkeit ist bei der Verwendung von Belegen möglich; sie ist in Kapitel 48 ausführlich beschrieben.

4. Bestätigen Sie den Namen mit OK. Damit steht Ihnen der AutoText zur automatisierten Texterstellung zur Verfügung.

Textbausteine in das Manuskript einfügen

Um einen AutoText einzufügen, müssen Sie den Namen eingeben, den Sie ihm bei der Erstellung zugeordnet haben (siehe vorheriger Abschnitt). Für den weiteren Ablauf gibt es zwei Möglichkeiten:

Mit der Taste ⏎ ❏ Nach Eingabe der ersten Buchstaben des Namens wird der AutoText in Form eines kleinen Hinweistextes vorgeschlagen. Um den AutoText vollständig einfügen zu lassen, drücken Sie die Taste ⏎. Damit das so funktioniert, muss im Dialogfeld des Befehls EXTRAS/ AUTOKORREKTUR auf der Registerkarte *AutoText* folgende Option markiert sein: *Rest des Wortes oder Datums während der Eingabe als Tip vorschlagen.*

Mit der Taste F3 ❏ Nach Eingabe des vollständigen Namens drücken Sie unmittelbar danach die Funktionstaste F3. Mit dieser Variante können Sie arbeiten, wenn Sie Namen von AutoTexten auch als Wort allein verwenden müssen; in diesem Fall würde fälschlicherweise der ganze AutoText eingefügt, obwohl Sie ja nur das einzelne Wort brauchten.

Namen vergessen? Wenn Sie den Nämen vergessen haben oder nicht sicher sind, klicken Sie in der AutoText-Symbolleiste auf der linken Schaltfläche. Im damit geöffneten Dialogfeld können Sie auf der Registerkarte den AutoText auswählen und mit OK einfügen.

Eine Variante der automatisierten Texterstellung in Word ist die *AutoKorrektur*-Funktion. Der Unterschied zum eben beschrieben AutoText besteht darin, dass mit Auto-Korrektur der Text sofort dann eingefügt wird, wenn Sie nach Eingabe der Kürzels die Leertaste drücken.

5.4 Texte sprachlich korrigieren

Wenn hier von *sprachlicher Korrektur* die Rede ist, dann geht es um zwei verschiedene Aspekte:

Formal ❏ Bei der formalen Korrektur geht es um Rechtschreibung und Grammatik. Dabei können Sie Korrekturfunktionen von Word einsetzen (AutoKorrektur; Rechtschreibung und Grammatik). Beides, Rechtschreibung und Grammatik, können Sie bereits während der Texteingabe oder erst später in einem getrennten Arbeitsgang prüfen lassen. Für beide Varianten lässt sich die Grammatikprüfung ausschalten, falls Sie zunächst nur die Rechtschreibung prüfen wollen (Extras/Optionen). Die beiden Funktionen sind im Folgenden aus darstellungstechnischen Gründen getrennt beschrieben.

❑ Bei der inhaltlichen Korrektur geht es um Ihren persönlichen Sprachstil sowie um die Fachsprache Ihres Fachgebietes.[1] Bei dieser Korrekturvariante sind in erster Linie Sie als „Korrektiv" gefragt; daneben können Sie auch eine Word-Funktion einsetzen (Extras/Sprache/Thesaurus).

Inhaltlich

Gegen Schreibfehler: Die Rechtschreibprüfung

Mit dem Funktionsteil *Rechtschreibprüfung* können Sie sowohl orthographische Fehler als auch Wortwiederholungen ermitteln und korrigieren lassen. Dabei wird der zu prüfende Text mit dem Inhalt eines oder mehrerer Wörterbücher verglichen. Sie können dabei nicht nur Fehler korrigieren lassen, sondern die Wörterbücher auch um neue Einträge ergänzen, so dass Ihnen im Laufe der Zeit immer leistungsfähigere Wörterbücher zur Verfügung stehen. Aber: Sie müssen die Rechtschreibprüfung auch einsetzen!

Es gibt nichts Gutes, außer man tut es.

Also tun Sie's!

Richtig geschriebene Wörter, die im aktuellen Zusammenhang aber keinen Sinn ergeben, werden von Ihrer Textverarbeitung aber nicht als Fehler reklamiert. Ein Beispiel: Der Satz „*Wo man sinkt, da lass dich nieder!*" ist nicht eine Aufforderung zum gemeinsamen Untergang. Vielmehr ist in diesem Satz das Wort „*sinkt*" zwar orthographisch richtig, aber semantisch, d.h. in der Bedeutung, falsch.

Wählen Sie Extras/Rechtschreibung und Grammatik und dann im Dialogfeld der Rechtschreibprüfung die gewünschten Prüfungsoptionen.

So geht's!

---

[1] Ausführlich siehe Kapitel 8.

Wenn Sie bei geöffnetem Dialogfeld die Funktionstaste [F1] drücken, erhalten Sie ausführliche Informationen in einem Hilfefenster.

Sie können das ganze Manuskript prüfen lassen oder nur markierte Teile. Nachdem Sie die Prüfung gestartet haben, werden Wörter angezeigt, die entweder tatsächlich falsch geschrieben oder nicht im Wörterbuch enthalten sind. Nach Anzeige eines solchen Wortes haben Sie folgende Möglichkeiten. Sie können ...

Korrekturmöglichkeiten

❑ aus einem Listenfeld *Korrekturvorschläge* durch Anklicken übernehmen;

❑ den Fehler in einem Textfeld von Hand selbst korrigieren;

❑ das angezeigte, aber nicht falsche Wort in das Wörterbuch übernehmen; beim nächsten Auftreten wird das Wort nicht mehr als fehlend bzw. falsch angezeigt;

❑ das Wort überspringen, weil es korrekt geschrieben ist, aber nicht in das Wörterbuch übernommen werden soll; dabei können Sie entscheiden, ob es nur an der aktuellen Fundstelle oder bei jedem Auftauchen übersprungen werden soll.

Übrigens ...

Sie können, falls Ihre Word-Version noch nicht nach den neuen Rechtschreibregeln prüft, das dazu notwendige Wörterbuch auf Ihren PC herunterladen[1] und anschließend die neue Wörterbuchdatei MSSP2_GE.LEX in den Ordner C:\PROGRAMME\GEMEINSAME DATEIEN\MICROSOFT SHARED\PROOF kopieren.

Gegen Grammatikfehler: Die Grammatikprüfung

Mit dem Funktionsteil *Grammatikprüfung* können Sie Dokumente daraufhin überprüfen, ob der Text gegen grammatische Regeln der deutschen Sprache. Sie können dabei Schreibstile für unterschiedliche Sprachverwendungsbereiche festlegen, beispielsweise Schreibstile für den journalistischen, den geschäftlichen oder den literarischen Bereich. Dadurch werden bei der Prüfung Eigenheiten des jeweiligen Stils berücksichtigt. Darüber hinaus können Sie Ihren individuellen Schreibstil definieren und diesen als Prüfbedingung festlegen.

---

[1] http://www.microsoft.com/germany/office/word/rechtsch.htm

Ein Beispiel des Funktionsumfang der Grammatikprüfung finden Sie übrigens in Kapitel 49. Dort steht im Abschnitt *Selbst erstellen oder erstellen lassen* in einem Satz der Ausdruck „*...Zusammenfassung eines Textes erstellen ...*". Ich habe – wie es manchmal geschieht, ohne dass man später erklären könnte, weshalb es so war – bei der Manuskripterstellung aber geschrieben „*...Zusammenfassung eines Text erstellen ...*". Es war eine falsche Flexionsform des Substantivs „*Text*". Ich habe diesen Fehler bei der Lektüre des Kapitel offensichtlich überlesen. Word hat ihn prompt reklamiert; wie, das sehen Sie in Bild 5.1.

Wie im richtigen Leben

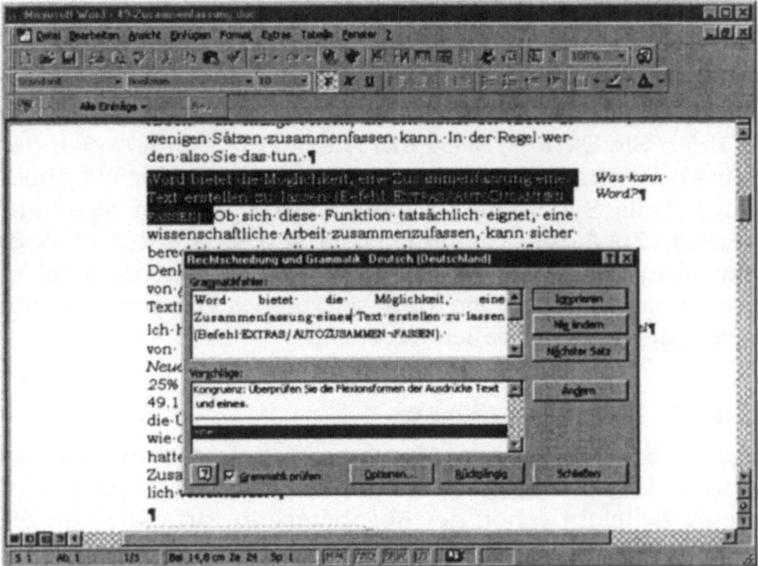

Bild 5.1:
So reklamiert die Grammatikprüfung einen Grammatikfehler.

Ich habe an anderer Stelle aber auch festgestellt, dass die Grammatikprüfung richtige Strukturen als falsch reklamiert hat. Das zeigt, dass man sich nicht ausschließlich auf Programmfunktionen verlassen soll. Die eigene, intensive Lektüre ist auf jeden Fall ein notwendiger zusätzlicher Schritt in der Korrekturphase.

Trotz Grammatikprüfung – selber lesen!

Gegen Sprachmonotonie: Der Thesaurus

Wenn Sie auch für bestimmte Wörter – ganz unbewusst – Vorlieben haben, wiederholen sich diese Wörter in einem längeren Text vielleicht ziemlich oft, und Sie wollen des-

Synonymwörterbuch

halb das eine oder andere Wort durch ein Synonym, also ein sinnverwandtes Wort ersetzen. Ihre Textverarbeitung bietet dazu mit dem sogenannten Thesaurus eine Hilfe. Dieser Thesaurus, ein spezielles Wörterbuch, enthält einen mehr oder weniger umfangreichen Wortschatz, aus dem Sie Synonyme suchen lassen können.

Alternative zum Thesaurus

Der Thesaurus funktioniert manchmal eher bescheiden denn phantastisch. Deshalb ist auch im Zeitalter von Versionsnummern wie 7.0 oder 97 eine immer noch sinnvolle Alternative ein kleines Rowohlt-Taschenbuch.[1] Ich habe festgestellt, dass immer – aber nicht nur – dann, wenn der elektronische Thesaurus passen musste, der papierene noch etwas in der Hinterhand hatte.

So geht's!

Um für ein bestimmtes Wort ein Synonym zu suchen, reicht es aus, den Cursor in das Wort zu setzen; es muss nicht markiert werden.

Wählen Sie EXTRAS/SPRACHE/THESAURUS. Nach Aufruf der Funktion wird das Wort markiert und im Dialogfeld angezeigt. Falls Synonyme vorhanden sind, werden diese angezeigt. Zu diesen Synonymen lassen sich ebenfalls wieder sinnverwandte Wörter anzeigen. Sie können dann entscheiden, ob Sie ein vorgeschlagenes Synonym in den Text übernehmen wollen oder nicht.

Gegen alles: Die Lektüre

Lesen Sie – auch unter Zeitdruck!

Lesen Sie das ganze Manuskript selbst noch einmal durch. Das ist möglicherweise leichter gesagt als getan, wenn vielleicht schon der Abgabetermin „drückt". Tun Sie es trotzdem.

Lesen Sie zunächst das ganze Manuskript „am Stück", um noch einmal einen Gesamteindruck zu bekommen. Erst beim zweiten Lesen sollten Sie korrigieren. Es könnte sonst passieren, dass Sie durch direktes Eingreifen in den Text den roten Faden verlieren. Sie können/sollten jedoch schon bei der ersten Lektüre Korrekturhinweise in Form von Markierungen am Rand anbringen.

---

[1] Textor, A. M.: Sag es treffender. Ein Handbuch mit 25 000 sinnverwandten Wörtern und Ausdrücken für den täglichen Gebrauch in Büro, Schule und Haus. 11., überarb. und erw. Aufl., Reinbeck bei Hamburg: Rowohlt Taschenbuch Verlag, 1989.

5.5 Texte gestalten

Wenn Sie Text eingegeben und bearbeitet haben, müssen Sie ihn so gestalten, dass er in Form, Aussehen und Plazierung Ihren Vorstellungen entspricht. Das geschieht durch die sogenannte Formatierung, das heißt durch Festlegung von Formatierung- oder Layoutmerkmalen.

Das Layout hat vor allem funktionale Gründe: Es soll den Lesern Ihrer Arbeit den Umgang mit den Informationen erleichtern. Machen Sie den Lesern ihre Arbeit leicht; sie können sich dann ausschließlich auf den Inhalt Ihres Manuskripts konzentrieren. Verwenden Sie also die Layoutmerkmale als Lesehilfen.

Funktionale Gestaltung

Im Sinne der Formatierung lassen sich in einem Manuskript folgende Teile unterscheiden:

❑ Die Zeichen eines Wortes

❑ Die Wörter eines Absatzes

❑ Die Absätze eines Manuskripts

❑ Das ganze Manuskript

Die oben genannten Layoutmerkmale können für jeden dieser Teile einzeln wirksam werden, beispielsweise nur bei einem Wort, bei einzelnen Absätzen oder im ganzen Manuskript; Merkmale, die Sie einem Manuskript zugewiesen haben, lassen sich sogar in anderen Manuskript verwenden. Sie haben dazu in Word drei unterschiedliche Möglichkeiten der Formatierung:

❑ Direkte Formatierung markierter Teile eines Textes bzw. Manuskripts; das können Zeichen, Wörter, Sätze oder Absätze sein.

Direkte Formatierung

❑ Formatierung gleicher Teile des ganzen Manuskripts durch Formatvorlagen, die innerhalb des Dokuments gespeichert sind.

Formatvorlagen

❑ Formatierung mehrerer Dokumente durch Verwendung gemeinsam genutzter Layoutvorlagen, die als sogenannte *Dokumentvorlage* in Form einer eigenständigen Datei gespeichert sind.

Dokumentvorlagen

Direkte Formatierung

Durch die direkte Formatierung werden den markierten Textteilen bzw. von einer bestimmten Cursorposition an einzelne Formatierungsmerkmale zugewiesen. Auf diese

Weise bestimmen Sie Schriftarten und ihre Merkmale, den Zeilenabstand und die Ausrichtung von Absätzen. Es sind die vier Befehle in der ersten Gruppe im Menü FORMAT bzw. die drei in der zweiten Gruppe des Kontextmenüs.

Die Formatierungsmerkmale werden *nur im aktuellen Dokument*, aber nicht bei allen Teilen des gleichen Typs in diesem Dokument wirksam, also beispielsweise nur in einem einzelnen nummerierten Absatz, nicht aber bei den anderen nummerierten Absätzen des Dokuments.

Schnellformatierung

Direkte Formatierung lässt sich außer mit den genannten Befehlen oder in deren Dialogfeldern auch durch direkte Übernahme vorhandener Formatierungsmerkmale durchführen. Das ganze funktioniert nach dem Prinzip *„Das dort möchte ich hier haben."* Dazu markieren Sie den Text, dessen Merkmale Sie übernehmen wollen. Klicken Sie dann auf dem Pinselsymbol *Format übertragen* in der Format-Symbolleiste. Dadurch bekommt der Mauszeiger eine andere Form; mit diesem besonderen Mauszeiger markieren Sie den Text, dem Sie die Formate zuweisen wollen. Danach bekommt der Mauszeiger wieder sein normales Aussehen.

Extra-Tip   Wenn Sie das gleiche übernommene Merkmale an mehr als einer Stelle brauchen, dann doppelklicken Sie auf dem Pinselsymbol. Der Pinsel bleibt dann solange aktiv, bis Sie ihn mit der Taste (Esc) wieder verschwinden lassen.

Formatierung durch Formatvorlagen

Bei dieser Art der Formatierung lassen sich innerhalb eines Dokuments mehrere Formate als Formatgruppe gleichzeitig zuweisen. Eine solche Gruppe von Formatierungsmerkmalen heißt *Formatvorlage.* Damit lassen sich beispielsweise alle Tabellenunterschriften, alle Fußnoten oder alle Zitatabsätze einheitlich formatieren.

Vorteile   Die Formatierung aller Dokumentteile gleichen Typs hat gegenüber der direkten Formatierung zwei wesentliche Vorteile:

❏ Sie können schnell und einfach selbst umfangreiche Formatierungsmerkmale zuweisen, indem Sie einfach bestimmte Formatvorlagen zuweisen.

❏ Wenn Sie einzelne Merkmale einer Formatvorlage ändern wollen, beispielsweise eine Schriftgröße, dann brauchen Sie nicht jeden einzelnen Text zu ändern. Vielmehr ändern Sie nur einmal die Formatvorlage. Damit werden alle Textteile automatisch geändert, denen Sie diese Formatvorlage zugewiesen haben.

1. Klicken Sie an beliebiger Stelle innerhalb des Absatzes, dessen Formatierung Sie ändern wollen.

2. Wählen Sie den Befehl FORMAT/FORMATVORLAGE. Die Formatvorlage des markierten Absatzes ist im Listenfeld des Dialogfeldes markiert

3. Klicken Sie im Dialogfeld *Formatvorlage* auf *Bearbeiten* und dann im Dialogfeld *Formatvorlage bearbeiten* auf der Schaltfläche *Format.*

4. Klicken Sie im Dropdown-Listenfeld auf der zu bearbeitenden Merkmalsgruppe (*Zeichen, Absatz* usw.).

5. Wählen Sie die gewünschte Registerkarte, und bestimmen Sie dort die Optionen und Einstellungen.

6. Bestätigen Sie alle Dialogfelder mit OK bzw. das Dialogfeld *Formatvorlage* mit *Schließen.*

So geht's!

Um diese Formatvorlagen auch anderen Dokumenten zur Verfügung zu stellen, müssen Sie sie in einer Dokumentvorlage speichern.

In Dokumentvorlagen speichern

Verwendung von Dokumentvorlagen

Wenn Sie Dokumentvorlagen verwenden, werden die darin enthaltenen Formatvorlagen in allen Dokumenten verwendet, die auf diesen Dokumentvorlagen basieren.

Änderungen an Formatvorlagen innerhalb einer Dokumentvorlage werden gleichzeitig in allen Dokumenten wirksam, die diese Vorlage verwenden. Die im vorherigen Abschnitt genannten Vorteile gelten damit auch hier – allerdings in größerem Umfang, weil auch in anderen Dokumenten.

Vorteile

Vorgehensweise beim Erstellen einer Dokumentvorlage

Im Lieferumfang von Word sind viele Dokumentvorlagen enthalten, die wiederum viele nützliche Formate enthalten. Sie können sich die einzelnen Dokumentvorlagen anzeigen lassen, indem Sie den Befehl FORMAT/FORMAT-VORLAGEN-KATALOG wählen und dann die Option *Beispiel* in der Gruppe *Vorschau* markieren. Wenn Sie danach im Listenfeld *Dokumentvorlage* den Dateinamen markieren, wird das zugehörige Beispiel angezeigt.

So geht's! Um zu Ihrer gewünschten, neuen Dokumentvorlage zu kommen, führen Sie folgende Schritte aus:

1. Wählen Sie den Befehl DATEI/NEU, markieren Sie die Option *Vorlage*, und doppelklicken Sie auf dem Dateinamen der gewünschten Dokumentvorlage.

2. Speichern Sie nun die Dokumentvorlage zunächst unter einem neuen Dateinamen, damit nicht versehentlich die Original-Dokumentvorlage mit Änderungen überschrieben wird (Befehl DATEI/SPEICHERN UNTER). Weil es sich um eine Dokumentvorlage handelt, ist dieser Dateityp bereits im gleichnamigen Listenfeld ausgewählt (und nicht veränderbar). Geben Sie im Textfeld *Dateiname* den Namen ein, und bestätigen Sie *Speichern*.

3. Wenn Sie Text oder andere Bestandteile in der Dokumentvorlage speichern möchten, geben Sie diese ein. Bearbeiten Sie die vorhandenen Formatvorlagen, indem Sie nacheinander

   ❏ den Befehl FORMAT/FORMATVORLAGE wählen

   ❏ im Dialogfeld *Formatvorlage* auf der Schaltfläche *Bearbeiten* klicken

   ❏ im Dialogfeld *Formatvorlage bearbeiten* auf der Schaltfläche *Format* klicken

   ❏ im Dropdown-Listenfeld die zu bearbeitenden Merkmalsgruppen auswählen und diese dann bearbeiten

4. Beenden Sie die Bearbeitung Ihrer neuen Dokumentvorlage durch DATEI/SCHLIESSEN.

5.6 Schriften

Es soll Menschen geben, die heute noch darauf bestehen, dass Manuskripte so auszusehen haben, als wären sie mit der Schreibmaschine geschrieben. Für die Schrift bedeutet das, man solle doch die Schriftart Courier verwenden, weil das eben die berühmte Schreibmaschinenschrift sei.

Ich meine, im Zeitalter von Textverarbeitungsprogrammen, wie sie Ihnen beispielsweise mit Word zur Verfügung stehen, darf man getrost auf besser lesbare Schriften zugreifen. Und auch die Möglichkeiten, etwa durch unterschiedliche Schriftgrößen Überschriften vom normalen Text abzuheben oder Fußnotentext in einer kleineren Schriftgröße zu schreiben, dürfen legitimerweise eingesetzt werden.

Und jetzt gleich die große Einschränkung: Der Zugriff auf das Schriftpotential in Word muss sehr behutsam erfolgen, denn mit dem Manuskript einer wissenschaftlichen Arbeit soll nicht dokumentiert werden, dass auf dem PC mehrere Dutzend Schriftarten installiert sind, die durch Kombination der verschiedenen Attribute einen Koloss von mehreren hundert Varianten ermöglicht.

Begriffe bei der Schriftverwendung

Eine Schrift lässt sich durch mehrere Begriffe beschreiben:

❑ Die Schriftart ist die grundlegende Information. Schriftarten sind beispielsweise Bookman, Helvetica, Eras, Times, Weidemann.

❑ Die Schriftgröße – in Word Schriftgrad genannt – wird in der Maßeinheit Punkt ausgedrückt und mit pt abgekürzt. Bei einer 72-Punkt-Schrift sind die Großbuchstaben 1 Zoll bzw. 25,4 mm hoch.

Das ist eine 6-Punkt-Schrift.

Das ist eine 12-Punkt-Schrift.

Das ist eine 18-Punkt-Schrift.

Schriftart

Schriftgröße

Schriftattribute   ❑   Die Schriftattribute – in der Word-Terminologie mit Schriftschnitt und Effekte bezeichnet – dienen zur Hervorhebung von Textteilen: **Fett**, *Kursiv*, die Kombination ***Fett-Kursiv***, <u>Unterstrichen</u>, KAPITÄLCHEN oder ^{Hochgestellt} und _{Tiefgestellt}.

Vorschlag zur Schriftverwendung in Manuskripten

Die folgende Zusammenstellung von Schriftmerkmalen ist eine funktionale Auswahl, mit der sich alle gängigen Anforderungen an die Gestaltung des Manuskripts einer wissenschaftlichen Arbeit erfüllen lassen: gute Lesbarkeit, ruhiges Schriftbild, Unterscheidung unterschiedlicher Textsorten (Überschriften, Haupttext, Langzitate, Fußnotentext).

Empfehlungen   ❑   Überschriften: Schriftart Helvetica oder Arial, bei Verwendung des Attributs **Fett** gegebenenfalls auch die Schriftart des normalen Kapiteltextes; Schriftgrößen von 16-18 pt

❑   Kapiteltext: Schriftart Times, Times New Roman; Schriftgröße 12 pt

❑   Anmerkungen/Fußnoten: Schriftart wie der Kapiteltext; Schriftgröße 10 pt

❑   Beschriftung von Abbildungen, Tabellen u.a.: Schriftart wie Kapiteltext; Schriftgröße 10 pt; Schriftattribut *Kursiv*.

Schriftformatierung

Zur Auswahl von Schriften und ihren Attributen bieten sich zwei Möglichkeiten an:

Direkte Formatierung   ❑   Bei einzelnen Wörtern, die Sie hervorheben wollen wie etwa in Zitatbelegen die Verfassernamen, können Sie die direkte Formatierung verwenden.[1] Um Schriftmerkmale von einem Muster zu übernehmen, klicken Sie auf dem Pinselsymbol und dann auf dem zu formatierenden Text.

Formatvorlagen   ❑   Für alle anderen Texte (Absätze, Überschriften, Beschriftungen von Abbildungen, Tabellen usw.) forma-

---

[1] Siehe weiter oben Abschnitt *Direkte Formatierung*.

tieren Sie Schriften und Attribute als Formatvorlagen.[1]

5.7 Zeilen und Absätze

Die Formatierungsmerkmale können Sie auf eine der drei oben genannten Arten festlegen (direkte Formatierung/Formatvorlagen/Dokumentvorlagen). Die grundsätzliche Vorgehensweise ist dort beschrieben; im folgenden finden Sie dazu ergänzende Hinweise.

Ausrichtung

Die Form der Absätze wird durch die Ausrichtung der Zeilen eines Absatzes an den Seitenrändern bestimmt.

❑ *Linksbündig* richtet die Zeilen am linken Seitenrand aus; der rechte Rand ist „ausgefranst".

❑ *Rechtsbündig* richtet die Zeilen am linken Seitenrand aus; der linke Rand ist „ausgefranst".

❑ *Zentriert* ordnet die Zeilen um eine gedachte Mittellinie im Absatz an. Alle Zeichen einer Zeile sind also symmetrisch um die Mittellinie angeordnet. Beide Ränder sind „ausgefranst".

❑ *Blocksatz* richtet die Zeilen an beiden Rändern aus. Deshalb werden zwischen den einzelnen Wörtern automatisch Leerräume eingefügt. Die Absätze dieses Buches haben die Ausrichtung *Blocksatz*.

Für Ihr Manuskript empfiehlt sich die Ausrichtung *Blocksatz*, weil dadurch der Text leichter lesbar ist. Die Augenbewegung folgt einer konstanten Zeilenlänge (von Schlusszeilen eventuell abgesehen).   *Empfehlung*

Der Grad der „Ausfransung" und bei Blocksatz der Umfang der eingefügten Leerräume lässt sich durch die Silbentrennung verringern.[2]

Zeilenabstand

Zeilenabstände sollten in einem Manuskript 1,5-zeilig sein. Dadurch wird ein Text nicht nur leicht lesbar; es   *Empfehlung*

---

[1] Siehe weiter oben Abschnitte *Formatierung durch Formatvorlagen* und *Verwendung von Dokumentvorlagen*.

[2] Siehe weiter unten Abschnitt *Silbentrennung*.

ermöglicht demjenigen, der Ihre Arbeit lesen und beurteilen soll, seine Korrekturen auch unmittelbar in die Zwischenräume der Zeilen zu schreiben.

Maßeinheit!

Verwenden Sie als Maßeinheit *-zeilig* bzw. *Zeilen*. Diese relative Maßeinheit ist – anders als ein in der Einheit Punkt angegebener Abstand – von der zugehörigen Schriftgröße abhängig, d.h., dass der Zeilenabstand um so größer ist, je größer die Schrift ist. Das hat den Vorteil, dass Sie sich nicht um zwei Abstände zu kümmern brauchen; mit Änderung der Schriftgröße wird automatisch der Zeilenabstand angepasst.

Absätze und Leerzeilen

Ein Absatz ist eine gedanklich-logische Einheit. Ein neuer Absatz beginnt also nicht willkürlich oder nach einer bestimmten Zahl von Zeilen, sondern immer dann, wenn innerhalb eines Kapitels eine Informationssequenz abgeschlossen ist.

Automatische Leerzeilen

Um Absätze voneinander abzuheben, sollte nach jedem Absatz eine Leerzeile eingefügt werden. Damit Sie nun nicht jedesmal eine Leerschaltung mit der Taste ⏎ einfügen müssen, formatieren Sie Absätze „mit eingebauter Leerzeile". In der Terminologie von Word ausgedrückt heißt das, einen Absatz mit einem *Abstand nach* dem aktuellen Absatz zu formatieren. Damit wird mit jedem Drücken der Taste ⏎ nicht nur der aktuelle Absatz beendet und ein neuer begonnen, sondern automatisch gleichzeitig die Leerzeile eingefügt.

Wenn Sie mit einem Absatz auf einer neuen Seite beginnen wollen, obwohl er teilweise noch auf der vorherigen Seite Platz hätte, verschieben Sie ihn nicht durch Mehrfaches Drücken der Taste ⏎ auf die nächste Seite. Fügen Sie statt dessen einen Seitenumbruch ein (Tastenkombination Strg+⏎).

Absatzabstand

Passen Sie die den unteren Absatzabstand der Schriftgröße an. Bei einer Standardschriftgröße im Manuskript von 12 Punkt stellen Sie also dieses Maß auch als Abstand ein. Word bietet zwar auch die Möglichkeit, einen oberen Absatzabstand zu bestimmen. Sie sollten dies jedoch nicht tun, damit Abstände einheitlich immer unterhalb eines Absatzes eingefügt werden.

Bei Überschriften sind Abstände sowohl oberhalb als auch unterhalb einzufügen. Durch den größeren Abstand oberhalb hebt sie sich vom vorangegangenen Absatz ab, durch den kleineren Abstand unterhalb wird der Bezug zum Folgeabsatz auch optisch verdeutlicht.[1]

Überschriften-absätze

Anordnung von Absätzen und Zeilen festlegen

1. Klicken Sie an beliebiger Stelle auf dem gewünschten Absatz, und wählen Sie dann den Befehl FOR-MAT/FORMATVORLAGE.

So geht's!

2. Klicken Sie auf *Bearbeiten*, dann auf *Format*, in der Dropdown-Liste auf *Absatz*. und schließlich auf der Registerkarte *Einzüge und Abstände*.

3. Wählen Sie im Listenfeld *Ausrichtung* die Option *Block*.

4. Bestimmen Sie in Gruppe *Abstand* in den Drehfeldern *Vor* und *Nach* die gewünschte Maße, also für normale Textabsätze *Vor 0 pt* und *Nach 12 pt*.

5. Markieren Sie im Listenfeld *Zeilenabstand* das Maß *1,5 Zeilen*.

6. Bestätigen Sie die Einstellungen mit OK.

7. Wenn die Änderungen in der Dokumentvorlage gespeichert werden sollen, markieren im Dialogfeld *Formatvorlage bearbeiten* die Option *Zur Dokumentvorlage hinzufügen*.

8. Schließen Sie alle Dialogfelder.

Seitenumbruch vor Überschriften und Verbindung mit dem Folgeabsatz

Wenn ein Absatz am Ende einer Seite nicht mehr vollständig plaziert werden kann, wird er zunächst einmal durch einen automatischen Seitenumbruch getrennt. Im Extremfall kann dabei auf der vorherigen Seite oder auf der Folgeseite eine einzelne Zeile zu stehen kommen. Ein anderer Fall sind Überschriften, die einsam ohne zugehörigen Text am Ende einer Seite stehen. Lesen kann man das Ganze sicher trotzdem, gut aussehen tut es aber nicht.

Zusammen-halten

---

[1] Zur Gestaltung von Überschriften siehe Kapitel 31.

1. Klicken Sie an beliebiger Stelle auf der Überschrift bzw. dem gewünschten Absatz, und wählen Sie dann den Befehl FORMAT/FORMATVORLAGE.

2. Klicken Sie auf *Bearbeiten*, dann auf *Format*, in der Dropdown-Liste auf *Absatz*. und schließlich auf der Registerkarte *Textfluss*.

3. Markieren Sie die beiden Kontrollfelder *Absätze nicht trennen* und *Seitenwechsel oberhalb*.

4. Bestätigen Sie die Einstellungen mit OK.

5. Wenn die Änderungen in der Dokumentvorlage gespeichert werden sollen, markieren im Dialogfeld *Formatvorlage bearbeiten* die Option *Zur Dokumentvorlage hinzufügen*.

6. Schließen Sie alle Dialogfelder.

Silbentrennung

Ein Wort, das wegen seiner Länge nicht mehr in eine Zeile passt, wird von Word automatisch an den Anfang der nächsten Zeile gesetzt. Wenn Sie die Funktion *Silbentrennung* verwenden, werden zu lange Wörter am Zeilenende getrennt. Dadurch entstehen beispielsweise beim Blocksatz weniger große Wortzwischenräume, bei linksbündiger Ausrichtung ist der rechte Rand weniger „ausgefranst".

1. Wählen Sie den Befehl EXTRAS/SPRACHE/SILBENTRENNUNG, und markieren Sie *Automatische Silbentrennung*.

2. Bestimmen Sie im Drehfeld *Silbentrennzone* das gewünschte Maß. Je größer die Trennzone ist, um so weniger Wörter werden getrennt. Bei linksbündiger Ausrichtung wird aber dadurch der rechte Rand „ausgefranster", und beim Blocksatz entstehen größere Wortzwischenräume.

3. Bestimmen Sie im Drehfeld *Aufeinanderfolgende Trennstriche*, in wie vielen aufeinanderfolgenden Zeilen ein Wort getrennt werden darf. Mit der Einstellung *Unbegrenzt* kann im Extremfall in jeder Zeile getrennt werden. Wenn Ihnen solche Absätze missfallen, bestimmen Sie anstelle von *Unbegrenzt* kleinere Zahlen.

4. Bestätigen Sie mit OK.

Markierung durch Zeichen und Symbole

Absätze lassen sich durch vorangestellte Zeichen hervorheben. Word stellt Ihnen dazu die unterschiedlichsten Zeichen zur Verfügung.

❏ Das kann etwa das „kleine Viereck mit Schatten" sein, das Sie vor dem Absatz sehen, den Sie gerade lesen.

♦ Genauso können Sie natürlich auf der Spitze stehende Vierecke verwenden.

✓ Kleine Haken bieten sich beispielsweise dann besonders an, wenn Sie das Attribut „Erledigt" verdeutlichen wollen.

Beispiele

Das Aussehen des Zeichens ist letztlich reine Geschmacksache. Nur eines sollten Sie beachten: Verwenden Sie innerhalb eines Manuskriptes durchgängig das gleiche Zeichen.

Einheitliche Markierungen

Die einzufügenden Zeichen werden durch entsprechende Formatierung der Absätze bestimmt. Mit jedem Drücken der Taste ⏎ wird vor dem Folgeabsatz so lange ein Zeichen gesetzt, bis Sie ihm eine andere Formatierung zuordnen.

Wenn Sie Standardmarkierungen verwenden wollen, klicken Sie in der Format-Symbolleiste auf dem Symbol *Aufzählungszeichen*. Durch erneutes Klicken auf dem Symbol wird die Markierung eines Absatzes beendet.

Standard-Aufzählung

Andere Markierungszeichen lassen sich gleichzeitig mit dem Nummernformat und damit auf die gleiche Weise bestimmen; im folgenden Abschnitt finden dazu mehr.

Nummerierung

Wenn Sie die Chronologie der dargestellten Informationen oder eine bestimmte Anzahl von Varianten kennzeichnen wollen, müssen Sie die Absätze nummerieren. Dabei können Sie die Absätze durch Word automatisch nummerieren lassen. Das geschieht durch entsprechende Formatierung der Aufzählungsabsätze. Mit jedem Drücken der Taste ⏎ wird die laufende Nummer vor dem Absatz um 1 erhöht. Solange Sie einem neuen Absatz keine andere Formatierung zuordnen, wird die nächste laufende Nummer eingefügt.

Standard-
Nummerierung

Wenn Sie die Standard-Nummerierung verwenden wollen, klicken Sie in der Format-Symbolleiste auf dem Symbol *Nummerierung*. Durch erneutes Klicken wird die Nummerierung eines Absatzes beendet.

Sie können abweichend vom vorgegebenen Standard sowohl die Aufzählungszeichen als auch das Nummernformat ändern:

So geht's!

1. Klicken Sie an beliebiger Stelle auf dem zu markierenden Absatz, und wählen Sie dann NUMMERIERUNG UND AUFZÄHLUNGEN im Menü FORMAT oder im Kontextmenü.

2. Bestimmen Sie in den beiden Registerkarten *Aufzählungen* und *Nummerierung* jeweils die gewünschte Nummerierungs- bzw. Aufzählungsart.

3. Bestätigen Sie mit OK.

Einzug und hängende Anordnung der ersten Zeile

Der Anfang der ersten Zeile eines Absatzes kann im Vergleich zu den restlichen nach rechts oder links verschoben sein. Im ersten Fall spricht man von *Erstzeileneinzug* und im zweiten von *hängender Anordnung*.

Erstzeilen-
einzug

Die erste Möglichkeit, der Einzug, lässt sich – so wie in diesem Absatz – einsetzen, wenn aufeinander folgende Absätze optisch voneinander getrennt werden sollen, ohne eine Leerzeile einzufügen; man sieht dann immer den Anfang eines neuen Absatzes, auch wenn die letzte Zeile des vorherigen Absatzes am rechten Rand endet.

Hängende
Anordnung

Die zweite Möglichkeit, die hängende Anordnung, lässt sich – so wie in diesem Absatz – verwenden, wenn Wörter als Blickfang „heraushängen" sollen. Eine Anwendung dieser Formatierung und die dazu notwendige Vorgehensweise finden Sie im Abkürzungs- und im Formelzeichenverzeichnis.[1]

So geht's!

1. Klicken Sie an beliebiger Stelle auf dem gewünschten Absatz, und wählen Sie dann den Befehl FORMAT/ FORMATVORLAGE.

---

[1] Siehe Kapitel 18 und 25.

2. Klicken Sie auf *Bearbeiten*, dann auf *Format*, in der Dropdown-Liste auf *Absatz*.

3. Wählen Sie im Listenfeld *Extra* die Option *Erste Zeile*. Bestimmen Sie dann im Drehfeld *um* das Maß, um das die erste Zeile des Absatzes eingezogen werden soll.

4. Bestätigen Sie mit OK.

5.8 Seitenlayout

Das Aussehen der Seiten eines Manuskripts, das sogenannte Seitenlayout, wird durch mehrere Formatierungsmerkmale bestimmt, die Sie einzeln und unabhängig voneinander verwenden können.

Nicht alle Merkmale, die Word bietet, sind bei der Gestaltung der Manuskriptseiten einzusetzen. Die folgende Auswahl zeigt die für Manuskripte wissenschaftlicher Publikationen notwendigen Merkmale. Die Auswahl ist funktional begründet.

Seitenlayout festlegen

Wählen Sie den Befehl DATEI/SEITE EINRICHTEN, und bestimmen Sie dann auf den einzelnen Registerkarten entsprechend den folgenden Beschreibungen die Merkmale des Seitenlayouts.

Sie können die Merkmale des Seitenlayouts durchgehend für alle Seiten eines Manuskripts festlegen oder auf unterschiedlichen Seiten unterschiedliche Merkmale verwenden. Sie müssen dazu einen Abschnittswechsel einfügen (Befehl EINFÜGEN/MANUELLER WECHSEL, Gruppe *Abschnittswechsel*). Die Merkmale des Seitenlayouts können Sie dann auf die einzelnen Abschnitte anwenden (Dialogfeld des Befehls DATEI/SEITE EINRICHTEN, Listenfeld *Anwenden auf*).

Fürs ganze Dokument ...

... für einzelne Abschnitte

Seitengröße

Die Standardgröße, die auch nach der Installation von Word (deutschsprachige Version) eingestellt wurde, ist die Größe DIN A4 mit einer Höhe von 29,7 cm und einer Breite von 21,0 cm.

DIN A4

Drucker-
probleme?

Sollte Ihr Drucker einmal den Dienst versagen und Sie auffordern, ein ungewöhnliches Papierformat einzulegen, kann die Ursache vielleicht eine falsche Einstellung der Seitengröße sein.

Seitenformat

Hoch oder Quer

Das Standardformat ist Hochformat; dabei verlaufen die Textlinien parallel zur kürzeren Seite. Beim Querformat verlaufen sie parallel zur längeren Seite. Seiten im Querformat lassen sich dann verwenden, wenn beispielsweise die Struktur von Tabellen dieses Format erfordert.

Seitenränder

Der Abstand zwischen den einzelnen Papierkanten und den Rändern der beschriebenen Fläche einer Seite ist der Seitenrand. Diese Fläche enthält die Kapiteltexte einschließlich der Fußnotentexte, nicht jedoch die Seitennummerierung. Die Seitenränder lassen sich unabhängig voneinander einstellen.

Groß genug

Wählen Sie ausreichend große Seitenränder, damit auf der linken Seite noch ein akzeptabler Heftrand und rechts ein Rand für mögliche Korrekturen oder Bemerkungen entsteht. Der obere bzw. untere Seitenrand solle so groß sein, dass sich die Seitenzahlen einfügen lassen, ohne eingequetscht zu wirken.

Empfehlung

Folgende Maße haben sich bewährt: Links 4 cm, rechts 3 cm, oben 2 cm/unten 4 cm bzw. oben 4 cm/unten 2 cm (je nachdem, ob Sie die Seitenzahlen unten oder oben einfügen).

Durch Verändern der Seitenränder, gegebenenfalls zusammen mit der Schriftgröße und den Absatzabständen, lässt sich in Grenzen der Umfang Ihres Manuskript steuern. Wenn Sie beispielsweise den geforderten maximalen Seitenumfang Ihres Manuskripts überschreiten, dann können Sie – wenn eine inhaltliche Straffung nicht möglich ist – durch vorsichtige (!) Verkleinerung der Seitenränder und eventuelle Verkleinerung von Schriftgrößen und Absatzabständen den fehlenden Platz schaffen. Vom umgekehrten Weg, also das Manuskript „aufzublasen", ist dringend abzuraten: Es entsteht leicht zu sehr der Eindruck der „Platzschinderei wegen mangelnden Inhalts".

Seitennummerierung (Paginierung)

Die Seitenzahlen werden im Bereich des oberen oder unteren Seitenrandes eingefügt. Sie können gegebenenfalls durch Text oder die Gesamtseitenzahl ergänzt werden.[1]

Kopf- und Fußzeilen

Sie befinden sich im Bereich des oberen bzw. unteren Seitenrandes und können beispielsweise die Seitenzahlen aufnehmen.[2]

Linien

Durch die Verwendung von Linien im Bereich der Seitenränder – aber notwendigerweise äußerst sparsam! – lassen sich grafische Effekte erzielen.[3] Sparsame Verwendung bedeutet aber nicht notwendigerweise sparsame Wirkung. Vielmehr sollte hier überlegt werden, ob die Verwendung allzu „barocker" Linienmuster den gewünschten Effekt ergibt. Dabei stehen tatsächlich mehr oder weniger viele Linienattribute in vielen Kombinationen zur Verfügung (Linienarten, -breiten, -muster). Es ist – wie beim Thema Schriften weiter oben – zu fragen, ob nicht weniger mehr ist.

Weniger ist mehr!

Seitenumbrüche einfügen

Wenn Sie eine neue Seite in das Manuskript einfügen wollen, setzen Sie den Cursor auf der aktuellen an die Stelle (Wortanfang, Absatzanfang), die auf die neue Seite gesetzt werden soll. Drücken Sie dann die Tastenkombination [Strg]+[←].

---

[1] Siehe Kapitel 27.

[2] Siehe Kapitel 21.

[3] Zu Linien und Rahmen siehe Kapitel 26; in Kapitel 30 finden Sie am Beispiel einer Titelseite eine Anwendung von Linien als Seitenlayoutmerkmal.

Das Projekt:
Von der ersten Idee
zur fertigen Arbeit

B

Die Checkliste
für erfolgreiches Arbeiten

Nach der inhaltlichen Organisation Ihrer Arbeit (Themen-klärung[1], inhaltliche und zeitliche Planung, Materialsich-tung und -auswahl) ist der nächste Schritt die schreib-technische Organisation.

Der Vorschlag

Dabei hat es sich bewährt, grundsätzlich nach dem nachfolgend beschriebenen Ablauf vorzugehen. Die Auf-listung ist aber nicht als Dogma zu verstehen, weil na-türlich der individuelle Arbeitsstil, formale oder andere Randbedingungen ein anderes Vorgehen nahelegen oder vorschreiben können.

Vorschlag – nicht Dogma

Soweit es sich bei den folgenden Schritten um Verände-rungen von Dateien handelt, vergessen Sie bitte nicht, die Änderungen immer wieder zu speichern. Arbeiten Sie auch niemals tagelang, ohne einmal gesichert zu haben.[2]

Ebenso ist es notwendig, das bisher Geschriebene immer wieder in zusammenhängender Form zu lesen. Weil das im mehr oder weniger begrenzten Ausschnitt einer Bild-schirmseite nicht möglich ist, sollten Sie größere zusam-menhängende Abschnitte des Manuskripts ausdrucken[3] und dann lesen. Wollen Sie aber doch auf dem Bild-schirm lesen, dann schalten Sie die für solche Fälle vor-gesehene Ansicht ein (ANSICHT/ONLINE-LAYOUT).

Die Checkliste

1. Gestaltungsmerkmale für die einzelnen Manuskript-bestandteile festlegen[4]

   ❑ Dokumentvorlagen und Formatvorlagen erstellen, übernehmen oder anpassen

---

[1] Ausführliche Hinweise zum Aspekt *Themenklärung* geben *Deininger, M. u.a.*: Studien-Arbeiten, 1992, S. 49-57, unter der Überschrift *Die Betreuung wissenchaftlcher Arbeiten.*

[2] Zum Speichern und Sichern siehe Kapitel 8.

[3] Siehe Kapitel 8, Abschnitt *Drucken.*

[4] Siehe Kapitel 6.

❏ Alle Gestaltungsmerkmale bei den folgenden Schritten fortlaufend und konsequent anwenden

✓ 2. Verzeichnis der verwendeten Literatur erstellen (Maximalkatalog je nach Fachrichtung):

❏ Literaturverzeichnis[1]

❏ Rechtsprechungsverzeichnis[2]

❏ Quellenverzeichnis[3]

✓ 3. Textbausteindatei für Literaturbelege auf der Grundlage des Literatur- und gegebenenfalls Quellenverzeichnisses erstellen[4]

✓ 4. Gliederung des Manuskripts auf der Grundlage der inhaltlichen Vorbereitungen erstellen[5]. Fast schon zwingend ist dabei die Arbeit in der sogenannten *Gliederungsansicht.*[6]

✓ 5. Kapiteltexte schreiben[7]

❏ Zusätzliche Bestandteile (Abbildungen,[8] Diagramme,[9] Formeln,[10] Tabellen[11]) zunächst in Form von Platzhaltern einfügen, aber fortlaufend beschriften[12]

❏ Zitate und Belege fortlaufend auf der Grundlage der inhaltlichen Vorbereitungen einfügen; Textbausteinfunktion einsetzen[13]

❏ Anmerkungen bzw. Fußnoten fortlaufend einfügen[14]

✓ 6. Platzhalter der zusätzlichen Bestandteile (Abbildungen, Diagramme, Formeln, Tabellen) durch die endgültigen Inhalte ersetzen

---

[1] Siehe Kapitel 33.
[2] Siehe Kapitel 41.
[3] Siehe Kapitel 38.
[4] Siehe Kapitel 48.
[5] Siehe Kapitel 9.
[6] Siehe Kapitel 4.
[7] Siehe Kapitel 23, 24, 30 und 49.
[8] Siehe Kapitel 27.
[9] Siehe Kapitel 22.
[10] Siehe Kapitel 34.
[11] Siehe Kapitel 44.
[12] Siehe Kapitel 35.
[13] Siehe Kapitel 48.
[14] Siehe Kapitel 20 und 28.

7. Querverweise bzw. Hyperlinks erstellen[1]   ✓

8. Thematische Verzeichnisse erstellen (Maximalkatalog   ✓
    je nach Fachrichtung)

    ❑   Abbildungs- und Tabellenverzeichnis[2]

    ❑   Abkürzungsverzeichnis[3]

    ❑   Formelzeichenverzeichnis[4]

9. Abschließende sprachliche Korrekturen des Manu-   ✓
    skripts[5]

10. Inhaltsverzeichnis erstellen[6]   ✓

    Bei der Paginierung[7] die Konsequenzen der Verwen-
    dung von römischen Zahlen beachten

11. Stichwortverzeichnis erstellen[8]   ✓

    Nicht erforderlich für alle Arbeiten im studentischen
    Bereich, die innerhalb der Hochschule publiziert wer-
    den; in der Regel also nur bei Buchpublikationen

12. Abschließende Sicherung[9]   ✓

13. Drucken und Zusammenlegen des Manuskripts[10] bzw.   ✓
    Weitergabe der Dateien, wenn das Manuskript in
    elektronischer Form auf Datenträgern[11] oder im Inter-
    net publiziert werden soll[12]

14. Sich über die gelungene und trotz widriger Umstände   ✓
    rechtzeitig abgeschlossene Arbeit freuen und für die
    Beurteilung die Daumen drücken[13]

---

[1] Siehe Kapitel 39.

[2] Siehe Kapitel 17.

[3] Siehe Kapitel 18.

[4] Siehe Kapitel 25.

[5] Siehe Kapitel 5.

[6] Siehe Kapitel 20.

[7] Siehe Kapitel 42

[8] Siehe Kapitel 28.

[9] Siehe Kapitel 8, Abschnitt *Sichern*.

[10] Siehe Kapitel 13.

[11] Siehe Kapitel 15.

[12] Siehe Kapitel 16.

[13] Diese sind ja nun nach Abschluß der Arbeit zumindest für die nächste Zeit frei und damit fürs Drücken einsetzbar.

7

Mit eines der schlimmsten Dinge, die Ihnen passieren können, ist die Zerstörung der Datei(en) Ihrer aktuellen Arbeit. Ursachen gibt es genau so viele wie gute Ratschläge aus dem Umfeld. Sollte es also tatsächlich einmal zu diesem worst case kommen, ist zwar die Frage nach dem Warum und Weshalb das letzte, was Sie weiterbringt. Aber vielleicht kann die erkannte Ursache – und das soll jetzt überhaupt nicht sarkastisch klingen[1] – Ihre Sensibilität wecken, in Zukunft alles besser zu machen.

Im Sinne dieses Vorsatzes sind drei immer wieder anzuwendende Aktionen hilfreich:

Eiserne Regel

❏ Speichern

❏ Sichern

❏ Virenkontrolle

7.1 Speichern

Alles was im Folgenden über das Speichern und weiter unten auch über das Sichern Ihrer wissenschaftlichen Arbeiten gesagt wird, gilt gleichermaßen auch für andere Dateien in Zusammenhang mit Ihrer Arbeit (Literaturlisten, Korrespondenz usw.).

Beim Speichern eines Dokuments auf die Festplatte sind drei Möglichkeiten zu unterscheiden.

❏ Automatisch speichern lassen

❏ Speichern nach Aufforderung

❏ Speichern ohne Aufforderung

Automatisch speichern lassen

Schalten Sie dazu die Speicherautomatik von Word ein. Dadurch wird nach einem von Ihnen vorgegebenen Intervall die gerade in Arbeit befindliche Datei gespeichert. Mit dieser Automatik sind Sie relativ gut gegen die Folgen eines Absturzes des Programms oder des PC gewappnet,

Automatisches Intervall-speichern

---

[1] Oder wie es so schön heißt: „Der Autor spricht aus eigener Erfahrung.".

beispielsweise bei Störungen des Versorgungsnetzes durch Blitzschläge.

Wenn also ein solcher oder ähnlicher Fall eintreten sollte, dann ist zumindest nur die Arbeit seit dem letzten Intervallspeichern verloren; den Rest können Sie möglicherweise wieder aus dem Kopf rekonstruieren. Setzen Sie also das Intervall auf einen möglichst kleinen Wert (1 Minute). Einstellungen in der Größenordnung von mehreren zehn Minuten oder noch mehr machen den Einsatz der Funktion eigentlich schon wieder überflüssig.

Weniger ist mehr!

Die Vorgabeeinstellung nach der Word-Installation sind 10 Minuten. Der Wert lässt auf bis zu 120 Minuten erhöhen. Weil Sie aber in 10 Minuten oder gar in zwei Stunden ziemlich viel schreiben können, kann für das Intervall also getrost gelten: Weniger ist mehr.

So geht's!

1. Wählen Sie den Befehl EXTRAS/OPTIONEN und dann die Registerkarte *Speichern.*

2. Bestimmen Sie im Minutenfeld nach dem Kontrollfeld *AutoWiederherstellen-Info speichern alle*[1] die gewünschte Minutenzahl; das Kontrollfeld wird damit gleichzeitig markiert.

3. Bestätigen Sie alles mit OK

Speichern nach Aufforderung

Sicherheitsabfrage bei Änderungen

Word fordert Sie in Form einer Sicherheitsabfrage zum Speichern auf. Diese Aufforderung wird immer dann präsentiert, wenn Sie ein Dokumentfenster schließen oder das Programm beenden wollen, aber Änderungen noch nicht gespeichert sind. Um die Datei zu speichern, drücken Sie die Taste ⏎, oder verwerfen Sie die Änderungen, indem Sie auf *Nein* klicken. Wenn Sie aber entgegen Ihrer ursprünglichen Absicht doch noch weiterarbeiten wollen, brechen Sie das Ganze ab, indem Sie auf *Abbrechen* klicken oder Taste Esc drücken.

---

[1] Dieses Wortungetüm in der neuesten Word-Version ersetzt die bisherige Bezeichnung „*Automatisches Speichern alle*"; mein ganz subjektiver Eindruck: Manchmal ist Fortschritt halt auch Rückschritt.

Speichern ohne Aufforderung

Auf diese Weise sollten Sie – wenn Sie schon nicht die Speicherautomatik nutzen (warum eigentlich nicht?) – zumindest immer dann speichern, wenn Sie größere Bearbeitungsschritte ausgeführt haben (viel Text eingegeben, Tabellen bearbeitet, Grafiken eingefügt usw.). Wählen Sie dazu den Befehl *Datei/Speichern*, klicken Sie auf dem Disketten-Symbol in der Standard-Symbolleiste, oder drücken Sie die Tastenkombination (Strg)+(S).

Immer wieder:
(Strg)+(S)

7.2 Sichern

Dass trotz aller Sicherungsmaßnahmen etwas Unvorhergesehenes zum teilweisen oder ganzen Verlust Ihrer Arbeit führen kann, liegt in der Natur der Sache. Mit den folgenden Sicherungsmöglichkeiten besteht jedoch die Aussicht, dass sich Verluste in Grenzen halten.

Außer den oben beschrieben Möglichkeiten, Dateien zu speichern, können Sie sie auch noch sichern. Sichern bedeutet hier das nochmalige Speichern auf derselben Festplatte oder auf einem anderen Datenträger. Sie haben drei Möglichkeiten mit jeweils unterschiedlichen Funktionen:

❑ Sicherung gegen versehentliche Änderungen

❑ Sicherungskopien anlegen lassen

❑ Sicherung auf externe Datenträger

Sicherung gegen versehentliche Änderungen

Dateien lassen sich davor schützen, dass Sie sie versehentlich bearbeiten oder löschen. Das geschieht durch Aktivierung der Schreibschutzfunktion. Nützlich ist das beispielsweise dann, wenn Sie sicherstellen wollen, dass Sie die Datei eines bereits zur Prüfung abgegebenen Dokuments nicht verändern, um nicht selbst eine andere Fassung zur Prüfungsvorbereitung zu verwenden.

Schreibschutz

Das Dokument, das schreibgeschützt werden soll, muss sich im aktiven Fenster befinden.

... einschalten

1. Wählen Sie den Befehl DATEI/SPEICHERN UNTER und dann *Optionen.*

2. Markieren Sie das Kontrollfeld *Schreibschutz empfehlen,* und bestätigen Sie mit OK.

3. Wenn das Dokument noch nicht gespeichert war, bestimmen Sie im Dialogfeld *Speichern unter* einen Dateinamen.

*... und aus-
schalten*

Die Schreibschutzfunktion können Sie natürlich auch wieder ausschalten. Um den Schreibschutz wieder aufzuheben, öffnen Sie die Datei (Befehl DATEI/ÖFFNEN) und beantworten Sie dann die Frage, ob die Datei mit Schreibschutz geöffnet werden soll, mit *Nein*.

Sicherungskopien anlegen lassen

*Sicherungs-
automatik
einschalten*

Sie können von jeder Datei, die gespeichert wird, durch Word zusätzlich eine sogenannte Sicherungskopie anlegen lassen. Sicherungskopien können in mehrfacher Hinsicht hilfreich und nützlich sein. Wenn beispielsweise die aktuelle Fassung zerstört worden ist oder Sie aus anderen Gründen auf die vorletzte Fassung zugreifen wollen bzw. müssen, öffnen Sie die Sicherungskopie wie ein normales Dokument (Befehl DATEI/ÖFFNEN).

So geht's!

1. Wählen Sie den Befehl EXTRAS/OPTIONEN und dann die Registerkarte *Speichern*.

2. Markieren Sie das Kontrollfeld *Sicherungskopie immer erstellen*, und bestätigen Sie mit OK.

Sobald Sie Ihr Manuskript speichern, legt Word ohne Ihr Zutun gleichzeitig die Datei der Sicherungskopie an. Sie bekommt von Word einen Dateinamen nach folgendem Muster:

Sicherungskopie von (Dateinamen der Originaldatei).wbk

*Originaldatei
wieder
herstellen*

Wegen der Namenserweiterung *wbk* werden die Sicherungskopien nicht unmittelbar im Dialogfeld *Öffnen* angezeigt. Falls Sie zu einem späteren Zeitpunkt die Sicherungskopie öffnen wollen, wählen Sie im Öffnen-Dialogfeld im Listenfeld *Dateityp* den Eintrag *Alle Dateien*; damit werden auch die Sicherungskopie-Dateien angezeigt. Nach dem Öffnen speichern Sie die bisherige Sicherungskopie wieder unter ihrem ursprünglichen Namen.

Sicherung auf externe Datenträger

Sichern Sie nach jeder Bearbeitung Ihres Manuskripts zusätzlich auf einen anderen Datenträger als nur die normale Festplatte. Solche Datenträger können Disketten, Magnetbänder oder herausnehmbare Festplatten, sogenannte Wechselplatten sein. Aufgrund der Standardausstattung eines heutigen PC ist aber die Verwendung von Disketten auf jeden Fall möglich.

Wenn Sie auf Disketten sichern, tun Sie das nach dem sogenannten Vater-Sohn-Prinzip. Verwenden Sie zwei verschiedene Disketten bzw. Diskettensätze, die Sie jeweils abwechselnd benutzen. Um die beiden Disketten bzw. -sätze zu unterscheiden – nur dann erfüllen sie ihre Funktion – können Sie sie beispielsweise farbig kennzeichnen oder entsprechend beschriften.

Unterschiedliche Disketten im Wechsel

Disketten haben – im Vergleich zu anderen Datenträgern – den Vorteil, dass Sie damit bei Ausfall Ihres PC ohne Kompatibilitätsprobleme auf einem anderen PC weiterarbeiten können, falls Ihnen ein Ersatzgerät zur Verfügung steht.

7.3 Virenkontrolle

Für die Frage, ob es sich beim Stichwort *Viren* um Panikmache oder um berechtigte Vorsichtsüberlegungen handelt, ist dieses Buch nicht das Forum; sie soll also hier nicht diskutiert werden.

Wenn Sie's gerne aufregend haben, dann übergehen Sie diesen Abschnitt. Wenn dann tatsächlich mal ein Virus auftauchen sollte, haben Sie immer noch Zeit, sich Gedanken zu machen.

No Risc – No Fun

Sollten Sie eher zu denen gehören, die Thrill auf andere Weise suchen und finden als beim Risiko, Daten durch Viren zu verlieren, dann sollten Sie sich mit dem Thema befassen.

Neben den „klassischen" Viren sind seit einigen Jahren auch Makroviren im Umlauf, die u.a. mit Word-Dokumenten verbreitet werden. Sobald ein infiziertes Dokument geöffnet wird, setzt sich der Makrovirus in der Dokumentvorlage NORMAL.DOT fest. Da nun alle Dokumente auf diese Dokumentvorlage zugreifen – sowohl neue als auch vorhandene –, gelangt der Virus beim Speichern automatisch in diese Dokumente. Wenn diese dann auf einer anderen Word-Installation geöffnet werden, wiederholt sich das Ganze. Makroviren können Word-

Normale und Makroviren

Funktionen blockieren, Dokumente „bearbeiten" oder löschen.[1]

Virenquellen

Viren können über Disketten auf Ihren PC kommen, wenn Sie beispielsweise Ihre Arbeit von einem Schreibdienst abtippen lassen oder wenn Sie Ihr Manuskript an unterschiedlichen Arbeitsplätzen bearbeiten; aber auch Programmdisketten aus den Händen Dritter sind potentielle „Virentransporteure". Eine weitere Möglichkeit, Viren zu bekommen, ist das Herunterladen von Dateien aus dem Internet.

Virenschutz

Eine erste, wenn auch nur passive Schutzmaßnahme gegen Makroviren besteht darin, dass Sie den Word-internen *Makrovirus-Schutz* aktivieren. Wählen Sie dazu

... passiv

EXTRAS/OPTIONEN, und markieren Sie dann auf der Registerkarte *Allgemein* die Option *Makrovirus-Schutz*.

Sobald Sie nun ein Dokument öffnen, das andere als von Word mitgelieferte Makros enthält, wird ein Dialogfeld geöffnet, in dem Sie einen Hinweis auf solche Makros erhalten.

... aktiv

Neben dieser passiven Schutzmaßnahme können Sie auch aktive ergreifen, indem Sie Virenscanner einsetzen. Das sind Programme, die Ihren PC nach Viren absuchen und je nach Aktualität des Programms entfernen. Sie können Virenscanner als Testversionen bekommen, die Sie bei dauerhafter Nutzung registrieren lassen müssen.[2]

Es gibt darunter Virenscanner, die neben der normalen Suchfunktion für Datenträger auch noch Internet-relevante Funktionen bieten. Wenn Sie also Dateien aus dem Internet herunterladen, werden sie vor dem endgültigen Speichern auf Ihren PC zuerst auf Viren überprüft.

---

[1] Siehe *Eggeling/Springer*: Makroviren, 1996.

[2] Beispielsweise „*McAfee VirusScan*" und „*McAfee WebScan*" von http://www.mcafee.com; „*Norton AntiVirus Internet Scanner*" von http://www.symantec.com; „*F/Win*" von kurtzhal@wrcs3.urz.uni-wuppertal.de. Im Aufsatz von *Eggeling/Springer* (siehe Fußnote 1) wird das Listing für einen Virenscanner abgedruckt.

Ihr persönlicher Sprachstil und die Fachsprache 8

In Ihren Manuskripten verwenden Sie zwei unterschiedliche, aber nicht voneinander zu trennende Sprachsorten: die Fachsprache und die Allgemeinsprache.

Die Fachsprache ist bei der Manuskripterstellung unverzichtbar, denn der Text dient der fachlichen Kommunikation unter Fachleuten. Mit den andernorts manchmal anzutreffenden Anfeindungen des Gebrauchs von Fachsprache (*„Das ist ja Fachchinesisch!"*) haben Sie in Zusammenhang mit Ihrer Arbeit nicht zu rechnen. *Fachsprache*

Verwenden Sie deshalb in Ihrer Arbeit keine allgemeinsprachlichen Umschreibungen, wenn Ihre Fachsprache entsprechende Fachausdrücke kennt. Solche Umschreibungen – oder besser: der Versuch von Umschreibungen – stoßen sehr schnell an die Grenzen des Möglichen und Vertretbaren.[1]

Die Allgemeinsprache lässt sich hier als das Strukturgitter definieren, das den logischen und grammatischen Zusammenhang der fachsprachlichen Informationen ermöglicht. Der allgemeinsprachliche Teil des Manuskripts umfaßt all das, was Sie durch Ihren persönlichen Sprachstil und Ihr Sprachgefühl zu Papier bzw. auf den Bildschirm bringen.[2] *Allgemeinsprache*

Eine besondere Wortklasse, die in beiden Sprachsorten vorkommt, sind Fremdwörter. Sie werden vermutlich in Ihrem Manuskript nicht ohne auskommen. Eine „Regel" zum Fremdworteinsatz gibt das DUDEN-Fremdwörterbuch: *Fremdwörter*

---

[1] Ausführlich zu Fachsprachen unter der umfassenden Überschrift „Die Sprache der Wissenschaft" in *Ebel, H. F./Bliefert, C.*: Schreiben, 1994, S. 395-478.

[2] Überlegungen zu Sprachstil und Sprachgebrauch zeigt der Leiter der Hamburger Journalistenschule in *Schneider, W.*: Deutsch, 1992. „Schlecht-Gut"-Gegenüberstellungen für verschiedene Wortarten präsentiert *Krämer, W.*: Anleitung, 1994, S. 86-105. Die Wirkung verschiedener Autorenperspektiven (ich/wir/man/Passivkonstruktion) beim Leser beschreiben *Deininger, M. u.a.*: Studien-Arbeiten, 1992, S. 45.

Ein Fremdwort kann dann nötig sein, wenn es mit deutschen Wörtern nur umständlich oder unvollkommen umschrieben werden kann. Sein Gebrauch ist auch dann gerechtfertigt, wenn man einen graduellen inhaltlichen Unterschied ausdrücken, die Aussage stilistisch variieren oder den Satzbau straffen will. Es sollte aber überall da vermieden werden, wo Gefahr besteht, daß es der Hörer oder Leser, an den es gerichtet ist, nicht oder nur unvollkommen versteht, wo also Verständigung und Verstehen erschwert werden.

Abzulehnen ist der Fremdwortgebrauch da, wo er nur zur Erhöhung des eigenen sozialen bzw. intellektuellen Ansehens oder zur Manipulation anderer angewendet wird.

Daß man ein Fremdwort nur dann gebrauchen soll, wenn man es genau kennt, sollte eine Selbstverständlichkeit sein; andernfalls setzt man sich der Gefahr der Lächerlichkeit aus."[1]

Metaphern   Ähnlich – was die Verwendung in Ihrem Manuskript betrifft – verhält es sich mit Metaphern, also mit Ausdrücken, bei denen „ein Wort, eine Wortgruppe aus seinem eigentümlichen Bedeutungszusammenhang in einen anderen übertragen wird, ohne daß ein direkter Vergleich die Beziehung zwischen Bezeichnendem u. Bezeichnetem verdeutlicht"[2].

Ob Sie in Ihrem Manuskript mit einer Metapher den Nagel auf Kopf treffen oder nicht, das müssen Sie selbst entscheiden.[3]

---

[1] *DUDEN Fremdwörterbuch:* S. 17.
[2] *DUDEN Fremdwörterbuch:* S. 488.
[3] Siehe auch *Greis, K. P.:* Metaphern, 1989.

9.1 Die Gliederung und der „normale" Text

Der Inhalt eines Manuskripts lässt sich anhand zweier unterschiedlicher Textsorten erschließen:

❑ Die Gliederung eines Manuskripts zeigt anhand des Inhaltsverzeichnisses – ohne dass man den Inhalt der Arbeit schon im einzelnen kennt – bereits wesentliche Überlegungen des Verfassers: Sie repräsentiert die Struktur seiner Gedanken.

Gliederung = Gedanken-struktur

❑ Der „normale" Text, also alles das, was nicht als Überschrift fungiert, gibt dann detaillierte Informationen.

Inhaltlich betrachtet sind also Gliederung und Inhaltsverzeichnis eines Manuskripts das gleiche; auch in ihrer Form sind sie gleich, weil beide die Überschriften des Manuskripts zeigen. Sie unterscheiden sich jedoch durch den Zeitpunkt ihrer Entstehung; die Gliederung entsteht zu Beginn und das Inhaltsverzeichnis gegen Ende der Manuskriptbearbeitung.[1]

Gliederung = Inhalts-verzeichnis

Arbeit im Gliederungsmodus

Die Gliederung wird im sogenannten Gliederungsmodus erstellt und bearbeitet. Wenn Sie Ihr Manuskript in diesem Modus bearbeiten, führt Ihre Textverarbeitung einige Änderungen automatisch durch, ohne dass Sie sich darum zu kümmern brauchen.

❑ Sie können nur die Überschriften eines Manuskripts anzeigen lassen; der zu den Überschriften gehörende Text wird ausgeblendet, ist aber mit ihnen noch verbunden. Dabei können Sie über die Hierarchiestufen bestimmen, ob etwa nur die Hauptüberschriften der Kapitel oder auch untergeordnete angezeigt werden.[2]

Vorteil 1

❑ Sie können jeder vorhandenen Überschrift eine der inhaltlichen Hierarchiestufe entsprechende Gliederungsstufe zuordnen. Wenn Sie eine Überschrift in

Vorteil 2

---

[1] Zur Erstellung von Inhaltsverzeichnissen siehe Kapitel 31.
[2] Zu Überschriften siehe Kapitel 46.

der Hierarchie höher oder tiefer stufen, werden die untergeordneten Überschriften automatisch ebenfalls höher oder tiefer gestuft.

Vorteil 3   ❏ Wenn Sie Überschriften einfügen oder entfernen, wird die Nummerierung aller nachfolgenden Überschriften – untergeordnete und solche der gleichen Hierarchiestufe – automatisch aktualisiert. Es kann also nie passieren, dass eine Kapitel- oder Abschnittsnummer doppelt vorkommt oder dass eine Nummer fehlt.

Vorteil 4   ❏ Wenn Sie eine Überschrift innerhalb des Manuskripts verschieben, dann wird automatisch der zugehörige Text ebenfalls verschoben, unabhängig davon, ob er angezeigt oder ausgeblendet ist. Gleichzeitig werden auch alle der zu verschiebenden Überschrift untergeordneten Überschriften verschoben. Empfehlenswert ist es, den Text auszublenden, weil der ganze Vorgang dann sehr viel übersichtlicher ist.

Sie können also im Gliederungsmodus Ihr Manuskript so lange durch Verschieben, Umstufen, Einfügen oder Entfernen von Überschriften bearbeiten – am besten bei ausgeblendetem Text –, bis alle Überschriften und damit Ihr Manuskript die gewünschte Struktur haben.

Gliederungs-
modus
... einschalten
Um in den Gliederungsmodus umzuschalten, wählen Sie ANSICHT/GLIEDERUNG (Bild 9.1). In diesem Modus werden durch Zuordnung von Gliederungsstufen die Formatvorlagen *Überschrift 1* bis *Überschrift 9* verwendet. Für die Formatvorlagen können Sie im einzelnen die Formatierungsmerkmale festlegen.[1]

... ausschalten
Wenn Sie die gewünschte Struktur Ihres Manuskripts erreicht haben, schalten Sie wieder in den Layoutmodus um (ANSICHT/LAYOUT-ANSICHT). Dort werden dann alle Textelemente wieder angezeigt, und Sie können das Manuskript weiter bearbeiten.

9.2 Die Gliederungswerkzeuge

Mit dem Einschalten des Gliederungsmodus werden die Gliederungswerkzeuge in Form der *Gliederungs-Symbolleiste* eingeblendet Bild 9.2).

---

[1] Siehe Kapitel 5.

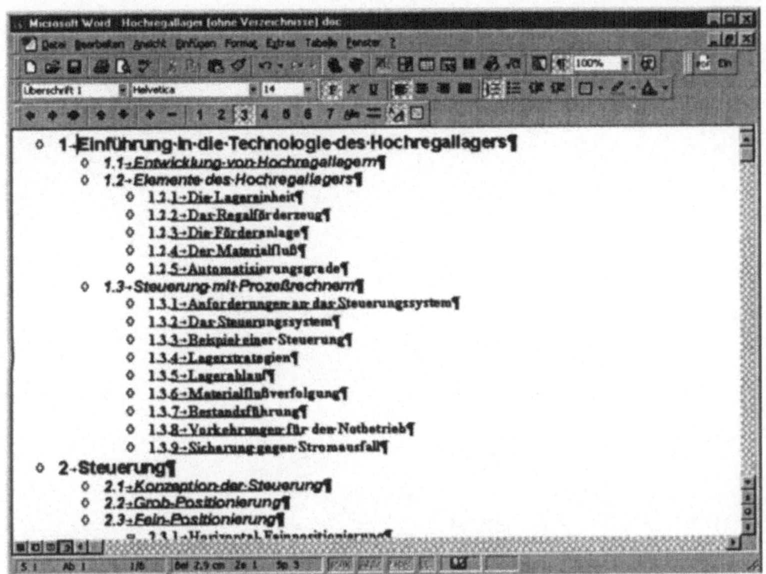

Bild 9.1:
Im Gliederungsmodus stehen Ihnen alle Werkzeuge zur Verfügung, um die Struktur Ihres Manuskripts effizient zu bearbeiten.

Die Symbolleiste enthält mehrere Schaltflächen, die in funktionalen Gruppen zusammengefaßt sind.

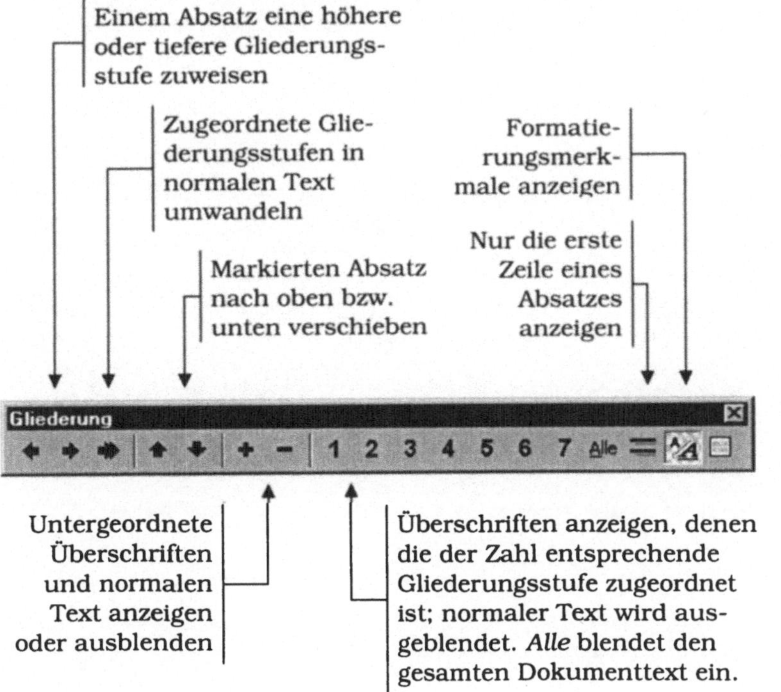

Bild 9.2:
Gliederungs-Symbolleiste

Die vollständige Literaturliste – die andere Hälfte der Miete

10.1 Grundlage für Zitate und Belege

Sobald Sie die Materialien, die Sie für Ihre Arbeit gesichtet und ausgewählt haben, können Sie die Literaturliste erstellen. Mit dem *„Erstellen"* ist hier die Erfassung in Word gemeint; das soll aber nicht heißen, dass dadurch die Erfassung in einer Kartei – siehe unten – überflüssig ist.

Sobald Ihnen also diese Liste vorliegt, können Sie sie mehrfach nutzen, nämlich als

❏ Literaturverzeichnis, das Sie Ihrer Arbeit als notwendigen Bestandteil hinzufügen[1]

❏ Fundus für Textbausteine, mit deren Hilfe Sie die einzelnen Literaturstellen in Zitaten und als Belege schnell, einfach und immer korrekt in Ihr Manuskript einfügen können.[2]

❏ Arbeitsverzeichnis für handschriftliche Notizen bei der Literaturarbeit

10.2 Einsatz von Literaturdatenbanken

Der „Zettelkasten", oder korrekt ausgedrückt: die Kartei ist der Klassiker, was die Verwaltung der verwendeten Literatur anbelangt. Nicht umsonst verweisen Autoren, die zum Thema *wissenschaftliche Arbeiten* schreiben, auf die Kartei als das Arbeitsmittel schlechthin.[3] Neben diesem papierenen Arbeitsmittel gibt es – wie sollte es anders sein – im PC-Zeitalter natürlich auch den

Der alte Zettelkasten ...

---

[1] Zur Bearbeitung des Literaturverzeichnisses siehe Kapitel 33. Die Liste der zu diesem Buch verwendeten Literatur finden Sie in Kapitel 50.

[2] Zu Zitaten siehe Kapitel 48; zur Arbeit mit Textbausteinen siehe Kapitel 5, Abschnitt *Automatisierte Texterstellung.*

[3] Zum Beispiel *Theisen, M. R.:* Arbeiten, 1993, S. 100-113; *Rückriem, G. u.a.:* Technik, 1992, S. 145-167.

„elektronischen Zettelkasten". Oder exakt ausgedrückt: die Literaturdatenbank.

... und die neue Technik

Die folgenden Hinweise sind nicht als Plädoyer zur Abschaffung der Kartei zu missdeuten. Sie sollen lediglich aufzeigen, dass Sie Ihren PC nicht nur zur Bearbeitung des Manuskripts einsetzen können, sondern auch zur effizienten Literaturverwaltung. Wenn beide Programme – Textverarbeitung und Literaturdatenbank – im Zusammenhang eingesetzt werden, kann das die Effizienz Ihrer Arbeit noch steigern.

Literaturdatenbanken gibt es viele – darunter auch solche, die die Bezeichnung nicht einmal ansatzweise verdienen. Eine Ausnahme bildet das Programm *Liman*,[1] das ich u.a. bei der Verwaltung der Literatur zu diesem Buch eingesetzt habe.

Bild 10.1:
So zeigt sich ein in einer Literaturdatenbank erfasster Literaturtitel. Nach Exportieren der bibliographischen Angaben können diese in Word verarbeitet werden.

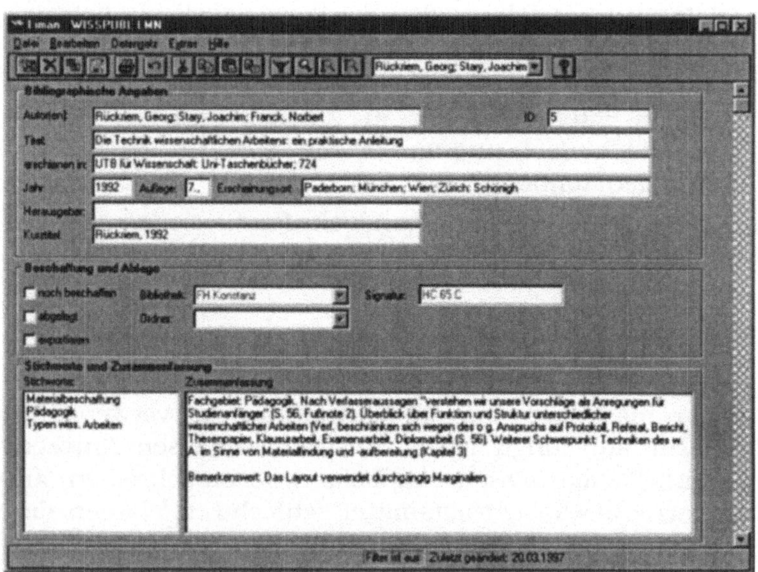

---

[1] Die Entscheidung, Liman als Beispiel zu nennen, ist eine ganz subjektive. Ich will und kann Ihnen keine „Marktübersicht" o.ä. bieten, sondern einfach nur einen Hinweis auf ein praktisches Werkzeug für die Literaturarbeit. Nicht mehr und nicht weniger.
Für eine Demo-Version von Liman hier die Webadresse: *http://www. ourworld.compuserve.com/homepages/volck.*

Wenn Sie mit dem Office-Paket von Microsoft arbeiten, können Sie das Programm *Access* verwenden, um Literaturdatenbanken anzulegen. Ein Datenbank-Assistent hilft Ihnen sowohl bei der Anlage der Datenbank als auch bei der Auswertung (Bilder 10.2 bis 10.4).

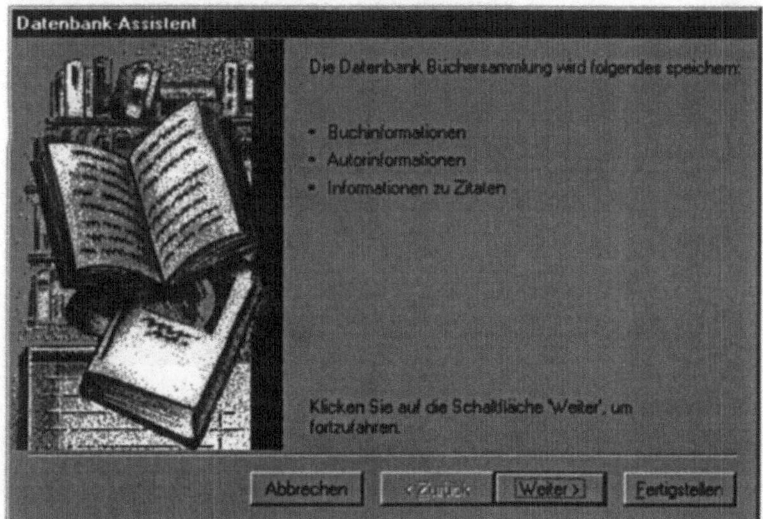

Bild 10.2:
Der Access-interne Datenbank-Assistent hilft Ihnen beim Aufbau der Datenbank.

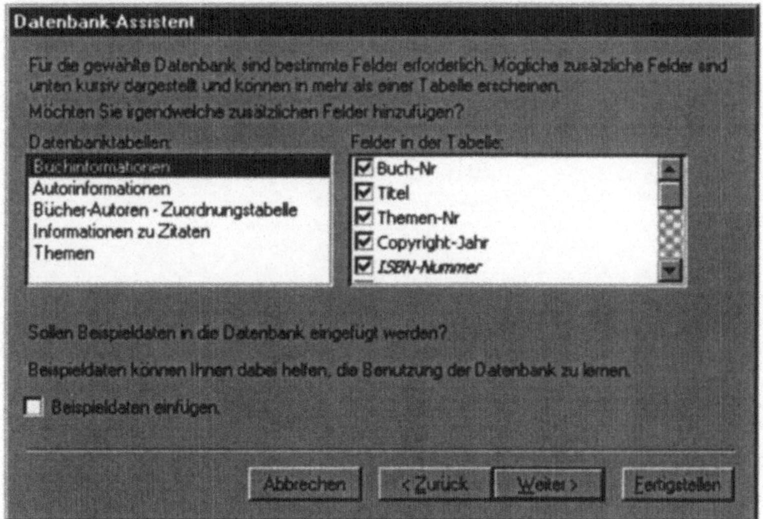

Bild 10.3:
Durch Auswahl von Merkmalen können Sie sich Ihre individuelle Datenbank zusammenbauen.

Bild 10.4:
Nach Erfassung
der verwende-
ten Literatur
können Sie Ihre
Bestände mit
verschiedenen
Datenbank-
funktionen
auswerten.

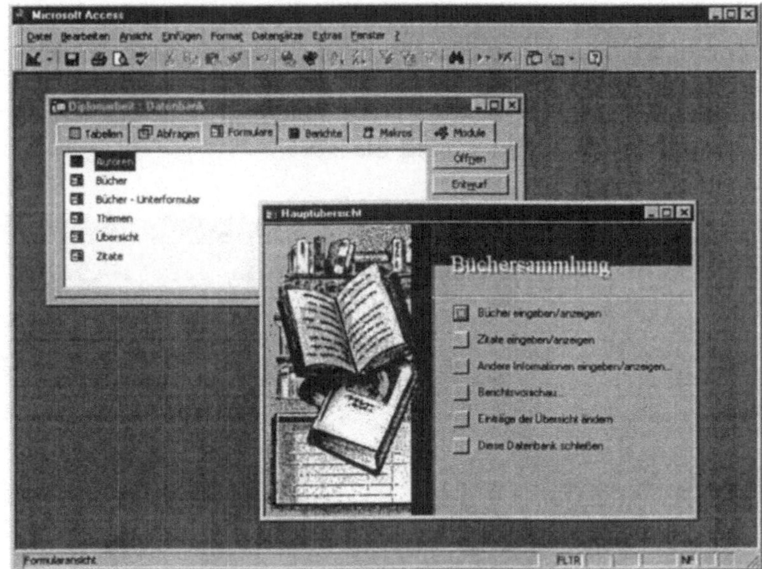

Eigene und fremde Quellen integrieren 11

Mit dem Integrieren von Quellen ist das Einfügen von Materialien in Ihre Arbeit gemeint. Das kann beispielsweise eine statistische Tabelle sein, ein Diagramm aus einem technischen Datenblatt oder eine chemische Strukturformel; ein Foto des Versuchsaufbaus für eine experimentelle Arbeit oder das Foto einer Punkteabfrage eines Seminars. Es geht also um physische Integration, nicht um das Zitieren von Quellen.[1]

Grundsätzlich haben Sie drei Möglichkeiten. Sie können

❑ mit Schere und Kleber arbeiten

❑ einen Scanner einsetzen

❑ mit einer Digitalkamera fotografieren

Die praktische Umsetzung dieser Integration hängt von drei Kriterien ab:

Entscheidungs-fragen

❑ Welche technischen Möglichkeiten stehen Ihnen zur Verfügung?

❑ Wieviel Zeit haben Sie für Ihre Arbeit?

❑ Wie wollen Sie Ihre Arbeit publizieren?

Eine Schere und einen Klebestift hat jeder; Korrekturen sind durch erneutes Ausschneiden und Kleben leicht möglich. Nicht jedem stehen aber vielleicht die anderen technischen Geräte zur Verfügung.

1. Antwort

In der Regel werden Sie nicht über zu viel Zeit klagen können. Aber ohne Spaß: Angenommen, Ihnen steht zwar in Ihrer Hochschule ein Scanner oder eine Digitalkamera zur Verfügung steht; Sie haben aber damit noch nicht gearbeitet. In diesem Fall ist vielleicht der Zeitaufwand für die Einarbeitung in Hard- und Software zu groß, und diese Zeit fehlt Ihnen dann bei der Bearbeitung Ihres Manuskript.

2. Antwort

Wenn Sie Ihre Arbeit auf Papier publizieren wollen, dann lässt sich jede der drei unten beschrieben Möglichkeiten nutzen. Sollten Sie aber daran denken, Ihre Arbeit in elektronischer Form zu veröffentlichen,[2] dann muss es

3. Antwort

---

[1] Zu Zitaten siehe Kapitel 48.
[2] Siehe Kapitel 15.

halt eine Scanner oder eine Digitalkamera sein. Und dann ist die Einarbeitung in Hard- und Software eine notwendige Bedingung – es sei denn, Sie *lassen* die Materialien scannen bzw. fotografieren.

11.1 Klassiker: Schere & Kleber

Kleiner als DIN A4
Wenn die zu integrierenden Materialien kleiner sind als eine DIN-A4-Seite oder wenn Sie nur einen Ausschnitt daraus verwenden wollen, dazu brauchen Sie zunächst einen leeren Rahmen in passender Größe.[1] In diesen Rahmen können Sie nach dem Ausdrucken des Manuskripts die Kopien einkleben.

Achten Sie beim Kleben darauf, dass die Schnittkanten festgeklebt sind. Es kann sonst passieren, dass beim Kopieren Ihrer Arbeit die aufgeklebten Stücke durch den automatischen Einzug des Kopierers umgeknickt oder ganz abgerissen werden. Je nach Kopierer kann das Original auch im Transportband des Einzugs verschwinden. Der Ärger ist durch nicht korrektes Kleben auf jeden Fall programmiert.

Vorteil
Sie können die Schere&Kleber-Variante zu jeder Tages- und Nachtzeit, zu Hause oder in der Hochschule realisieren.

Nachteil
Bei Seitenumbrüchen, die nach dem Einkleben entstehen, müssen Sie die Materialien erneut einkleben. Abhilfe: Kleben Sie die vorgesehenen Materialien erst ganz zum Schluss ein. Bis dahin lassen Sie in den leeren Rahmen einen Hinweistext über die noch fehlenden Materialien stehen.

DIN A4
Ganzseitige Materialien können Sie einfügen, indem Sie zunächst die notwendigen Zahl von Leerseiten in das Manuskript einfügen. Nach dem Ausdrucken des Manuskripts ersetzen Sie die leeren Blätter durch die Materialienblätter.

---

[1] Zur Erstellung solcher Rahmen siehe Kapitel 40, Abschnitt *Der Bilderrahmen.*

11.2 Bewährtes: Der Scanner

Mit einem Scanner lassen sich Texte und Bilder in elektronischer Form Word-Dokumente einfügen. Voraussetzung ist ein Scanner, vorzugsweise ein DIN-A4-Flachbett-Scanner. Bei einem Handscanner sind Sie auf eine bestimmte Scanbreite begrenzt; breitere Bilder bzw. längere Texte müssen streifenweise gescannt und dann aneinandergefügt werden.

Hardware

Die zweite Voraussetzung ist die Software zum Einlesen des Textes und der Bilder. Je nach Software kann ein solches Programm beide Funktionen erfüllen. Andernfalls dient eine Software zur Texterkennung und eine andere zum Einlesen von Bildern. Bei der Software handelt es sich um ein sogenanntes *OCR-Programm*[1], das die einzulesenden Zeichen mehr oder weniger eindeutig erkennt und auf dem Bildschirm abbildet. Aktuelle Software bietet Erkennungsmöglichkeiten von nahezu 100%. Mit der Möglichkeit, das gesamte Layout eines Textes abzubilden, eignet sich die Software auch zum Archivieren von Dokumenten.

Software

Das Scannen von Text erspart Ihnen das mehr oder weniger zeitraubende Abtippen von Text; Sie können Text aber auch als Bild scannen und so in Ihrem Manuskript verwenden.

Gescannter Text

Gescannte Bilder lassen sich skalieren, also in der Größe verändern; Sie können Sie beliebig innerhalb des Manuskripts verschieben; mit Bildbearbeitungs-Software lassen sich die Bilder nacharbeiten (Helligkeit, Kontrast, Überflüssiges abschneiden usw.).

Gescannte Bilder

Bei neuen Seitenumbrüchen werden die gescannten Bilder automatisch in die neue Seitenfolge einbezogen. Sie können die Bilder aber auch manuelle neu plazieren. Das einzige, was also eventuell erforderlich ist, sind neue Ausdrucke der entsprechenden Seiten.

Vorteil

---

[1] Die Abkürzung OCR kann für die drei Begriffe *Optical Character Reader*, *Optical Character Recognition* und *Optical Character Scanner* stehen (*Springer, G.*: Abkürzungslexikon, 1993, S. 132). Ich verwende die Abkürzung im Sinne von *Optical Character Recognition* (optische Zeichenerkennung).

Nachteil

Nachteilig ist der schon weiter oben erwähnte Einarbeitungsaufwand. Hier können Sie am besten beurteilen, ob er sich lohnt, weil Sie das Ganze vielleicht in Zukunft öfter brauchen.

Nach dem Motto „*Wasch mich, aber mach mich nicht nass!*" können Sie Ihre Scans aber möglicherweise auch durch Dritte erstellen lassen. Ich denke hier nicht unbedingt an die für studentische Geldbeutel vielleicht zu hohen Kosten professioneller Scandienste, sondern an Bekanntenkreis und Hochschulbereich. Eine andere kostenfreie[1] Quelle haben Sie, wenn Sie Ihre Studienarbeit in Zusammenarbeit mit einem Unternehmen machen; in der Regel können Sie die dort vorhandenen Ressourcen nutzen.

Text scannen

Grundsätzlich lassen sich Texte direkt aus einem Textverarbeitungsprogramm scannen. Das ist möglich, weil durch die Installation der OCR-Software in das Datei-Menü die notwendige Funktion integriert wird (Bild 11.1).

Leider bietet die erste Auslieferungsversion von Word 97 diese Möglichkeit (noch) nicht; bei den Vorgängerversionen Word 7.0 und Word 6.0 enthält das Datei-Menü die notwendigen Einträge (Bild 11.1).

Scannen aus Word

Öffnen Sie vor dem Scanvorgang ein neues Dokumentfenster. Sie sollten Texte nicht direkt in das Manuskript scannen, denn wenn sich Word oder der ganze PC während des Scannens aufhängt, kann Ihre Manuskriptdatei beschädigt oder zerstört werden.[2]

Scannen aus dem OCR-Programm

Wenn bzw. weil also Ihre Word-Version den Direktzugriff nicht erlaubt, müssen Sie trotzdem nicht leben wie der sprichwörtliche Hund. Scannen Sie einfach den Text aus der OCR-Software (Bild 11.2). Sie müssen dann allerdings den Text im OCR-Programm zunächst speichern bzw. exportieren. Wählen Sie dabei als Dateiformat *Word für Windows* mit der höchsten verfügbaren Versionsnummer (in Bild 11.3 als Beispiel *Word für Windows 7.0*).

---

[1] Warum die Möglichkeit korrekterweise *kostenfrei* und nicht *kostenlos* ist, wird in einer VDI-Richtlinie erklärt (*Verein Deutscher Ingenieure*: Richtlinie 2270).

[2] Zum Sichern von Dateien siehe Kapitel 7.

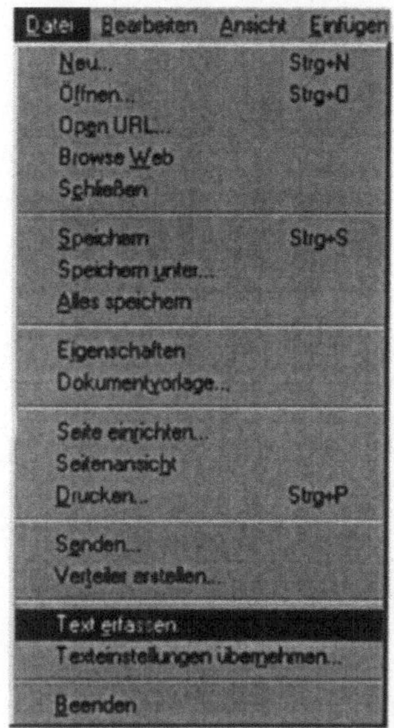

Bild 11.1:
Nach Installation der OCR-Software haben Sie im Datei-Menü direkten Zugriff auf den Scanner – vorausgesetzt, Ihre Word-Version unterstützt diese Funktion.

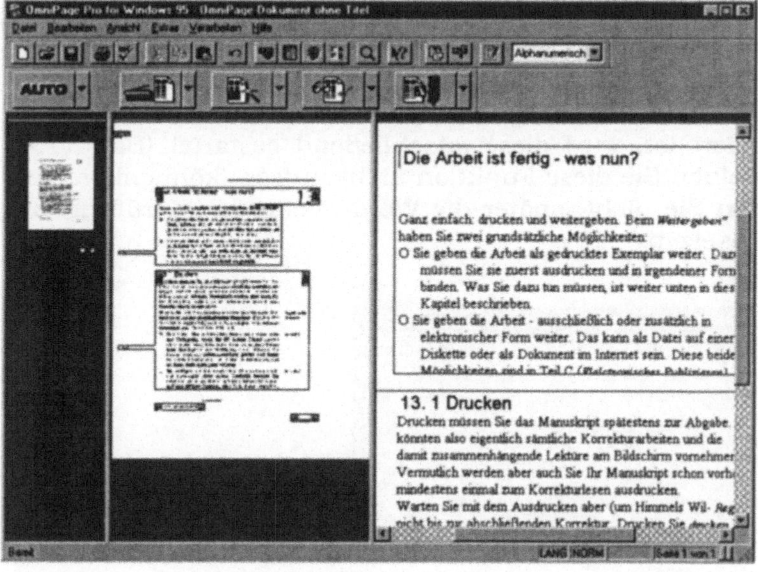

Bild 11.2:
Wenn die OCR-Funktion nicht im Datei-Menü von Word verfügbar ist, scannen Sie Texte direkt im OCR-Programm. Das Beispiel hier zeigt die erste Seite von Kapitel 13 dieses Buches im Programmfenster einer OCR-Software.

Sollte das nicht möglich sein, können Sie den Text auf jeden Fall als reine Textdatei (Format TXT) speichern. Nachdem Sie den gescannten Text gespeichert haben, können Sie ihn in Word öffnen (DATEI/ÖFFNEN) und dann in Ihr Manuskript einfügen (Bild 11.7).

Bild 11.3:
Aus dem OCR-
Programm her-
aus speichern
Sie den ge-
scannten Text
in einem von
Word verarbeit-
baren Dateityp.

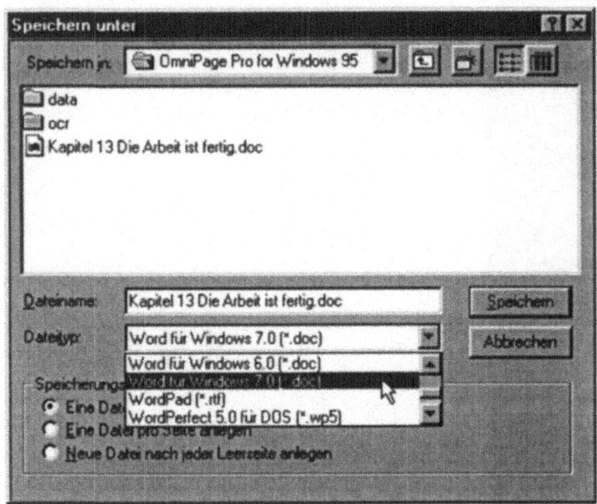

Der Scan-
vorgang

Unabhängig davon, ob Sie aus Word oder aus dem OCR-Programm heraus scannen, ist der Ablauf bei allen OCR-Programmen – mit marginalen Unterschieden –immer der gleiche: Zuerst wird der Text eingelesen (Bild 11.4) und dann in eine bearbeitbare Form umgesetzt (Bild 11.5). Falls im OCR-Programm eine Rechtschreibprüfung integriert ist, wird diese anschließend gestartet (Bild 11.6). Sollten Sie diese Funktion nicht nutzen (können), vergessen Sie nicht, später die Word-Rechtschreibprüfung einzusetzen.[1]

Bild 11.4:
Wenn der Text
eingelesen ist ...

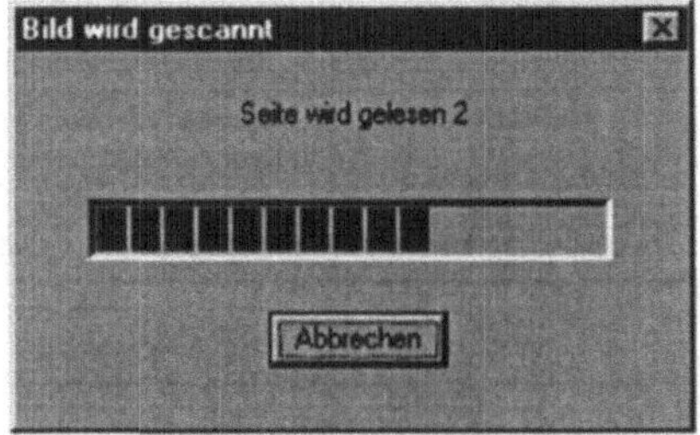

---

[1] Zur Rechtschreibprüfung und zu anderen sprachlichen Korrekturen siehe Kapitel 5, Abschnitt *Texte sprachlich korrigieren.*

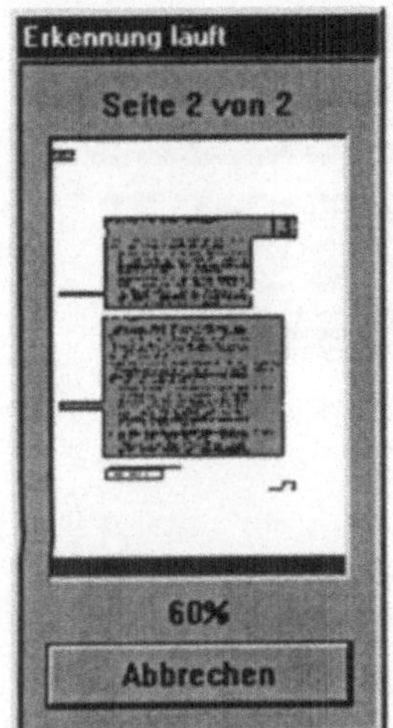

Bild 11.5:
... wird er vom
OCR-Programm
analysiert.

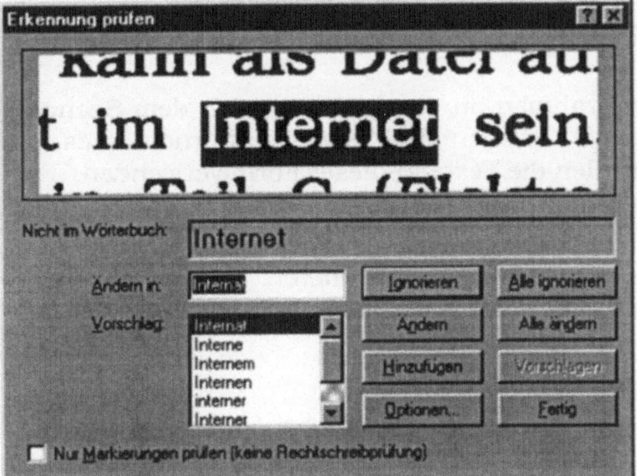

Bild 11.6:
Je nach Funkti-
onsumfang des
OCR-Pro-
gramms wird
nach Erken-
nung des ge-
scannten Textes
eine Recht-
schreibprüfung
durchgeführt
(hier in
„OmniPage Pro
für Windows
95").

Sollten Sie den Text aus dem OCR-Programm heraus gescannt haben, mussten Sie ihn bereits speichern, damit Sie ihn als Word-Dokument öffnen können (siehe oben).

Gescannten
Text bearbeiten

Wenn Sie den Text aber direkt aus Word heraus gescannt haben, sollten Sie ihn zur Sicherheit vor der Verwendung in Ihrem Manuskript ebenfalls als getrennte Datei speichern. Das hat den Vorteil, dass Sie ihn – falls beim Einfügen in das Manuskript etwas schief geht – immer wieder zur Verfügung haben.

Bild 11.7:
Der gescannte
Text lässt sich
in Word weiter
bearbeiten.

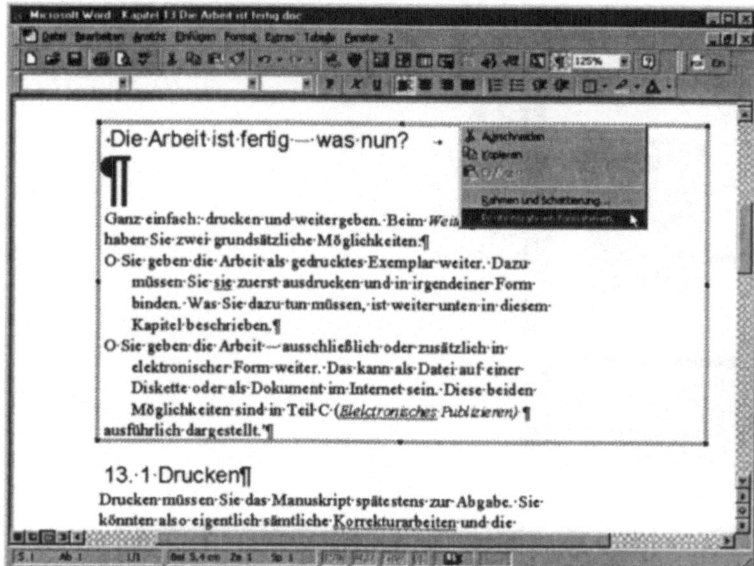

Positionsrah-
men entfernen

Die Positionsrahmen, in die die Texte nach dem Scannen eingefügt sind, können Sie wieder entfernen – es sei denn, Sie wollen die Texte in dieser Form verwenden.[1]

Klicken Sie also mit der rechten Maustaste auf dem schraffiertem Rahmenrand, und wählen Sie im Kontextmenü *Positionsrahmen formatieren*. Im Dialogfeld klikken Sie dann auf *Positionsrahmen entfernen*.

Bilder scannen

Scannen aus
Word

Bilder können Sie direkt aus Word heraus scannen. Dabei werden diese als OLE-Objekt in das Word-Dokument eingebettet.[2] Das Bild ist dadurch im Dokument, also Ihrem Manuskript gespeichert.

Scannen aus
dem Bild-
Scanprogramm?

Ich habe die Marginalie zu diesem Ansatz mit einem Fragezeichen versehen. Das soll bedeuten, dass Sie Bilder grundsätzlich auch direkt aus dem Scanprogramm heraus scannen und dann als Grafik in Ihr Manuskript einfügen können (GRAFIK/EINFÜGEN/AUS DATEI).[3]

---

[1] Zur Verwendung von Positionsrahmen siehe Kapitel 40.

[2] Zur OLE-Funktion siehe Kapitel 12, Abschnitt *Einfügen, aber nicht einfach so.*

[3] Zum Einfügen von Grafiken siehe Kapitel 29.

1. Legen Sie das Bild, das Sie scannen wollen, in den Scanner ein. Beachten Sie dabei die Hinweise in Ihrer Scanner-Dokumentation.

   So geht's!

2. Öffnen Sie vor dem Scanvorgang die Datei, die Ihr Manuskript enthält (DATEI/ÖFFNEN).

3. Setzen Sie den Cursor an die Stelle, an der Sie das Bild einfügen wollen.

4. Wählen Sie dann EINFÜGEN/GRAFIK/VON SCANNER. Dadurch wird zunächst das Programm *Microsoft Photo Editor* gestartet und anschließend das Bild-Scanprogramm, das auf Ihrem PC installiert ist (Bild 11.8).

   Scanner starten

   In diesem Moment laufen also drei Programme; Ihr PC hat also gewissermaßen „alle Hände voll zu tun". Sie sollten deshalb darauf achten, dass im Hintergrund nicht auch noch Programme laufen, die Sie im Moment nicht brauchen.

5. Wählen Sie im Bild-Scanprogramm die Speichern-Funktion. Damit wird das Scanprogramm beendet, und das Bild befindet sich zunächst in einem Dokumentfenster des Photo Editors.

   Bild scannen

6. Speichern Sie das Bild im Photo Editor (DATEI/SPEICHERN UNTER). Damit können Sie die Bilddatei auch an anderer Stelle bzw. für andere Zwecke als den aktuellen verwenden.

7. Sie können das Bild jetzt mit den Funktionen der Menüs BILD und EFFEKTE bearbeiten (Bild 11.9).

   Bild bearbeiten

8. Um das Bild in Ihr Manuskript einzubetten, müssen Sie in das Word-Dokument zurückkehren. Wählen Sie dazu (immer noch im Photo Editor) DATEI/SCHLIESSEN UND ZURÜCK ZU DOKUMENT. Anstelle des Wortes *Dokument* steht der Dateiname Ihres Manuskripts, aus dem heraus Sie den Scanvorgang gestartet haben.

   Bild in das Manuskript einbetten

Wenn Sie das Bild weiter bearbeiten wollen, starten Sie – wie bei allen eingebetteten OLE-Objekten – das zugehörige Programm, den Photo Editor durch Doppelklicken auf dem Bild. Wenn Sie mit der rechten Maustaste auf dem Bild klicken, können Sie aus dem Kontextmenü weitere Funktionen zur Bildbearbeitung auswählen (Bild 11.9).

Bild 11.8:
Im Bild-Scanprogramm wird das Bild gescannt. Im Hintergrund sind die Programmfenster von Word und Photo Editor geöffnet.

Bild 11.9:
Nach dem Scannen kann das Bild im Photo Editor bearbeitet und gespeichert werden.

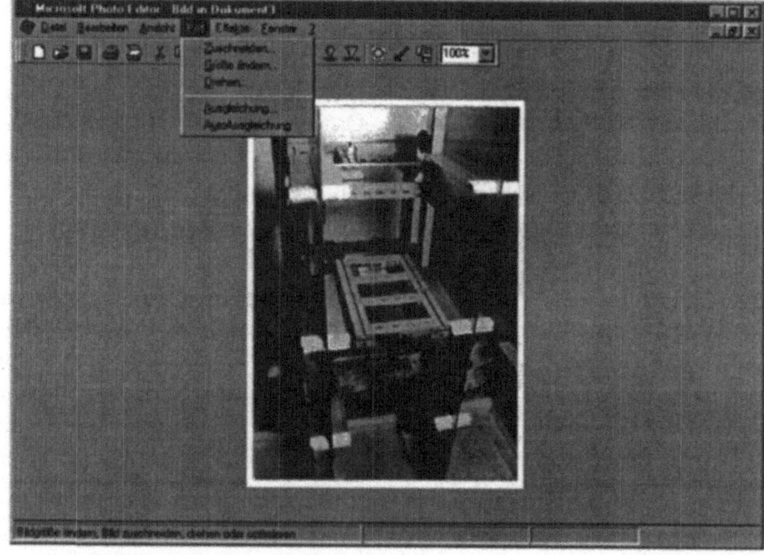

Bild 11.10:
Zum Schluss kann das gescannte Bild im Manuskript endgültig plaziert bzw. weiter bearbeitet werden. Das Kontextmenü zeigt, dass es sich bei dem Bild um ein eingebettetes OLE-Objekt handelt.

Bild 11.11:
Das, wovon bisher dauernd die Rede war: So sieht das gescannte Bild aus, nachdem es in ein Word-Dokument eingefügt ist (nämlich das Kapitel 11 dieses Buches). Mit der Legenden-Funktion aus der Zeichnen-Symbolleiste lassen sich solchermaßen eingefügte Bilder dann auch noch funktional beschriften.

11.3 High Tech: Die Digitalkamera

Nicht kleben ...

Um Fotos in Ihr Manuskript zu bekommen, können Sie sie direkt einkleben oder als gescanntes Bild einfügen. Diese beiden Varianten sind in den vorigen Abschnitten beschrieben.

... sondern digitalisieren

Eine Variante zu den klassischen Papierfotos sind die elektronischen Bilder, die mit Digitalkameras gemacht werden. Im Prinzip steht Ihnen damit ein Bild in der gleichen verarbeitbaren Form einer Datei zur Verfügung wie gescannte Bilder. Allerdings erspart die Digitalkamera den Umweg über den Scanner. Der Vorteil solcher digitaler Kameras besteht vor allem darin, dass Sie die Fotos sofort nach dem „Knipsen" verarbeiten können, nachdem Sie sie auf den PC übertragen haben. Je nach Speicherkapazität der Kamera können Sie mehr oder weniger große Bilderserien fotografieren und dann das

Die Ausstattung

Zur Ausstattung einer Digitalkamera[1] gehört außer der Kamera selbst und einigem Zubehör vor allem die Software zur Handhabung der digitalisierten Bilder. Die zunächst in der Kamera gespeicherten Bilder werden über ein serielles Kable auf den PC übertragen.

So geht's!

Sie fotografieren das, was Sie in Ihrer Arbeit dokumentieren wollen. Fotografieren Sie dabei reichlich; was Sie später nicht brauchen, wird einfach wieder gelöscht.

Nach dem Übertragen auf den PC steht Ihnen die Bilderserie zunächst als sogenannte Bildindexdatei mit kleinen Vorschaubildern zur Verfügung. Diese Bildindexdateien können Sie mit der zugehörigen Software öffnen und anzeigen lassen (in Bild 11.12 das *„Album"*, in Bild 11.13 der *„Bildkennsatz"*).

Wenn Sie die gewünschten Bilder ausgewählt und gegebenenfalls mit der Kamera-Software bearbeitet haben, speichern Sie die Bilder im notwendigen Dateiformat. Diese Grafikdateien können Sie dann in Ihr Manuskript einfügen.[2]

---

[1] Ich habe für die Darstellung die beiden folgenden Kameras eingesetzt: Die *Flüssigkristall-Digital-Kamera QV-10A* von Casio und die *Digital Card Camera FUJIX DS-220* von Fuji.

[2] Siehe Kapitel 29.

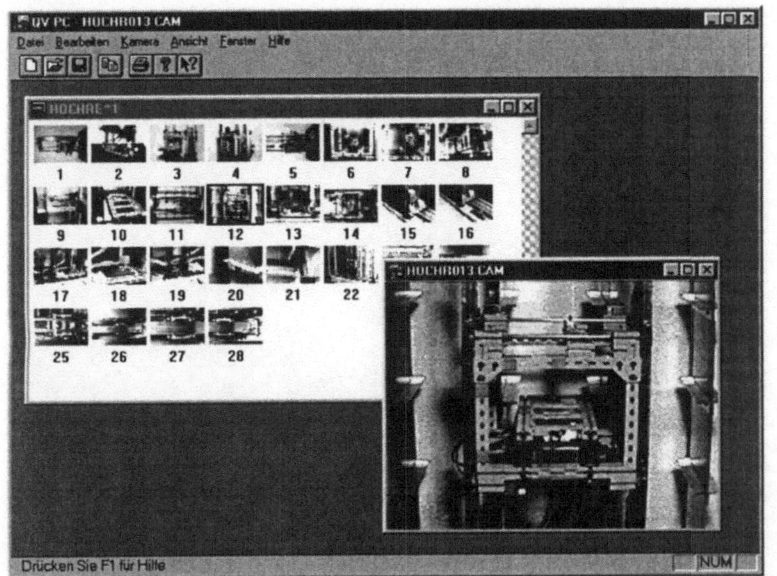

Bild 11.12:
Aus dem Album (im Hintergrund) lassen sich anhand der Dias die gewünschten Fotos auswählen und vergrößert anzeigen.

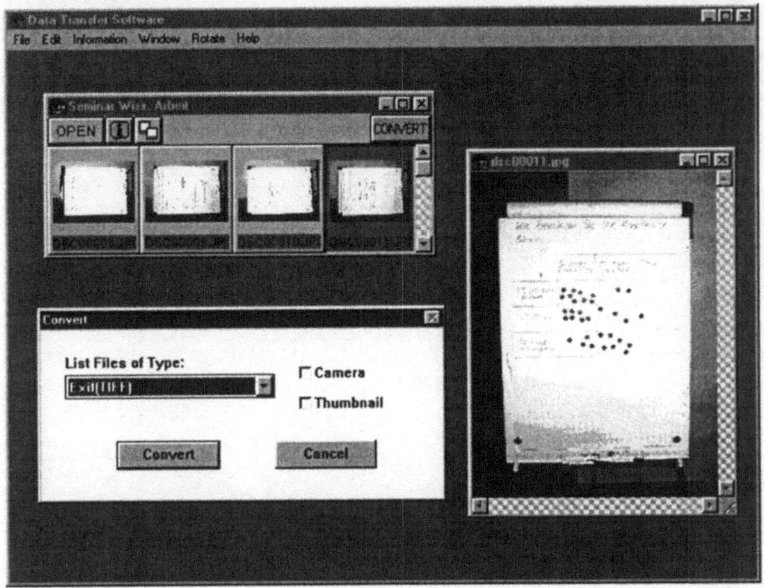

Bild 11.13:
Die aus dem Bildkennsatz (Fenster links oben) ausgewählten Fotos lassen sich schon vorab bearbeiten. Sie können die Fotos drehen und in andere Dateiformat konvertieren bzw. in einem Dateiformat speichern, das Sie in Word bzw. Ihrer Bildbearbeitungs-Software verarbeiten können.

Mit Word sind Sie bei der Bearbeitung Ihres Manuskripts mehr oder weniger autark – *mehr,* wenn Sie eine textorientierte Arbeit verfassen und *weniger,* wenn Sie für Ihr Arbeitsgebiet spezielle Software benötigen, etwa um chemische Strukturformeln zu erstellen.[1] Außer solch spezieller Software stehen Ihnen aber vielleicht aber auch die anderen Programme des Office-Pakets zur Verfügung. Sie können sie in Zusammenhang mit Ihrer Arbeit zu verschiedenen Zwecken einsetzen:

❑ Mit PowerPoint können Sie Vorträge visuell untermauern und dabei die Vortragsstruktur aus der Word-Gliederung übernehmen.[2]

Office-Programme

❑ Mit der Tabellenkalkulation *Excel* können Sie Zahlenreihen auswerten und die Ergebnisse in Ihr Manuskript einfügen.

❑ Mit der Datenbank *Access* können Sie Literaturlisten verwalten und Informationen in Word übernehmen.[3]

Wenn Sie die Dateien, die Sie mit anderen Programmen bearbeiten, zusammen in einen Desktop-Ordner kopieren, dann haben Sie immer alles griffbereit und müssen nicht mühsam zuerst im Windows-Explorer „kramen".[4]

Extra-Tip

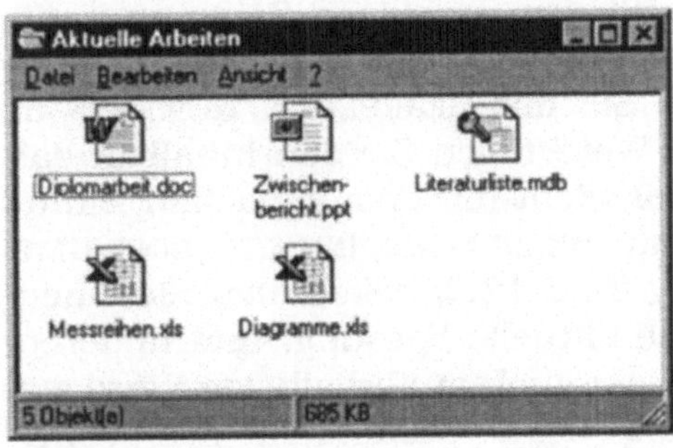

Bild 12.1:
Wenn Sie Ihre aktuellen Arbeiten in Form von Dateikopien in einen Desktop-Ordner packen, haben Sie alles schnell im Zugriff.

---

[1] Siehe Kapitel 21, Abschnitt *Strukturformeln.*
[2] Ein Beispiel für den Weg von PowerPoint nach Word zeigt Kapitel 37.
[3] Zum Einsatz von Access als Literaturdatenbank siehe Kapitel 10.
[4] Zum Erstellen und Füllen von Desktop-Ordnern finden Sie Informationen in Ihrer Windows-Dokumentation.

Die im folgenden behandelten Informationen müssen notwendigerweise konzentriert sein und können nur Hinweise darauf geben, wie Sie mit anderen Programmen Ihren Word-Dokumenten zuarbeiten können. Ausführliche Informationen finden Sie – sofern Ihnen die Programme zur Verfügung stehen – in den jeweiligen Programm-Dokumentationen.

Produkte anderer Programme in Word einfügen

Um mit anderen Programmen[1] erstellte Informationen in Word zu verwenden, müssen Sie die Informationen in einer geeigneten Form in Ihr Manuskript einfügen. Dabei spielt die Windows-Zwischenablage für den Informationsaustausch eine zentrale Rolle.

Kopieren Sie können die in anderen Programmen erstellen Dinge wie Tabellen oder Diagramme, sogenannte *Objekte* im jeweiligen Programm mit BEARBEITEN/KOPIEREN in die Zwischenablage kopieren.[2] In Word fügen Sie den Inhalt der Zwischenablage mit BEARBEITEN/EINFÜGEN in das Word-Dokument ein. Änderungen am Originalobjekt im andern Programm werden im Word-Dokument nicht wirksam.

Wenn Änderungen am Original automatisch in Word aktualisiert werden sollen, dann müssen Sie das Objekt entweder mit dem Word-Dokument *verknüpfen* oder es in das Word-Dokument *einbetten*.

Verknüpfen Um ein Objekt mit einem Word-Dokument zu verknüpfen, erstellen Sie es zuerst mit dem jeweiligen Programm; mit Excel erstellen Sie also beispielsweise eine Tabelle. Das fertige Objekt kopieren Sie mit BEARBEITEN/KOPIEREN in die Zwischenablage. In Word fügen Sie den Inhalt in das Dokument ein, jetzt aber nicht mit dem einfachen Einfügen-Befehl, sondern mit BEARBEITEN/INHALTE EINFÜGEN. Mit dieser Verknüpfung (Bild 12.2) bekommen Sie einerseits in Word immer die aktuelle Fassung, und andererseits steh Ihnen das Objekt auch außerhalb von Word zur Verfügung. Es ist also *nicht* Bestandteil des Word-Dokuments.

---

[1] Ich verwende den Begriff *andere Programme* im folgenden für Programme wie die in Office enthaltenen und andere Software.
[2] Mehr dazu in der Dokumentation zum jeweiligen Programm.

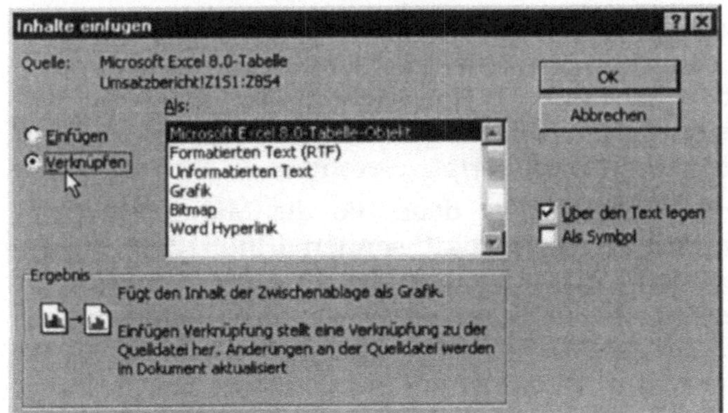

Bild 12.2:
Verknüpfte Objekte werden nicht im Word-Dokument gespeichert, aber immer aktualisiert.

Wenn Sie ein Objekt einbetten, wird es ebenfalls in Word immer aktualisiert. Im Unterschied zum Verknüpfen ist es aber Bestandteil des Word-Dokuments und wird mit diesem gespeichert. Das Programm zur Bearbeitung des Objekts wird aus Word heraus gestartet (EINFÜGEN/ OBJEKT). Dann wählen Sie im Dialogfeld das einzufügende Objekt (Bild 12.3). Dadurch innerhalb des Word-Dokumentfensters ein Rahmen erstellt, in dem Sie mit den Funktionen des anderen Programms das gewünschte Objekt erstellen. Nachdem Sie es erstellt haben, klicken Sie außerhalb des Rahmens im Word-Dokumentfenster und haben damit das Objekt eingebettet.

Einbetten

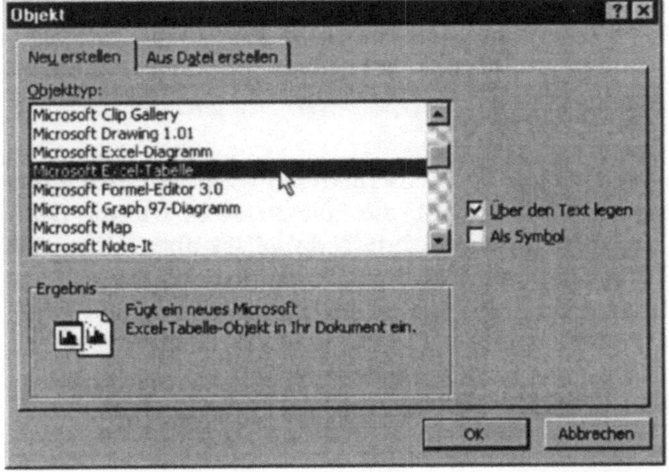

Bild 12.3:
Eingebettete Objekte werden aus Word heraus erstellt und auch im Word-Dokument gespeichert.

Die Word-Gliederung in PowerPoint-Folien

Angenommen, Sie sollen über den Stand Ihrer Arbeit berichten; das kann ein Zwischenbericht sein oder der Abschlussbericht. Dabei bietet es sich an, dass Sie zur Strukturierung Ihres Vortrages die ja bereits vorhandene Gliederung Ihres Manuskript verwenden.

Gliederung an PowerPoint senden

Technisch bedeutet das, dass Sie die Manuskript aus Word heraus an PowerPoint senden (Bild 12.4). Damit nun aber nicht das ganze Dokument in PowerPoint angezeigt wird, schalten Sie in Word vor dem Sendevorgang die Gliederungsansicht ein.[1] Anschließend wählen Sie DATEI/SENDEN AN/MICROSOFT POWERPOINT.

Bild 12.4: Aus der Gliederungsansicht von Word heraus wird die Gliederung nach PowerPoint gesendet.

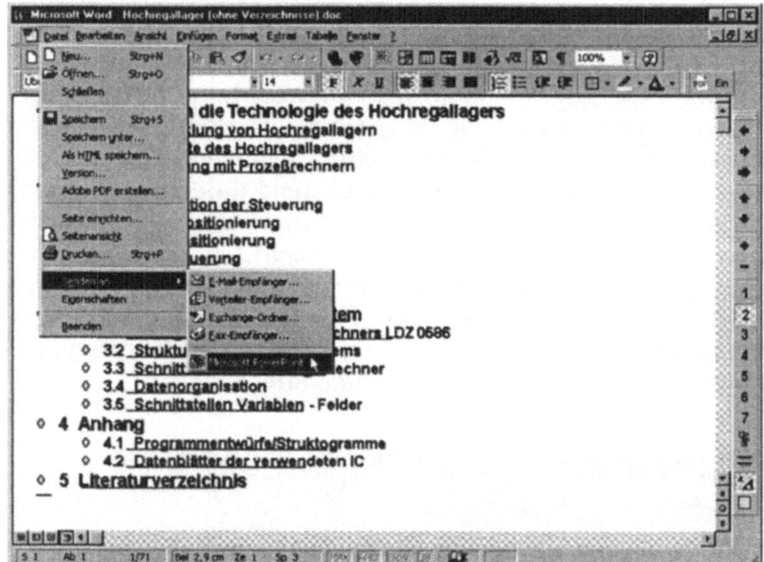

Rohfassung der Gliederung

In PowerPoint liegt die Word-Gliederung zunächst in einer Rohfassung vor (Bild 12.5), die fast aussieht wie die Gliederung in Word. Das Besondere dabei ist aber, dass mit jeder Überschrift, die mit der Word-Formatvorlage *Überschrift 1* formatiert ist, eine PowerPoint-Folie erstellt wird. Die Überschriften der anderen Ebenen (Formatvorlagen *Überschrift 2*, *Überschrift 3* usw.) werden als Unterpunkte in den PowerPoint-Folien verwendet.

---

[1] Zur Arbeit in der Gliederungsansicht siehe Kapitel 9.

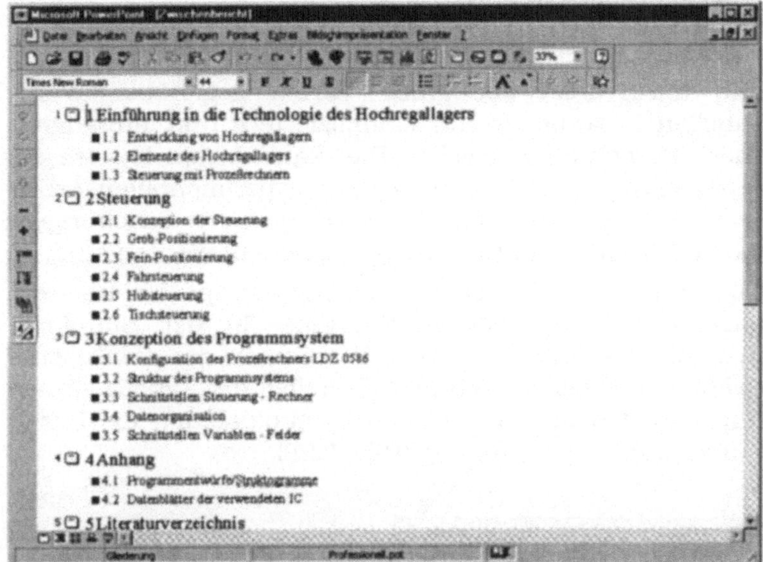

Bild 12.5:
So sieht die Word-Gliederung aus, nachdem sie in PowerPoint angekommen ist (hier in der Gliederungsansicht von PowerPoint). Für jede Überschrift der Ebene 1 ist eine Folien entstanden.

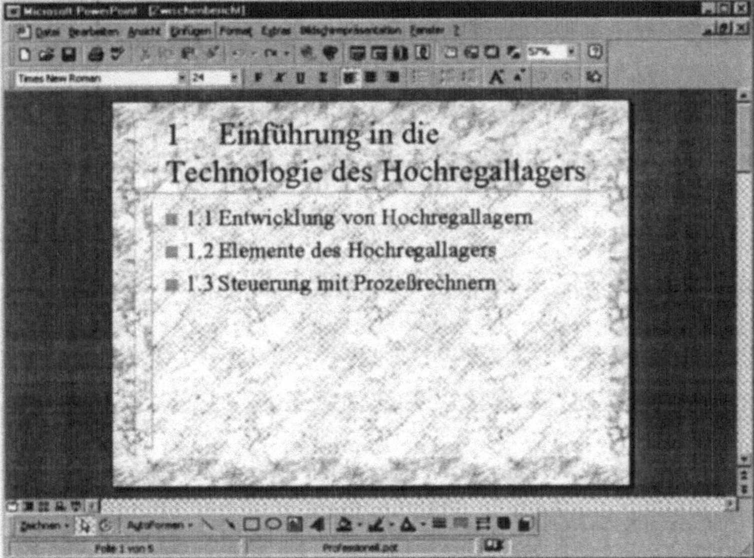

Bild 12.6:
Aus der Rohfassung können Sie durch Zuordnen von Gestaltungsmerkmalen ansprechende Folien erstellen lassen.

Nachdem die Gliederung in PowerPoint vorliegt, können Sie die Folien gestalten und inhaltlich bearbeiten. Mit FORMAT/DESIGN ÜBERNEHMEN bekommen Sie eine Auswahl von Präsentationsdesigns angeboten.

Designer-Fassung der PowerPoint-Folien

Excel-Tabellen in wissenschaftlichen Publikationen

Excel-Tabellen lassen sich vor allem dann einsetzen – und darin liegt der große Vorteil gegenüber Word-Tabellen –, wenn es um kompliziertere und umfangreichere Berechnungen geht.[1] Das kann beispielsweise die Auswertung von Messreihen einer experimentellen Arbeit sein oder die statistische Auswertungen von Erhebungen, die im Rahmen von Befragungen gemacht worden sind.

Tabelle einbetten

Um eine Excel-Tabelle in Ihr Manuskript einzubetten, klicken Sie auf dem Excel-Symbol in der Standard-Symbolleiste (Bild 12.7) und bestimmen die gewünschte Größe der Tabelle. Nach dem Erstellen der Tabelle stehen Ihnen in den Menüs und den Symbolpaletten die Excel-Funktionen zur Verfügung (Bild 12.8).

Bild 12.7:
Das Symbol zum Einfügen von Excel-Tabellen

Bild 12.8:
Im Hintergrund die eingefügte Excel-Tabelle, im Vordergrund ein Dialogfeld des Excel-Formel-Assistenten

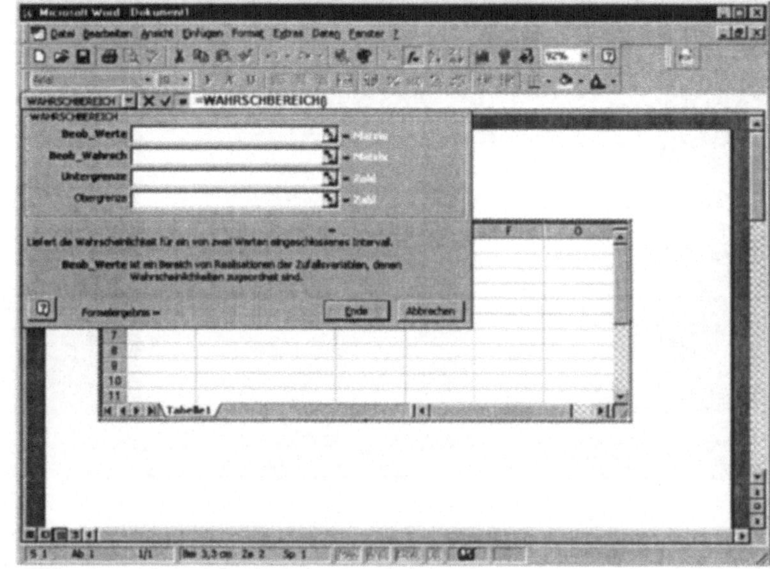

---

[1] Ausführliche Informationen in Ihrer Excel-Dokumentation.

Die Arbeit ist fertig – was nun?

Ganz einfach: drucken und weitergeben. Beim „*Weitergeben*" haben Sie zwei grundsätzliche Möglichkeiten:

❑ Sie geben die Arbeit als gedrucktes Exemplar weiter. Dazu müssen Sie sie zuerst ausdrucken und in irgendeiner Form binden. Was Sie dazu tun müssen, ist weiter unten in diesem Kapitel beschrieben.

❑ Sie geben die Arbeit – ausschließlich oder zusätzlich – in elektronischer Form weiter. Das kann als Datei auf einer Diskette oder als Dokument im Internet sein. Diese beiden Möglichkeiten sind in Teil C (*Elektronisches Publizieren*) ausführlich dargestellt.[1]

13.1 Drucken

Drucken müssen Sie das Manuskript spätestens zur Abgabe. Sie könnten also eigentlich sämtliche Korrekturarbeiten und die damit zusammenhängende Lektüre am Bildschirm vornehmen. Vermutlich werden aber auch Sie Ihr Manuskript schon vorher mindestens einmal zum Korrekturlesen ausdrucken.

Warten Sie mit dem Ausdrucken aber (um Himmels Willen!) nicht bis zur abschließenden Korrektur. Drucken Sie Ihre Arbeit regelmäßig und in Abhängigkeit vom Arbeitsfortschritt aus. Das hat zwei Vorteile:

Regelmäßig drucken

❑ Das bisher Erarbeitete steht Ihnen auch dann noch zur Verfügung, wenn Ihr PC seinen Dienst einmal nicht mehr tun sollte. Falls Ihnen in solchen Fällen kein Ersatzgerät zur Verfügung steht, können Sie immer noch zur Schreibmaschine greifen und damit Ihre Arbeit fortsetzen. Der bisherige Arbeitsaufwand ist dann doch nicht ganz verloren.

Vorteil 1

❑ Sie verfügen mit den Ausdrucken über unterschiedliche Fassungen Ihrer Arbeit. Dadurch können Sie möglicherweise zu einem späteren Zeitpunkt wieder auf eine frühere Fassung oder Teile davon zugreifen,

Vorteil 2

---

[1] Siehe Kapitel 15 und 16.

wenn Sie doch eine andere inhaltliche Variante als die aktuelle verwenden wollen.

Ausdruck mit Datum

Wenn Sie im Verlauf der Manuskriptbearbeitung auf eine der vorherigen Fassungen zurückgreifen, dann ist es hilfreich, wenn die einzelnen Ausdrucke datiert sind; die jeweilige Fassung lässt sich dadurch eindeutig identifizieren. Sie müssen also in das Manuskript das Datum einfügen, wenn Sie es für sinnvoll halten auch die Uhrzeit.

Datum-automatik

Sie könn(t)en das zwar von Hand tun, aber weil Word dafür eine „Datumautomatik" enthält, sollten Sie diese Funktion auch einsetzen. Plazieren Sie den Cursor beispielsweise in den Bereich des unteren Seitenrandes, und lassen Sie dort Datum einfügen. Bevor Sie das Abgabeexemplar (für Prüfungsamt, Seminar usw.) ausdrucken, entfernen Sie das Datum gegebenenfalls wieder.

Statt im unteren Seitenrand als sogenannte Fußzeile, können Sie das Datum natürlich auch an jeder anderen exponierten Stelle einfügen lassen. Im folgenden wird die Verwendung der Fußzeile beschrieben.

So geht's!

1. Wählen Sie den Befehl ANSICHT/KOPF- UND FUSSZEILE, und setzen Sie den Cursor in die Fußzeile, indem Sie auf dem Symbol *Zwischen Kopf- und Fußzeile wechseln* der Kopf-/Fußzeilen-Symbolleiste klicken.

2. Wählen Sie den Befehl EINFÜGEN/FELD, markieren Sie im Listenfeld *Kategorien* den Eintrag *Datum und Uhrzeit* und im Listenfeld *Feldnamen* den Eintrag *SpeicherDat.* Damit wird das Datum (einschließlich Zeit) eingefügt, an dem Sie das Dokument zuletzt gespeichert haben.

3. Bestätigen Sie mit OK, und klicken Sie in der Kopf-/Fußzeilen-Symbolleiste auf *Schließen.*

Warum das Speicherdatum?

Damit wird auf allen Seiten des Manuskripts in der Fußzeile immer das jeweils letzte Speicherdatum mit ausgedruckt. Wenn Sie das Datum mit Hilfe des Datumsymbols der Kopf-/Fußzeilen-Symbolleiste einfügen würden, bekämen Sie entweder das Datum, an dem Sie es eingefügt hätten oder – bei eingeschalteter Feldaktualisierung in den Druckeroptionen – das jeweilige Ausdruckdatum;

beides wäre aber nicht die benötigte Information über den Speichervorgang.

Auswahl und Einstellungen des Druckers

Um befriedigende Ergebnisse zu erhalten, muss nicht nur der Drucker, d.h. das Gerät an Ihrem PC angeschlossen sein, sondern auch softwareseitig in Form eines Druckertreibers installiert sein. Der Druckertreiber muss zum Drucker passen, weil sonst möglicherweise nicht das gedruckt wird, was Sie auf dem Bildschirm sehen. In Ihrer Windows-Dokumentation finden Sie zur Installation ausführliche Informationen.

Druckerinstallation

Sollten unter mehrere Drucker(treiber) installiert sein, können Sie in Word den gewünschten auswählen, indem Sie ihn im Drucken-Dialogfeld in der Liste *Name* auswählen.

Weitere notwendige Vorkehrungen

Damit Sie Dokumente drucken können, müssen Sie Optionen wählen, die Art und Umfang des Ausdrucks betreffen. Neben diesen Einstellungen muss auch am Drucker selbst alles stimmen, damit Ihre Dokumente problemfrei ausgedruckt werden können:

❏ Der Drucker muss sowohl an das Netz (Stromversorgung) als auch an den PC angeschlossen sein.

Am Drucker

❏ Der Drucker muss eingeschaltet sein.

❏ Der Drucker muss „*On Line*" geschaltet sein, d.h., dass die gleichnamige Kontrollampe leuchten muss. Je nach Druckerhersteller kann dort auch ein anderer sinngemäßer Begriff stehen.

❏ Es muss ausreichend Papier vorhanden und die Papierzufuhr gewährleistet sein.

❏ Der Drucker darf nicht angehalten sein. Kontrollieren Sie das im Dialogfeld des Druckers, indem Sie die Menüs DRUCKER und DOKUMENT öffnen. Der Eintrag DRUCKER ANHALTEN darf in keinem der beiden Menüs markiert sein.

In der Systemsteuerung

❏ Die *Eigenschaften* des Druckes müssen korrekt eingestellt sein. Klicken Sie dazu mit der rechten Maustaste auf dem Druckersymbol in der Systemsteuerung, und korrigieren Sie gegebenenfalls die aktuellen Einstellungen

Wenn diese Punkte (als typische Fehlerquellen) erledigt sind, können Sie Ihr Manuskript ausdrucken.

Drucken des Dokuments

Öffnen Sie die Manuskriptdatei mit dem Befehl DA-TEI/ÖFFNEN, und starten Sie den Druckvorgang mit einer der beiden folgenden Varianten:

Alles einmal ❏ Wenn Sie das ganze Manuskript einmal drucken wollen, klicken Sie auf dem Drucken-Symbol. Dadurch wird sofort gedruckt, ohne dass Sie das Drucken-Dialofgeld zu sehen bekommen.

Besondere Wünsche ❏ Wenn Sie einzelne Seiten und/oder mehr als ein Exemplar drucken wollen, müssen Sie mit dem Befehl DATEI/DRUCKEN das Drucken-Dialogfeld öffnen.

In der Gruppe *Seitenbereich* bestimmen Sie die Einzelseiten bzw. markieren *Aktuelle Seite*, wenn Sie nur diese drucken wollen.

In der Gruppe *Exemplare* können Sie dann die gewünschte *Anzahl* festlegen. In der Regel werden Sie die Exemplare mit sortierten Seiten brauchen; achten Sie also darauf, dass die Option *Sortieren* markiert ist.

13.2 Binden und Heften

Wie Sie das Manuskript weiterverarbeiten, hängt von seiner Verwendung ab:

Binden ❏ Diplom-, Zulassungsarbeiten und andere Arbeiten mit ähnlicher Funktion werden gebunden. Dabei lassen sich Leim- und Ringbindung unterscheiden. Der „Copy-Shop um die Ecke" bietet diese Möglichkeiten. Dabei haben Sie bei der Gestaltung des Umschlages umfangreiche Wahlmöglichkeiten.

Heften ❏ Referate, Seminararbeiten oder Protokolle werden nicht gebunden, sondern geheftet. Das kann mit Hilfe des „Klammeraffen" in der oberen linken Ecke geschehen. Achten Sie aber darauf, dass die Klammer auf der Rückseite vollständig eingebogen ist, denn wer sich beim Griff nach Ihrem Manuskript als erstes in den Finger sticht, ist möglicherweise schon mit einer

„Grundlast" programmiert. Die zweite Möglichkeit bieten Heftstreifen; dabei werden die Blätter am linken Rand gelocht und anschließend auf einen Heftstreifen („Frosch") geheftet.

Unabhängig davon, ob Sie binden lassen oder heften, achten Sie bereits bei der Festlegung des Seitenlayouts auf einen ausreichend großen linken Seitenrand.[1] (Fast) nichts ist ärgerlicher für den Leser – und in Ihrem Fall auch Beurteiler der Arbeit –, als ein Manuskript mit Gewalt auseinander drücken zu müssen, damit sich auch der Anfang der Zeilen lesen lässt.

Ihr Drucker gibt die einzelnen Seiten zwar in der richtigen Reihenfolge aus. Kontrollieren Sie trotzdem vor dem Binden bzw. Heften die Reihenfolge der Blätter, besonders bei der Verwendung römischer Seitennummern beim Inhaltsverzeichnis[2] und eventuell vorhandenen anderen Verzeichnissen. Besonders wichtig ist die abschließende Kontrolle, wenn Sie von Hand zusätzliche Seiten mit besonderen Materialien in das Manuskript eingefügt haben.

---

[1] Siehe Kapitel 6, Abschnitt *Seitenlayout.*
[2] Grundsätzlich zur Seitennumerierung siehe Kapitel 42; zur Seitennummerierung von Inhaltsverzeichnissen siehe Kapitel 31.

Neue Wege: Elektronisches Publizieren

C

Nicht schreiben, sondern diktieren

14

In der Vorgängerversion dieses Buches habe ich, Anfang 1995, noch vermutet, dass „in mehr oder weniger naher Zukunft (...) Studenten vielleicht vor ihrem PC sitzen [werden] und ihr Manuskript direkt in den Bildschirm diktieren"[1]. Die Zukunft war in diesem Fall eher nah als fern, weniger technisch gesehen als finanziell.[2]

14.1 Spracheingabe und Spracherkennung

Spracheingabe

Was seit relativ langer Zeit gang und gäbe ist, das ist die Spracheingabe. Mit dem nach heutigen Maßstäben einfachen technischen Aufwand einer Soundkarte mit zugehörigen Lautsprechern und einem Mikrofon lässt sich Sprache auf der Festplatte speichern und wieder abhören.

Technische Voraussetzung

Das Ganze ist vergleichsweise einfach, denn die Spracheingabe muss „nur" in digitalisierter Form gespeichert werden. Dabei spielt es überhaupt keine Rolle, ob ein Sprecher nuschelt, lispelt oder stottert. Das System kann das alles trotzdem aufzeichnen. Die gespeicherte Eingabe lässt sich ebenso einfach wiedergeben. Ob das Dritte dann auch tatsächlich alles verstehen können, ist eine andere Frage.

Fehlertolerantes System

Sprachlernprogramme nutzen die Funktion der Spracheingabe und -wiedergabe, um den Lernern den Vergleich der eigenen Aussprache mit der von Muttersprachlern zu ermöglichen.

Anwendung

Wenn Ihr PC die genannten technischen Voraussetzungen erfüllt, können Sie unter dem Stichwort *Kommentare*

---

[1] *Greis, K. P.*: Studenten, 1995, S. 57.
[2] Ich will hier keine Diskussion über die finanziellen Möglichkeiten im studentischen Alltag vom Zaun brechen. Um aber Zahlenvergleiche zu ermöglichen: Zur Zeit der Entstehung dieses Buches (Frühjahr 1997) ist hier behandelte Spracherkennungssystem *IBM VoiceType Simply Speaking* für den Preis von zwei bis drei guten Fachbüchern zu bekommen. Vor nicht allzu langer Zeit waren ähnliche Systeme nur für mehrere Tausend DM erhältlich.

die Spracheingabe in Word ebenfalls nutzen; weiter unten ist das im Abschnitt *Kommentare sprechen* beschrieben.

Spracherkennung

Technische Voraussetzung

Komplizierter wird es, wenn Spracheingabe nicht einfach nur gespeichert werden soll, sondern in geschriebene Text umzusetzen ist. In diesem Fall geht es um *Spracherkennung*[1]. Wie bei der Spracheingabe sind auch hier Soundkarte und Mikrofon die Hardware-Voraussetzung. Der Kern des Systems ist eine Spracherkennungs-Software.[2]

Fehlersensibles System

Was bei der reinen Spracheingabe überhaupt kein Problem bereitet, das Nuscheln, Lispeln oder Stottern, erfordert einen immensen Aufwand bezüglich der Erkennung. Im Vergleich zum fehlertoleranten System der reinen Spracheingabe leisten bei der Spracherkennung der PC und die dafür notwendige Software gewissermaßen Schwerarbeit. Was dabei trotz aller einschränkenden Randbedingungen (abgehackte Sprechweise, Trainieren des Systems, Fehlerkorrekturen) herauskommt, sehen Sie in Bild 14.1 am Beispiel des Spracherkennungssystems *IBM VoiceType Simply Speaking*.

Anwendung

Idealerweise lassen sich Spracherkennungssysteme in Sprachverwendungssituationen mit einem – fachsprachlich bedingt – eingeschränkten Wortschatz gearbeitet wird; Beispiele sind Medizin und Recht. Für diese Bereiche bieten die Hersteller auch Fachwörterbücher, die sich in das jeweilige System integrieren lassen.

14.2 Manuskripte diktieren

Der gesprochene Text wird von der Software in ein Dokumentfenster geschrieben. Der Text lässt sich während des Diktierens durch Tastatureingabe ergänzen bzw. bearbeiten.

---

[1] Einen konzentrierten Überblick und auch weitere Literaturhinweise geben *Hoff, A./Urbanczyk, M.*: Spracherkennung, 1997.

[2] Solche Systeme sind beispielsweise *IBM VoiceType 3.0*, *Kurzweil Voice for Windows 2.0* und *Dragon Dictate 2.2*. Auf den folgenden Webseiten bekommen Sie dazu Informationen:
http://www.software.ibm.com/workgroup/voicetype;
http://www.kurzweil.com; *http://www.dragonsys.com*

Die Korrekturfunktion (siehe Bild 14.2) dient gleichzeitig der Fehlerkorrektur und der Ergänzung des Wortschatzes des Systems. Fehler dürfen also nicht einfach nur durch Eintippen korrigiert werden, weil das System in diesem Fall nichts dazulernen würde.

Lernfähiges System

Die in Bild 14.1 erkennbaren Fehler zeigen die semantischen Probleme bei der Spracherkennung: die drei groß geschriebenen Wörter „Diktieren", „Ihren" und „Sitzen". Die Trennung des Wortes „Vorgängerversion" in seine Bestandteile resultiert aus einer zu langen Sprechpause zwischen den beiden Wortbestandteilen.

Fehler und „Fehler"

Nach Beendigung des Diktats kann der Text direkt in ein Word-Dokumentfenster kopiert werden.

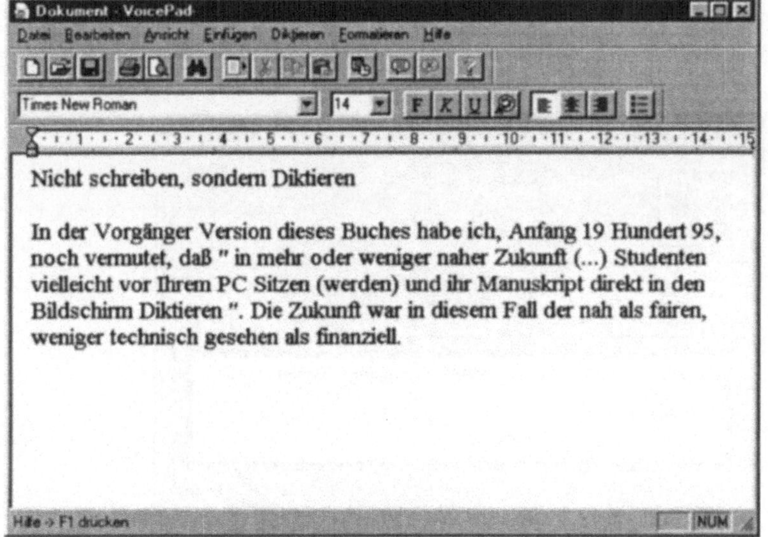

Bild 14.1:
So sieht der Text des ersten Absatzes in diesem Kapitel nach dem Diktieren einschließlich aller Fehler aus.

Spracherkennungs-Software muss vor dem Einsatz trainiert werden (Bild 14.3). Das bedeutet, dass dem System individuelle sprachliche Eigenheiten mitgeteilt werden müssen. Durch Einsatz der systemimmanenten Korrekturfunktion (siehe oben) lässt sich der vor dem Einsatz antrainierte Erkennungsumfang steigern.

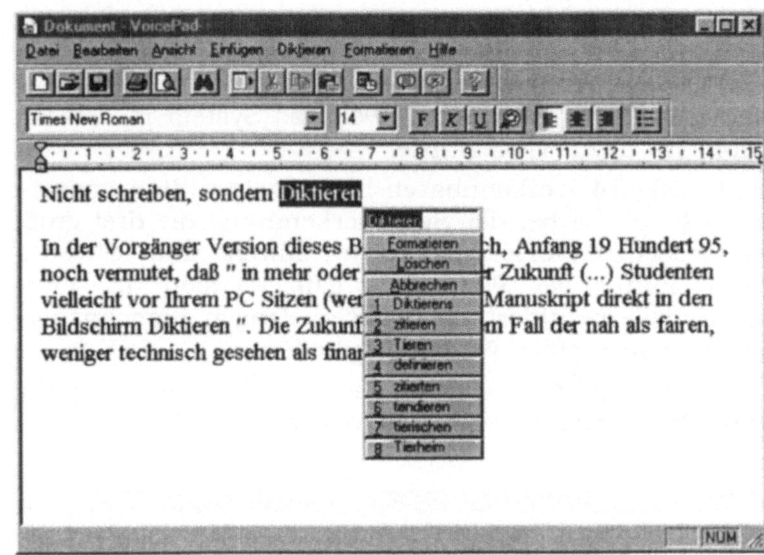

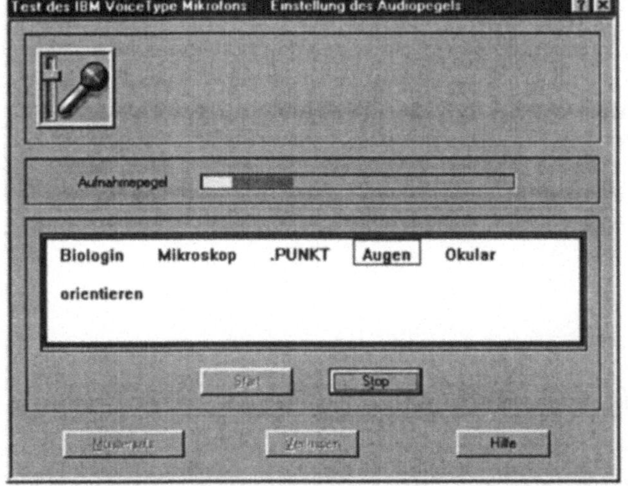

14.3 Gesprochene Kommentare

Der (in Word) klassische Kommentar wird in einem Manuskript *geschrieben* (EINFÜGEN/KOMMENTAR). Sie können nun aber, statt den Kommentartext im dafür geöffneten Ausschnitt (Bild 14.5, unten) zu *schreiben*, den Text auch einfach *sprechen*.

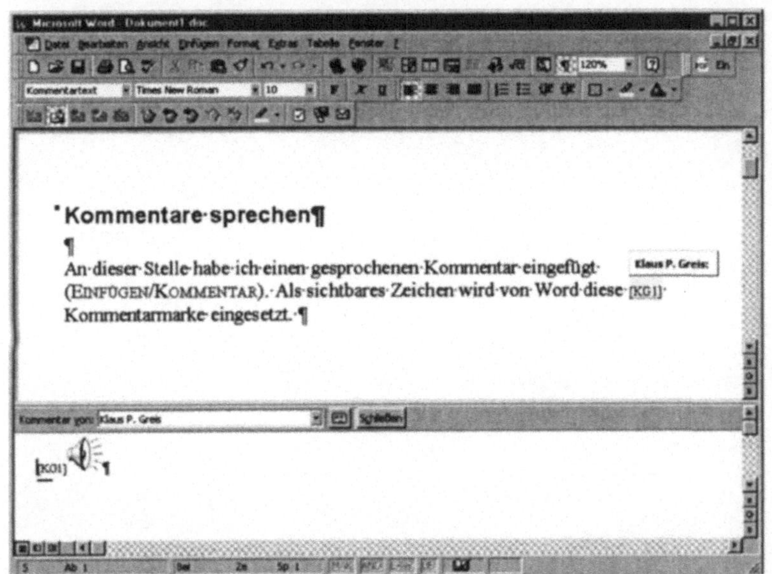

Bild 14.4:
Gesprochene Kommentare werden im Kommentaraus schnitt durch das Lautsprechersymbol gekennzeichnet. Ein Doppelklick auf dem Lautsprechersymbol startet die Wiedergabe.

Um es gleich vorwegzunehmen: Sie brauchen natürlich kein Spracherkennungssystem, um gesprochene Kommentare in Dokumente einzufügen. Weil aber ein solches System ein Mikrofon erfordert, steht dieses natürlich auch für Kommentare zur Verfügung.

Solche Kommentare können Sie zu eigenen Zwecken einfügen. Ob bzw. wann sich das Sprechen eines Kommentars lohnt, anstatt ihn zu schreiben, können Sie am besten selbst beurteilen.

Woran Sie aber auf jeden Fall denken sollten, ist die Größe einer Datei mit eingebautem Audiokommentar. Zur Veranschaulichung: Die in Bild 14.5 gezeigte Datei enthält als gesprochenen Kommentar den geschriebenen Text aus dem Dokumentfenster. Sie ist mit rund 500 KByte etwa siebenmal größer als die reine Textdatei ohne den gesprochenen Kommentartext.

1. Starten Sie die Kommentarfunktion mit EINFÜGEN/ KOMMENTAR. Dadurch wird das Dokumentfenster verkleinert und am unteren Rand der Kommentarausschnitt geöffnet.

So geht's!

2. Klicken Sie im Kommentarausschnitt auf dem Kassetten-Symbol *Audio-Objekt einfügen.* Damit wird das Dialogfeld *Audioobjekt im Dokument* geöffnet und

Wissenschaftliche Publikationen – mal nicht auf Papier

Frage: *„Kein Papier? Was denn sonst?"*

Antwort: *„Mikrofiche oder PDF-Dateien!"*

Vor der Erklärung, was es mit diesen beiden Begriffen auf sich hat, gleich eine Einschränkung vorweg:

Genau genommen sind es eigentlich nicht die beiden Alternativen *„Mikrofiche oder PDF"*, zwischen denen Sie als Autor einer wissenschaftlichen Publikation entscheiden können. Die Alternativen sind vielmehr *„Mikrofiche oder nicht"* und *„PDF oder nicht"*.

Die Alternativen

Die Entscheidung bei Mikrofiches sind in einer Bibliothek zu treffen. Die Entscheidung bei den PDF-Dateien treffen Sie, gegebenenfalls zusammen mit Dritten, etwa dem Betreuer Ihrer Arbeit.

15.1 Mikrofiches

Der oder das Mikrofiche ist ein „Mikrofilm mit reihenweise angeordneten Mikrokopien"[1] von Textseiten.[2] Eine typische Anwendung sind Bibliothekskataloge auf Mikrofiche.[3]

Weil die Entscheidung also für oder gegen Mikrofiche auf Seiten der Bibliothek liegt, ist damit für Sie Autor wissenschaftlicher Arbeiten alles notwendige gesagt – bis auf den Hinweis, dass es „ratsam [ist], sich über den Mikroformbestand und die dazugehörige technische Ausrüstung der erreichbaren Bibliotheken gründlich zu informieren"[4].

Entscheidung der Bibliothek

---

[1] *DUDEN Fremdwörterbuch:* S. 491.

[2] *Poenicke, K.:* Arbeiten, 1988, S. 61-62; auf S. 61 ein abgedrucktes Beispiel eines Mikrofiches.

[3] Als Beispiel die Übersicht der auf Microfiche verfügbaren Kataloge der Universität Duisburg auf der Webseite *http://www.uni-duisburg.de/ UB/kataloge.html.*

[4] *Poenicke, K.:* Arbeiten, 1988, S. 61.

15.2 PDF-Dokumente

Universelles Dateiformat

Hinter der Abkürzung *PDF* verbirgt sich die Bezeichnung *Portable Document Format*. Es handelt sich dabei um ein Dateiformat, „bei dem ein Dokument unabhängig von der Anwendungssoftware, der Hardware und dem Betriebssystem dargestellt wird, das bei seiner Erstellung verwendet wurde".[1] Das Layout der Originaldokumente bleibt in PDF-Dokumenten erhalten (siehe Bild 15.1).

Bild 15.1:
Dieses Beispiel eines PDF-Dokuments zeigt die erste Seite von Kapitel 14 dieses Buches als PDF-Dokument. Sein Layout ist identisch mit dem Originallayout von Kapitel 14 in diesem Buch.

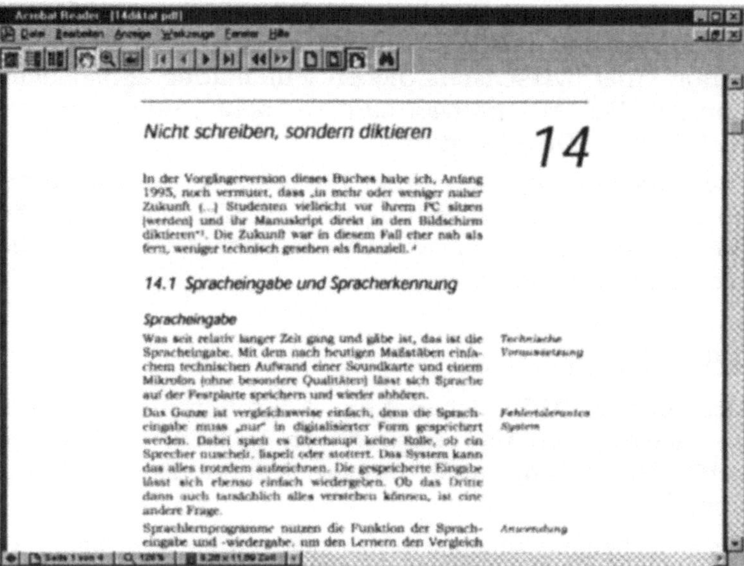

Adobe Acrobat und seine Komponenten

PDF-Dokumente werden mit *Adobe Acrobat* bearbeitet.[2] Das Programmpaket besteht aus mehreren Komponenten zum Erstellen, Bearbeiten und Anzeigen von PDF-Dokumenten. Für die Weiterverarbeitung von wissenschaftlichen Publikationen, wie Sie sie mit Word erstellen, sind vor allem folgende Komponenten wichtig.

Die folgende Darstellung kann im Rahmen dieses Buches nur eine Einführung sein. Ausführliche Informationen

---

[1] Acrobat Online-Handbuch, S. 12
[2] Für die hier gezeigten Beispiele habe ich die Version 3.0 verwendet.

enthält die Online-Dokumentation zu den einzelnen Komponenten von *Adobe Acrobat* – wie sollte es anderes sein – im PDF-Format.

Acrobat PDF Writer

Der *Acrobat PDF Writer* ist ein Druckertreiber, der mit der Installation der Acrobat-Software wie jeder andere in der Systemsteuerung installierte Drucker zur Verfügung steht.

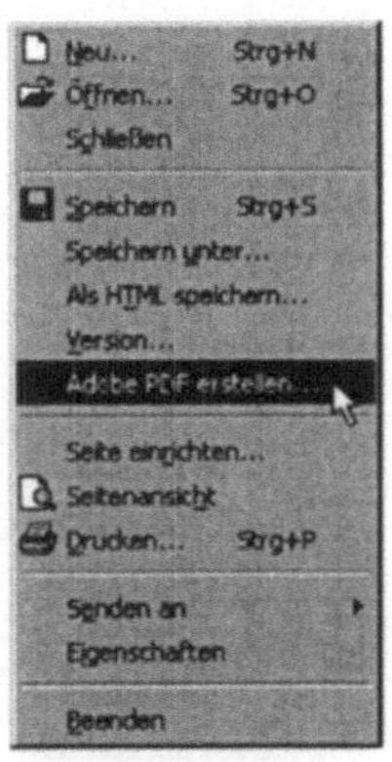

Sie können die Verwendung dieses Druckers direkt aus dem Datei-Menü heraus wählen (siehe Bild in der Marginalspalte). Natürlich steht er unter der Bezeichnung *Adobe PDF Writer 3.0* auch im Drucken-Dialogfeld von Word zur Verfügung. Mit diesem Drucker wird Ihr Manuskript dann nicht auf Papier, sondern in eine PDF-Datei „gedruckt" (Bild 15.2).

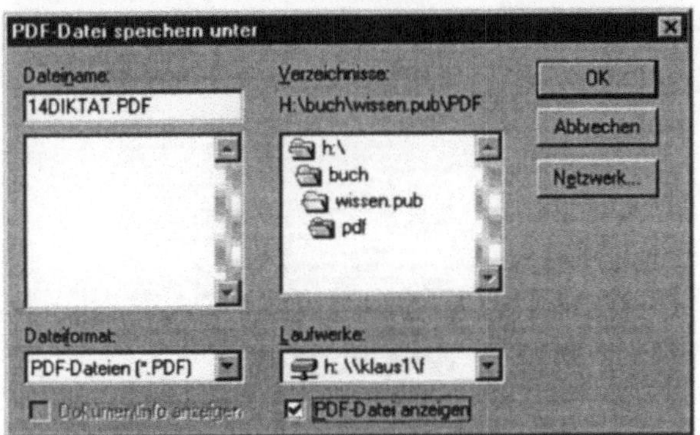

Bild 15.2:
Nach dem Starten des Druckvorgangs müssen Sie einen Dateinamen vergeben, weil das Dokument nicht auf Papier „landet", sondern in einer Datei.

Acrobat Distiller

Der *Acrobat Distiller* ist ebenfalls als auswählbarer Drucker installiert. Auch mit diesem Drucker lassen sich Word-Dokumente in PDF-Dateien drucken. Im Unterschied zum PDF Writer ist der Distiller dann einzusetzen, wenn das zu druckende Word-Dokument Grafiken im PostScript-Format oder ein sehr komplexes Layout enthält.

Acrobat Exchange

Mit *Acrobat Exchange* können Sie PDF-Dokumente bearbeiten. Für die Bearbeitung wissenschaftlicher Arbeiten im PDF-Format sind vor allem die Funktionen *Lesezeichen* und *Verknüpfung* wichtig und nützlich. Mit der Lesezeichen-Funktion lassen sich die Kapitelüberschriften kennzeichnen (Bild 15.3).

Mit der Verknüpfungsfunktion lassen die Fußnotenzeichen im Text so kennzeichnen, dass durch Klicken auf einer Fußnote die zugehörige Anmerkung angezeigt wird.

Bild 15.3:
Lesezeichen werden am linken Fensterrand im Lesezeichenausschnitt aufgelistet. Durch Anklicken wird der zugehörige Textabschnitt angezeigt, hier der Abschnitt „14.2 Manuskripte diktieren"

Acrobat Reader

Mit dem *Acrobat Reader* lassen sich PDF-Dokumente anzeigen (Bild 15.1) und drucken. Die Lesezeichen- und die Verknüpfungsfunktion sind dabei vom Leser der PDF-Datei nutzbar. Der Acrobat Reader ist als lizenzfreie Software auf dem Adobe-Server erhältlich.[1]

---

[1] http://www.adobe.com/acrobat/

Wissenschaftliche(s) Arbeiten und das Internet   16

Wenn Sie die Kapitelüberschrift zweimal lesen – mit und ohne *S* –, dann haben Sie auch gleich die beiden Aspekte, um die es bei diesem Thema in Zusammenhang mit dem Internet geht:

❏ Wissenschaftliches Arbeiten (mit *S*) meint den rezeptiven Aspekt Ihrer Arbeit im Internet; als Frage ausgedrückt: *„Wie können Sie das Internet zur Literaturrecherche nutzen?"*

Rezeptiver Aspekt

❏ Wissenschaftliche Arbeiten (ohne *S*) meint den produktiven Aspekt Ihrer Arbeit im Internet; ebenfalls als Frage ausgedrückt: *„Wie kommt Ihre Arbeit ins Internet und ist damit für andere recherchierbar?"*

Produktiver Aspekt

Für beide Varianten des wissenschaftlichen Arbeiten müssen technische und organisatorische Voraussetzungen erfüllt sein:

Die technischen Voraussetzungen für den Zugang zum Internet sind eine Verbindung von Ihrem PC zur nächsten Telefondose (Modem oder ISDN-Karte) die notwendige Software (Internet-Browser). Wenn Sie von Ihrer Hochschule aus ins Internet gehen, dann stehen Ihnen dort Hard- und Software zur Verfügung. An Ihrem Arbeitsplatz zu Hause brauchen Sie die gleichen Komponenten.

Technische Bedingungen

Wenn Sie persönlich in einer Bibliothek erscheinen, um Bücher auszuleihen oder zu bestellen, dann brauchen Sie einen Leser- oder Nutzerausweis. Das Gleiche gilt auch, wenn Sie Bücher über das Internet Bücher vormerken lassen wollen oder über die Fernleihe bestellen möchten. Sie brauchen dann eine Zugangsberechtigung in Form eines Passwortes. Informationen zu diesem elektronischen Leserausweis bekommen Sie in der Bibliothek Ihrer Hochschule.

Organisatorische Bedingungen

16.1 Literaturrecherche

Im Internet können Sie zu jeder Tages- und Nachtzeit recherchieren, sind also nicht an Öffnungszeiten gebunden.

Vorteil

Bei der Recherche im Internet geht es um zwei Fragen und deren Beantwortung:

❏ Wo können Sie suchen?

In Bibliotheken. Genauer gesagt: In Bibliotheken, die Online-Recherche anbieten; das bedeutet, dass eine Bibliothek ihre Bestände in online recherchierbarer Form präsentieren muss (mehr dazu im folgenden Abschnitt *Bibliotheken*).

❏ Was können Sie bei erfolgreicher Suche tun?

Grundsätzlich das Gleiche wie in Ihrer örtlichen Hochschulbibliothek auch. Zu wissen, dass in einer mehr oder weniger entfernt liegenden Bibliothek die gewünschte Literatur vorhanden ist, ist zwar schon „die halbe Miete", aber Sie brauchen ja auch die andere Hälfte (mehr dazu weiter unten im Abschnitt *Gefunden – was nun?*).

Bibliotheken

Alle Bibliotheken aufzuführen, in denen via Internet recherchiert werden kann, ist unmöglich; der Versuch wäre töricht. Deshalb finden Sie hier natürlich auch nicht *„Die große Liste der Online-Bibliotkeken"* oder so etwas ähnliches. Vielmehr zeigt die folgende Auswahl einige nützliche Ausgangspunkte, von denen aus Sie zur erfolgreichen Suche starten können.[1]

Ihre Hochschule Da ist zunächst die Bibliothek Ihrer Hochschule. Informationen zum elektronischen Zugang bekommen Sie in Einführungsveranstaltungen, die Bibliotheken regelmäßig anbieten. Lesen Sie auch „Merkblätter" oder „Handreichungen" oder ähnlich benannte Hinweise der Bibliothek.

HBZ: Deutsche Bibliotheken online Das Hochschulbibliothekszentrum des Landes Nordrhein-Westfalen (HBZ) in Köln präsentiert eine Zusammenstellung aller deutschen Bibliotheken mit Internet-Angeboten (*Deutsche Bibliotheken Online*)[2]. Hier finden Sie, alphabetisch sortiert nach Ortsnamen, Links folgender Kategori-

---

[1] Weil das Web lebt, können sich Angebote und Adressen ändern. Sollten Sie also auf Änderungen stoßen oder andere Adressen im Sinne dieser Auswahl finden, können Sie mir das gerne mitteilen. Meine E-Mail-Adressen finden Sie im Einleitungskapitel.

[2] http://www.hbz-nrw.de/hbz/germlst.html

en: *WWW-Server, Gopher-Server, FTP-Server, WWW-OPAC, Telnet-OPAC* und *Email.*

Über die Universität Hannover bekommen Sie u.a. ein alphabetisch sortiertes Verzeichnis deutscher Städte, in denen Hochschulbibliotheken und andere Sammlungen online abfragbar sind. Außerdem bietet die Seite eine Aufstellung der *Kataloge der Fachbibliotheken.*[1] Die Seite enthält auch einen Link zur Universität Siegen mit den *Sondersammelgebieten*[2].

Verzeichnis der online abfragbaren Kataloge

Die Homepage des von der DFG geförderten Projektes *Webis – Sondersammelgebiete an deutschten Universitäten* der Staats- und Universitätsbibliothek Hamburg bietet mit den Suchkriterien *Thema, Region, Bibliothek* und *DFG-Index* Zugang zu den „*Sondersammlungsgebietsbibliotheken, Zentrale(n) Fachinformationsbibliotheken und Spezialbibliotheken in Deutschland*"[3].

Webis

Wenn Sie Bibliotheken für Ihre Fachrichtung suchen, dann schauen Sie mal auf die Seite der *Online-Kataloge deutscher Bibliotheken* der Bibliothek der FH Nürnberg.[4] Sie finden dort Links zu folgenden Fächern: Geschichtswissenschaften, Karten, Kunst, Medizin, Naturwissenschaften, Pädagogik, Philosophie, Psychologie, Rechtswissenschaften, Religionswissenschaften und Theologie, Sozialwissenschaften, Sprachen und Kulturen, Technik und angewandte Naturwissenschaften sowie Wirtschaftswissenschaften.

Online-Kataloge deutscher Bibliotheken

Der *Karlsruher Virtuelle Katalog*, der „Mega-Katalog" schlechthin, ermöglicht Ihnen Recherchen nicht nur in Bibliotheken, sondern auch in Buchhandelsquellen.[5] Aus dem virtuellen Katalog heraus können Sie auch zu den Katalogen der deutschen Bibliotheksverbünde starten.

Karlsruher Virtueller Katalog

Die im Karlsruher Virtuellen Katalog gelinkten Verbünde lassen sich natürlich auch direkt anlaufen: der *Gemeinsame Bibliotheksverbund* der norddeutschen und einiger

Bibliotheksverbünde

---

[1] http://www.laum.uni-hannover.de/iln/bibliotheken/kataloge.html
[2] http://www1.ub.uni-siegen.de/buecher/ssg.htm
[3] http://www.webis.sub.uni-hamburg.de
[4] http://www.fh-nuernberg.de/bibliothek/katdfgbib.html. Hier bekommen Sie auch eine Terminalemulation, die Sie für Telnet-Kataloge brauchen.
[5] http://www.ubka.uni-karlsruhe.de/kvk.html

ostdeutscher Länder[1], der *Südwestdeutsche Bibliotheksverbund*[2]; der *Bibliotheks-Verbund Bayern*[3]; das *Hessische Bibliotheksinformationssystem*; die *Verbunddatenbank Nordrhein-Westfalen*[5], auf deren Seite sich u.a. auch der oben beschriebene Link zu den *Deutschen Bibliotheken online* findet.

Deutsche Bibliothek Frankfurt
Deutsche Bücherei Leipzig

Neben diesen Verbünden sind natürlich *Die Deutsche Bibliothek* und die *Deutsche Bücherei* nicht nur eine hilfreiche Adresse, sondern wie die anderen bereits genannten auch ein nützlicher Ausgangspunkt zu weiteren Servern.[6]

Schweizer Bibliotheken

Wissenschaftliche Bibliotheken in der Schweiz werden auf der Seite der Universität Basel präsentiert;[7] dort finden Sie u.a. auch Links zum *Online-Katalog des Deutschschweizer Bibliotheksverbunds SIBIL* oder zur *Europäischen Konföderation der Oberrheinischen Universitäten*. Bei SWITCH, dem *Swiss Academic & Research Network* finden Sie Links zur Schweizer Nationalbibliothek, zur Bibliothek von CERN sowie zu universitären und andren Bibliotheken.[8]

Österreichische Bibliotheken

Österreichische Hochschulbibliotheken im WWW sind auf einer Seite der Universität Wien gelinkt.[9]

Europäische Nationalbibliotheken

GABRIEL (GAteway and BRIdge to Europe's National Libraries), der Informationsdienst der Nationalbibliotheken Europas präsentiert Links zu den Bibliotheken europäischer Länder einschließlich der *Bibliotheca Apostolica Vaticana*).[10]

Patentinformationen

Die Technische Universität Ilmenau präsentiert (fast) alles zum Thema *Patente*.[11] Sie finden dort Links u.a. zu öffentlichen und privaten Patentdatenbanken, zu Patentämtern in aller Welt, zu den Patentinformationszentren (PIZ) und Patentinformationsstellen (PIS) in Deutschland.

---

[1] http://www.brzn.de
[2] http://www.swbv.uni-konstanz.de
[3] http://www.opac.bib.bvb-.de
[4] http://www.delon.rz.uni-frankfurt.de
[5] http://www. hbz-nrw.de
[6] http://www.ddb.de
[7] http://www.ub.unibas.ch/lib/
[8] http://www.switch.ch/libraries/
[9] http://www.univie.ac.at:80/UB-Wien/biblwww.htm
[10] http://www.ddb.de/gabriel/de/eurocoun.html
[11] http://www.patent-inf.tu-ilmenau.de

Das *Deutsche Patentamt* in München können Sie natürlich auch direkt anlaufen[1], ebenso wie das *Europäische Patentamt* in Wien[2].

Nützliche Links zu Top-Web-Sites präsentiert eine Seite des Bertelsmann-Fachinformations-Servers.[3] Sie finden dort neben Links zu Literaturquellen auch solche u.a. zu folgenden Bereichen: *Finanzen* und *Wirtschaft* (u.a. zu Wirtschaftsdatenbanken); *Technik/Naturwissenschaften/Umwelt* (u.a. zum *Deutschen Forum für Technik* und von wiederum Links zu den Foren *Recht*, *Medizin* und *Politik*); *Jobs/Stellenbörsen* (Deutschland, Europa, weltweit).

Top-Web-Sites

Eine spezielle Kategorie von Literatur sind die DIN- und ISO-Normen sowie die VDI- und VDE-Richtlinien. Sie können diese auf den Servern der Organisationen recherchieren (*Deutsches Institut für Normung*[4], *International Organization for Standardization*[5], *Verein Deutscher Ingenieure*[6], *Verband Deutscher Elektrotechniker*[7]). Auf dem DIN-Server finden Sie auch einen Link zu einer Übersicht von Links zu nationalen Normorganisationen in aller Welt.

Normen

Gefunden – was nun?

Wenn Sie bei Ihrer Internet-Recherche das Gesuchte gefunden haben, könne Sie das Suchergebnis auf drei unterschiedliche Arten auswerten. Sie können Publikationen

❏   vormerken lassen oder bestellen

❏   auf dem Bildschirm lesen

❏   auf Ihren PC herunterladen

Wenn Sie eine Publikation ausleihen wollen, brauchen Sie nun nicht unbedingt die Signatur vom Bildschirm abzuschreiben, um dann mit dem Spickzettel dann in der Bibliothek vorstellig zu werden. Weil Sie ja nun schon mal „im Netz hängen", können Sie – falls Ihre Bibliothek dazu eingerichtet ist –, zunächst einmal abfragen, ob das

Vormerken oder bestellen

---

[1]   http://www.deutsches-patentamt.de

[2]   http://www.Austria.EU.net/epo/

[3]   http://www.fachinformation.bertelsmann.de/verlag/bfw/surf.htm

[4]   http://www.din.de

[5]   http://www.iso.ch

[6]   http://www.vdi.de

[7]   http://www.vde.de

von Ihnen gewünschte Buch ausgeliehen bzw. vorgemerkt ist. Wenn weder das eine noch das andere der Fall ist, können Sie – wiederum die Möglichkeit seitens der Bibliothek vorausgesetzt – das Buch bestellen bzw. sich vormerken lassen. Auch die Bestellung bzw. Vormerkung für die Fernleihe geschieht auf die gleiche Weise. Das ganze geschieht über Bildschirmformulare, die Sie ausfüllen und dann abschicken.

Bild 16.1:
Publikationen, die als Volltext verfügbar sind – wie hier eine Dissertation der Universität Konstanz – können Sie auf dem Bildschirm lesen bzw. sich ausdrucken lassen.

Auf dem Bildschirm lesen

Die zweite Variante rangiert unter dem Stichwort *Online-Text*. Je nach Art der Publikation, nach der Sie suchen, ist diese vielleicht als Volltext verfügbar. Das bedeutet, dass Sie sich den gesamten Text auf den Bildschirm holen können (Bild 16.1). Was nun aber nicht heißen soll, dass Sie die ganze Publikation auf dem Bildschirm lesen müssten. Ob Sie das mit einzelnen Passagen tatsächlich tun oder sich diese ausdrucken lassen, können Sie sicher am besten entscheiden.

Auf den PC herunterladen

Wissenschaftliche Publikationen wie Diplomarbeiten oder Dissertationen, die online angeboten werden, können Sie unter Umständen auch vom Bibliotheks-Server herunterzuladen. Das beutetet, dass Sie die gewünschte Literatur in Form einer Datei auf Ihren PC bekommen.

Wenn Dateien nicht auf dem WWW-Server der Bibliothek liegen, sondern auf einem FTP-Server, können Sie in dieser Dateistruktur mit einem FTP-Browser[1] navigieren und dann damit auch Dateien herunterladen (Bild 16.2). Denken Sie aber daran, dass heruntergeladene Dateien Viren enthalten können. Sie sollten Sie deshalb auf Viren überprüfen.[2]

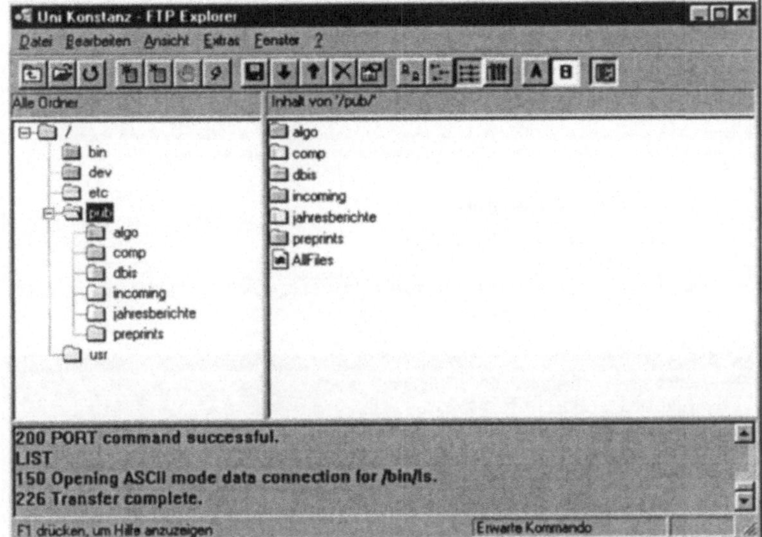

Bild 16.2:
Ein FTP-Browser ermöglicht das Navigieren in den Dateibeständen der Bibliotheks-Server und das komfortable Herunterladen von Dateien.

16.2 Publizieren im Internet

„Die Technische Universität Chemnitz-Zwickau veröffentlicht als eine der ersten Universitäten Deutschlands Dissertationen im Volltext im WWW.", so der Hinweis auf der Chemnitzer Webseite zu *Dissertationen im Internet*[3] (Bild 16.3). Eine andere Universität, die ebenfalls schon früh (Wintersemester 1995/96) Dissertationen im Internet veröffentlicht hat, ist die Universität Konstanz (Bilder 16.4 und 16.1).[4]

Aktuelle Situation

---

[1] Einen FTP-Browser im Stil des Windows-Explorers bekommen Sie als Student oder Angehöriger einer wissenschaftlichen Fakultät kostenfrei im Internet (http://www.ftpx.com)

[2] Zur Virenkontrolle siehe Kapitel 7, Abschnitt *Virenkontrolle.*

[3] http://www.bibliothek.tu-chemnitz.de/bibliothek/dissen.html

[4] http://www.uni-konstanz.de/ZE/Bib/pub.html

Bild 16.3:
Das Tor zur digitalen Dissertationswelt der TU Chemnitz-Zwickau mit der einleitenden Darstellung der Vorteile, Dissertationen auf diese Art zu publizieren...

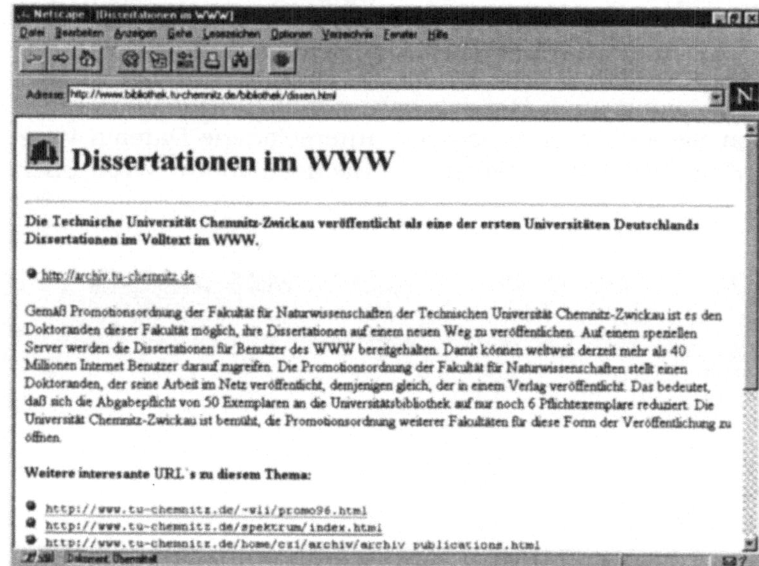

Bild 16.4:
... und das Pendant der Universität Konstanz. Inzwischen werden hier wie dort – und auch an anderen Hochschulen – außer Dissertationen auch Diplomarbeiten, Forschungsberichte und andere wissenschaftliche Beiträge im Volltext angeboten.

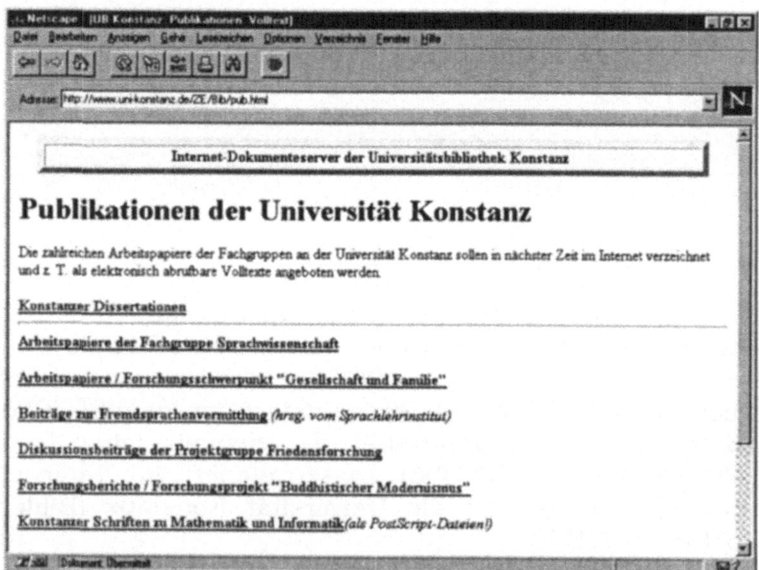

Die Vorteile der Publikation einer Dissertation im Internet sowohl für die Rezipienten als auch für die Produzenten werden auf der Chemnitzer Webseite konzentriert beschrieben:

„Auf einem speziellen Server werden die Dissertationen für Benutzer des WWW bereit gehalten. Damit könne weltweit derzeit mehr als 40 Millionen Internet Benutzer darauf zugreifen. Die Promotionsordnung der Fakultät für Naturwissenschaften stellt einen Doktoranden, der seine Arbeit im Netz veröffentlicht, demjenigen gleich, der in einem Verlag veröffentlicht. Das bedeutet, daß sich die Abgabepflicht von 50 Exemplaren an die Universität auf nur noch 6 Pflichtexemplare reduziert."[1]

Vorteile von Web-Dissertationen

Erfahrungen mit Online-Dissertationen in Chemnitz nach einem Jahr werden in einem Vortrag beschrieben, der ebenfalls als Online-Dokument verfügbar ist.[2] Sollten an Ihrer Hochschule noch keine detaillierten Informationen über zu diesem Themenbereich verfügbar sein, können Sie sich anhand der Chemnitzer Vorgaben und Bedingungen zumindest einen Einblick in notwendige Fragestellungen verschaffen.[3]

Vorgaben und Bedingungen

Word als Editor für HTML-Dokumente

Damit Ihre Arbeit im Internet präsentiert werden kann, muss sie ein bestimmtes Format haben. Dazu dient die sogenannte *Hypertextsprache HTML* (Hypertext Markup Language). Durch HTML wird der Text, den Sie als Autor einer wissenschaftlichen Arbeit geschrieben haben, so erweitert, dass er mit einem Internet-Browser angezeigt werden kann.

HTML

Diese Erweiterung um die HTML-Bestandteile wird von Word automatisch durchgeführt. Nachdem Sie den Text als normales Word-Dokument gespeichert haben, lassen Sie ihn von Word in das HTML-Format konvertieren (DATEI/ALS HTML SPEICHERN).

Nun ist das Ganze aber nicht so phantastisch einfach, wie es sich vielleicht anhört. Word war eben nicht als HTML-Editor konzipiert, sondern erhielt die HTML-Funktion nachträglich „draufgesattelt". Eine der ganz wesentlichen Word-Funktionen für wissenschaftliche Publikationen, die Fuß- und Endnoten für Anmerkungen; werden nicht konvertiert! Die Fuß- bzw. Endnotenzeichen

---

[1] http://www.bibliothek.tu-chemnitz.de/bibliothek/dissen.html
[2] *Ziegler, C.*: Monarch, 1997
[3] *Ziegler, C./Schumann, M.*: Archivierung, 1996 sowie das HTML-Dokument *http://archiv.tu-chemnitz.de/hilfe.html*

und die zugehörigen Texte gehen beim Konvertieren schlicht verloren; einen Lösungsvorschlag, wie Sie die notwendigen Anmerkungen doch in der Internet-Version Ihrer Arbeit „hinbekommen", finden Sie weiter unten.

Was alles nicht geht

Sie können sich eine Liste aller *Word-Funktionen, die sich während des Publizierens im World Wide Web ändern oder nicht verfügbar sind,* als Hilfetext anzeigen lassen. Wählen Sie dazu im Hilfe-Menü die Option INHALT UND INDEX. Auf der Registerkarte *Index* schreiben Sie *fuß* und drücken dann die Taste [←].

Hyperlinks

Eine zentrale Funktion von HTML ist die Möglichkeit, mit Hilfe sogenannter *Hyperlinks* Ziele innerhalb eines HTML-Dokuments und auch über das Dokument hinaus zu erreichen. Zur Definition solcher Hyperlinks können Textmarken oder Web-Adressen verwendet werden. Hyperlinks werden nach der Konvertierung in Word-Dokumenten wie in HTML-Dokumenten blau und unterstrichen dargestellt.

Im Hinblick auf die Publikation Ihrer Arbeit im Internet sind zwei Varianten von Hyperlinks zu unterscheiden.

Hyperlinks innerhalb des Dokuments

❏ Um bestimmte Stellen innerhalb eines HTML-Dokuments zu erreichen, müssen diese durch eine Textmarke gekennzeichnet werden.[1]

Mit dieser Variante lassen sich beispielsweise die zu einer Kapitelüberschrift gehörenden Abschnitte innerhalb eines Kapitels anspringen. Eine andere Anwendungsmöglichkeit ist ein Hyperlink, der vom Ende des Dokuments wieder an den Anfang führt.

Hyperlinks außerhalb des Dokuments

❏ Um aus einem Dokument heraus andere HTML-Dokumente anzeigen zu lassen, müssen für die Definition eines Hyperlinks Web-Adressen verwendet werden. Solche Web-Adressen sind nichts anderes als Dateinamen in der Schreibweise *http://www.xyz.htm.*

Mit dieser Variante lassen sich beispielsweise aus dem Inhaltsverzeichnis Ihrer Arbeit heraus die einzelnen Kapitel anzeigen, wenn Sie diese als getrennte Dateien gespeichert haben. Eine andere Anwendung sind Hyperlinks, die jeweils vom Ende eines Kapitels aus das Inhaltsverzeichnis aufrufen.

---

[1] Zum Einfügen von Textmarken siehe Kapitel 39.

Was Sie vor der Konvertierung überlegen müssen

Die inhaltliche Struktur Ihrer Arbeit haben Sie bereits mit der Gliederung festgelegt.[1] Die Struktur kommt im Inhaltsverzeichnis zum Ausdruck.[2] Grundsätzlich können Sie diese Struktur auch in der HTML-Version Ihrer Arbeit übernehmen. Wenn Sie die Arbeit ursprünglich in Form einer einzigen Datei erstellt haben, dann sollten Sie folgendes bedenken:

Die Struktur der Arbeit

Für die Online-Leser Ihrer Arbeit ist es vorteilhafter, wenn sie die ganze Arbeit in einzelnen Teilen abrufen können, also einzelne Kapitel bzw. Unterkapitel. Teilen Sie also – falls Sie es nicht schon bei der Gliederung gemacht haben – Ihr Arbeit in mehrere Dateien auf. Sie können sie jedoch nicht mit der Zentraldokument-Funktion verbinden, weil diese im HTML-Format nicht verfügbar ist.

Aufteilung in Einzeldateien

Als Beispiel für Aufteilung in Einzeldateien kann hier die bereits zitierte Konstanzer Dissertation dienen[3] (Bilder 16.1 und 16.5 bis 16.7). Die Dissertation umfasst knapp 300 Seiten und ist in 20 HTML-Dateien aufgeteilt.

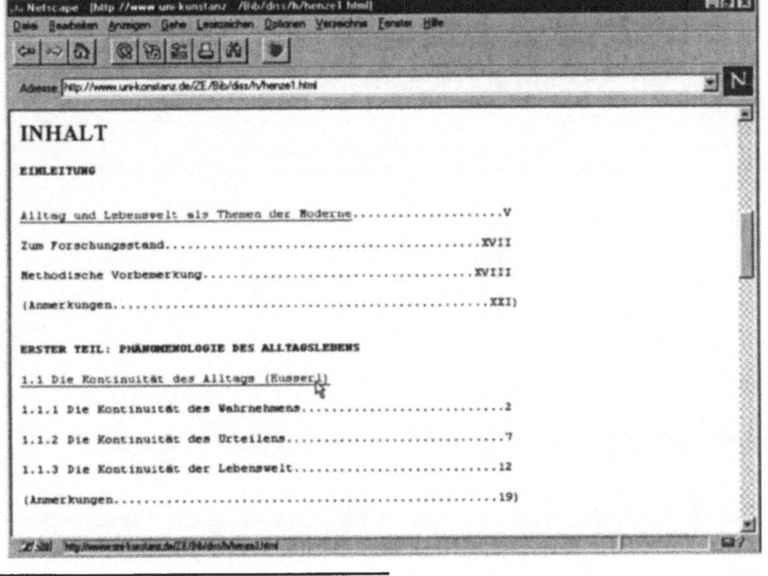

Bild 16.5:
Die unterstrichenen Überschriften im Inhaltsverzeichnis der Dissertation sind die Hyperlinks zu den jeweiligen Kapiteln. Durch Klicken beispielsweise auf der Überschrift mit dem Mauszeiger ...

---

[1] Zur Gliederung siehe Kapitel 9.
[2] Zur Erstellung des Inhaltsverzeichnisses siehe Kapitel 31.
[3] *Henze, S.*: Alltag, 1995

Bild 16.6::
... wird die Datei des ersten Kapitels aufgerufen. Dort sind die Fußnotenzeichen als Hyperlink formatiert. Durch Klicken beispielsweise auf dem Fußnotenzeichen 1 in der zweiten Zeile des ersten Absatzes ...

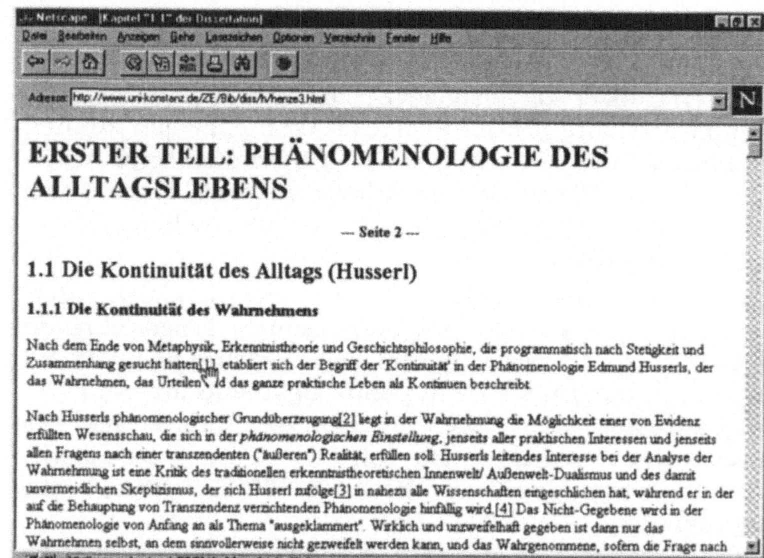

Bild 16.7:
... wird die Datei mit den Anmerkungen aufgerufen. Dort sind die einzelnen Fußnoten als Sprungmarken definiert, die aus der Datei in Bild 16.6 via Hyperlink erreichbar sind.

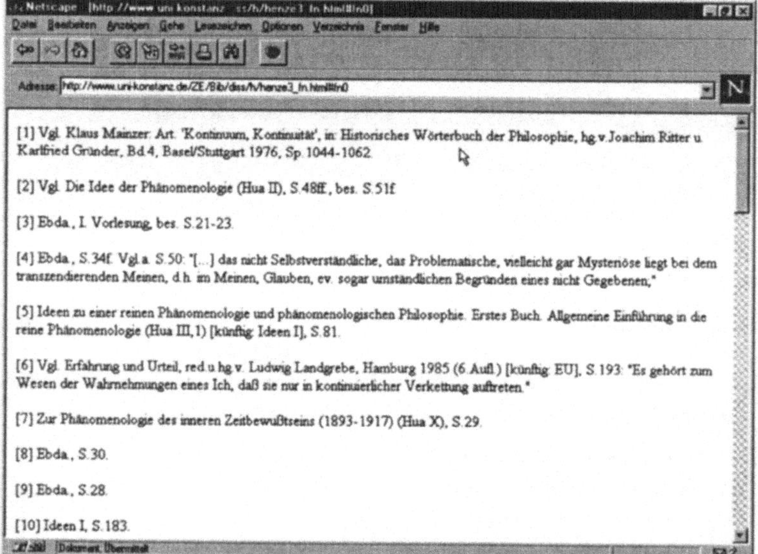

Die Dateinamen

Die Aufteilung Ihrer in Einzeldateien verlangt die entsprechende Zahl von Dateinamen. Klären Sie rechtzeitig mit der Bibliothek bzw. der zuständigen Stelle die Bedingungen für die Namengebung. Die Dateinamen sind später Bestandteil der gesamten Adresse der einzelnen Dokumente. Vergeben Sie solche Namen, die Ihnen auf Anhieb die Struktur verdeutlichen. Einen Teil der gesamten Adresse bekommen Sie von Ihrer Hochschule vorgegeben, den eigentlichen Dateinamen bestimmen Sie.

Das folgende Muster verdeutlicht – in Anlehnung an die in den Bildern 16.5 bis 16.7 gezeigte Dissertation – die Adresse der Datei mit dem Inhaltsverzeichnis Ihrer Arbeit:

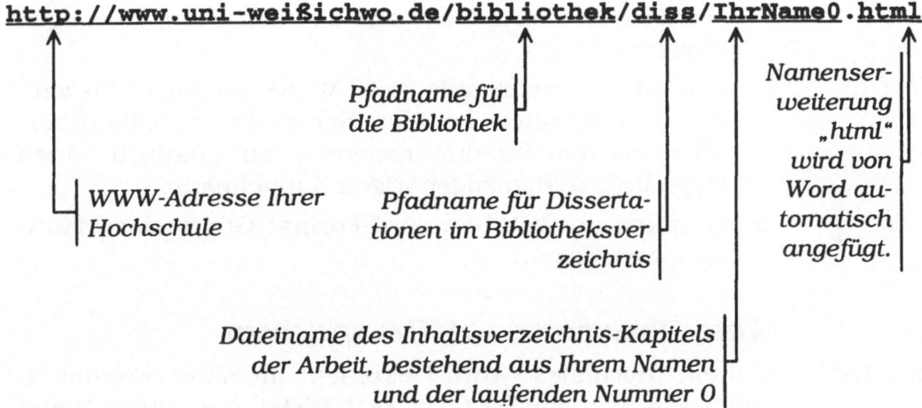

Die Pfadangaben sind nur als Beispiele zu verstehen; die tatsächliche Aufteilung von Verzeichnissen und damit zusammenhängenden Pfaden ergibt sich aus den Vorgaben der Bibliothek. Ihr Part beschränkt sich auf den eigentlichen Dateinamen.

Ausgehend vom obigen Muster würde der Dateiname für das erste Kapitel folgendermaßen aussehen (laufende Nummer 1 nach Ihrem Namen):

http://www.uni-weißichwo.de/bibliothek/diss/IhrName1.html

Die zugehörige Anmerkungsdatei hätte als Bestandteile den Namen der Kapiteldatei (*IhrName1*) und den Zusatz „*-fn*" (ohne Anführungszeichen) als Hinweis auf die Fußnoten.

http://www.uni-weißichwo.de/bibliothek/diss/IhrName1-fn.html

Wie Sie Ihr Manuskript für das Internet vorbereiten

Grundsätzlich gelten die gleichen Bedingungen, wie wenn Sie die Arbeit „nur" auf Papier publizieren wollten. Sie bearbeiten die einzelnen Bestandteile Ihres Manuskripts wie in den jeweiligen Kapiteln beschrieben.

Insbesondere sollten Sie

❑ so weit wie möglich mit Formatvorlagen formatieren,[1] denn nicht alle Internet-Browser können direkte Formatierungsmerkmale anzeigen; außerdem werden bei der Konvertierung nicht alle direkten Formatierungen übernommen;

❑ das Inhaltsverzeichnis von Word erstellen lassen;[2] dadurch erhalten bei der Konvertierung alle Überschriften im Inhaltsverzeichnis automatisch einen Hyperlink zu den zugehörigen Kapiteltexten;

❑ Grafiken im Web-Standard-Format GIF in das Manuskript einfügen.

Word-Dokumente als HTML speichern

Erst als Word-Dokument ...

Um ein „normales" Word-Dokument im HTML-Format zu speichern, wählen Sie DATEI/ALS HTML SPEICHERN. Wenn das Dokument bisher nicht gespeichert war, werden Sie zum Speichern aufgefordert.

... dann als HTML-Dokument

Im Dialogfeld *Als HTML speichern* wird der bisherige Dateiname als neuer vorgeschlagen. Allerdings wird von Word automatisch die bisherige Namenserweiterung DOC durch die neue Erweiterung HTML ersetzt. Sie können den Namen übernehmen oder einen neuen bestimmen. Beachten Sie dabei die Hinweise zur Namengebung weiter oben in diesem Abschnitt

Die Navigationsleiste am Kapitelende

Hilfe für die Leser

Stellen Sie den Lesern Ihrer Internet-Publikation am Ende jedes Kapitels eine Navigationsleiste mit Hyperlinks zur Verfügung; sie werden's Ihnen danken. Mit Hilfe dieser Navigationsleiste lassen sich andere Kapitel der Arbeit schnell und einfach aufrufen, ohne dass man immer den (Um-) Weg über das Inhaltsverzeichnis gehen müsste.

---

[1] Siehe Kapitel 5, Abschnitt *Texte gestalten.*
[2] Siehe Kapitel 31

Die Navigationsleiste im Sinne eines Textabsatzes können Sie schon einfügen, bevor die einzelnen Kapitel als HTML-Datei gespeichert sind. Spätestens dann aber, wenn Sie die Leiste als Hyperlink definieren, müssen die Kapitel im HTML-Format gespeichert sein. Das ist deshalb notwendig, weil Sie bei der Definition des Links die Adresse des Dokuments auf dem Server brauchen.[1]

Die Navigationsleiste besteht aus den drei folgenden Einträgen:

❑ *Zum Inhaltsverzeichnis* ruft die Datei mit Inhaltsverzeichnis auf.

❑ *Zum nächsten Kapitel* ruft das Kapitel auf, das auf das aktuelle folgt; das letzte Kapitel hat diesen Hyperlink natürlich nicht.

❑ *Zum vorigen Kapitel* ruft das Kapitel auf, das dem aktuellen vorangestellt ist; das erste Kapitel hat diesen Hyperlink natürlich nicht.

1. Schreiben Sie drei Einträge am Ende des Kapiteltextes (in eine Zeile oder untereinander – wie Sie wollen).

2. Markieren Sie den Eintrag, den Sie als Hyperlink definieren wollen.

3. Wählen Sie EINFÜGEN/HYPERLINK, oder klicken Sie auf dem Hyperlink-Symbol in der Standard-Symbolleiste.

4. Lassen Sie in das Textfeld *Verknüpfung zu Datei oder URL* die Internet-Adresse einfügen, indem Sie auf der Schaltfläche *Durchsuchen* klicken und dann im nächsten Dialogfeld *Verknüpfung zu Datei* suchen. Bestätigen Sie mit OK.

5. Markieren Sie im Dialogfeld *Hyperlink einfügen* das Kontrollfeld *Relativen Pfad für Hyperlink verwenden*, damit nach einem eventuellen Verschieben der gelinkten Datei die Verbindung aktualisiert wird.

6. Bestätigen Sie alles mit OK. Dadurch ist die Verknüpfung erstellt. Als sichtbares Zeichen wird – wie bei allen gelinkten Internet-Adressen – der Eintrag (Schritt Nr. 2) blau gefärbt und unterstrichen.

---

[1] Die Internet-Adresse eines Dokuments wird auch als URL bezeichnet (*Uniform Resource Locater*). Sie finden diese Bezeichnung in Word-Dialogfeldern.

7. Wiederholen Sie die Schritte Nr. 2 bis 6 für die anderen Einträge der Navigationsleiste.

Die Lösung für das Problem mit den verschwundenen Fußnoten

Das Problem besteht darin, dass Fuß- und Endnoten beim Konvertieren in HTML verloren gehen.[1] Der folgende Vorschlag ist eine – zugegebenermaßen etwas aufwendige – Möglichkeit, das Problem zu lösen; auf jeden Fall brauchen Sie aber die Anmerkungen in Form von Endnoten.

Es gibt dann zwei Varianten. Sie können die Anmerkungen ...

❑ am Ende des Kapitels, also der Datei stehen lassen

❑ in einer eigenen Datei speichern

So geht's! 1. Falls die Anmerkungen noch nicht als Endnoten vorliegen, lassen Sie die vorhandenen Fußnoten in Endnoten konvertieren.

Fußnoten konvertieren Dazu wählen Sie EINFÜGEN/FUSSNOTE, klicken dann nacheinander auf den Schaltflächen *Optionen* und *Konvertieren*. Dann bestätigen Sie die Option *Alle Fußnoten in Endnoten umwandeln* mit OK. Das Options-Dialogfeld bestätigen Sie mit OK und das Dialogfeld *Fußnote und Endnote* mit *Schließen*.

Endnote im Endnotentext ersetzen 2. Schreiben Sie bei den Endnotentexten am Ende des Dokuments hinter jedem Endnotenzeichen die Zahl noch einmal in eckige Klammern; durch die eckigen Klammern werden die Anmerkungen später im HTML-Dokument hervorgehoben und zugleich eindeutig vom übrigen Text abgegrenzt.

Markieren Sie dann die jeweilige Zahl und ordnen Sie dieser Markierung eine Textmarke zu.[2] Als Textmarkennamen können Sie beispielsweise die Buchstaben *an* (Anmerkung) oder *fn* (Fußnoten) und dann die zugehörige Zahl eingeben.

Endnotentext in normalen Text umwandeln 3. Damit die Endnotentexte später auch tatsächlich noch angezeigt werden, müssen Sie sie jetzt in normalen Text umwandeln. Das geschieht dadurch, dass Sie

---

[1] Zur Erstellung von Fuß- und Endnoten siehe ausführlich Kapitel 28.
[2] Ausführlich siehe Kapitel 39.

sie oberhalb der Endnotentrennlinie in das Dokument einfügen. Wenn Sie die Anmerkungen in einer eigenen Datei speichern wollen, dann erstellen Sie zuerst ein neues Dokument und fügen die Endnotentexte dort ein.

4. Jetzt schreiben Sie im Kapiteltext hinter den jeweiligen Endnotenzeichen noch einmal die Zahl in eckigen Klammern. Jeder dieser „manuellen Endnoten" ordnen Sie nun einen Hyperlink zum zugehörigen Endnotentext zu.

   Endnote im Kapiteltext ersetzen

   Markieren Sie dazu die Zahl einschließlich der beiden eckigen Klammern. Klicken Sie dann auf dem Hyperlink-Symbol in der Standard-Symbolleiste. Im Dialogfeld *Hyperlink einfügen* geben Sie jetzt im Textfeld *Name einer Stelle in der Datei* den in Schritt Nr. 2 festgelegten Textmarkennamen ein (*an1* bzw. *fn1*, *an2* bzw. *fn2* usw.). Sie können die Textmarkennamen natürlich auch aus der Bestandsliste auswählen, indem Sie auf *Durchsuchen* klicken.

   Hyperlink definieren

5. Damit haben Sie die Voraussetzungen für die Verknüpfung der beiden Stellen geschaffen, denn diese als „normaler" Text eingegebenen Zeichen gehen beim Konvertieren in HTML nicht verloren.

Word ohne Web-Integration?

Sollten Sie mit einer der Vorgängerversionen Word 6.0 oder 7.0 arbeiten, dann können Sie trotz fehlender Web-Integration im Internet publizieren. Was Sie dazu brauchen, ist der *Internet-Assistent.* Sie bekommen ihn kostenfrei bei Microsoft.[1]

Nach dessen Installation finden sich in den Menüs zusätzliche Optionen, wie beispielsweise das Datei-Menü (siehe rechts Marginalspalte). Die Standard-Symbolleiste und die Format-Symbolleiste enthalten andere bzw. zusätzliche Symbole. Ein beigefügtes Word-Dokument erklärt die Arbeit mit dem Assistenten (Bild 16.8).

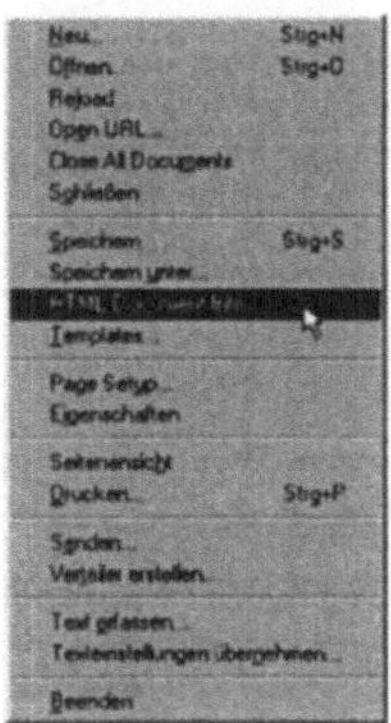

---

[1] http://www.microsoft.com/germany

Bild 16.8:
So sieht es aus, wenn Sie den Internet-Assistenten für „Word 7.0 für Windows 95" installiert haben.

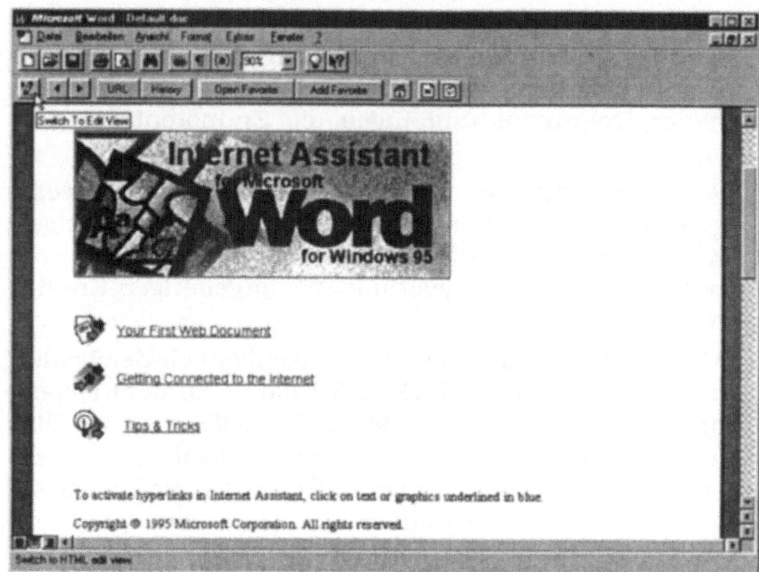

Die Referenz:
Wissenschaftliches Publizieren von A bis Z

Abbildungsverzeichnis

Abbildungsverzeichnisse enthalten die Beschriftungen der Abbildungen[1] in der Reihenfolge ihres Auftretens im Manuskript sowie die zugehörigen Seitenangaben (Bild 17.1). Mit einem solchen thematischen Verzeichnis geben Sie dem Leser eine Übersicht über die Informationen dieser Manuskriptbestandteile. Auch für andere Manuskriptbestandteile wie etwa Tabellen oder Diagramme können Sie Verzeichnisse mit dieser Übersichtsfunktion erstellen. Sie brauchen dazu nur die folgenden Informationen über Abbildungen in analoger Weise auf Tabellen anzuwenden.

17.1 Einträge

Damit die Verzeichnisse tatsächlich den beabsichtigten Nutzen haben, müssen darin folgende Informationen enthalten sein:

- Die Bezeichnung des Manuskriptbestandteils mit der laufenden Nummer (und gegebenenfalls der integrierten Kapitelnummer) sowie einem Doppelpunkt; Beispiel: *Abbildung 1:*   *Inhalt*

- Nach dem Doppelpunkt der Text, der den Inhalt beschreibt; Beispiel: *Einfluss der Konsistenz auf die Dehnung*

- Nach dem Text die rechtsbündig ausgerichtete Seitenzahl als Verweis auf die Fundstelle der Abbildung im Manuskript

Word ermöglicht die automatisierte Erstellung solcher Verzeichnisse. Das geschieht durch Zugriff des Programms auf die Abbildungsbeschriftungen. Voraussetzung dafür ist, dass die in das Abbildungsverzeichnis aufzunehmenden Einträge im Manuskript mit der Beschriftungsfunktion gekennzeichnet sind.[2]   *Grundlage*

---

[1] Es fällt Ihnen vielleicht auf: In diesem und auch in anderen Kapiteln ist immer von *Abbildungen* die Rede; gleichzeitig steht aber unter den Abbildungen dieses Buches die Bezeichnung *Bild*. Dieser scheinbare Widerspruch resultiert aus der Vorgabe des Verlags, den Begriff *Bild* zu verwenden.

[2] Zur automatisierten Beschriftung von Abbildungen siehe Kapitel 36.

Falls sich nach Erstellung des Verzeichnisses die Zahl der Abbildungen, ihre Position oder die Beschriftung ändert, müssen Sie das Verzeichnis aktualisieren.

Abbildungsverzeichnis

Abbildung 1:   Außenansicht eines Hochregallagers   2
Abbildung 2:   Verteilung der Hochregallager auf verschiedene Branchen   4
Abbildung 3:   Ladehilfsmittel   5
Abbildung 4:   Transportketten   5
Abbildung 5:   Blick auf die Lagereinheiten in einem Hochregallager   7
Abbildung 6:   Bauarten von Regalförderzeugen   9
Abbildung 7:   Bewegungen des Regalförderzeugs in einer Regalgasse   10
Abbildung 8:   Lagerspiele eines Regalförderzeugs   11
Abbildung 9:   Zufördersystem   12
Abbildung 10:   Prozeßrechner-Konfiguration zur Steuerung eines Hochregallagers   16
Abbildung 11:   Kombination von Ein- und Auslagerspielen   19
Abbildung 12:   Regalförderzeug in Einlagerposition vor einem Regalfach   24
Abbildung 13:   Fahrkorb mit ausgefahrenem Teleskoptisch   26
Abbildung 14:   Schaltplan der Fahrsteuerung   32
Abbildung 15:   Schaltplan der Hubsteuerung   34
Abbildung 16:   Schaltplan der Tischsteuerung   35
Abbildung 17:   Digitale Ausgabe   37
Abbildung 18:   Digitale Eingabe   38
Abbildung 19:   Interrupt-Eingabe   38
Abbildung 20:   Lagerabbild der Numerierung der Regalfächer   39
Abbildung 21:   Anlauftask, Ebene 0   42
Abbildung 22:   Auftragsannahmetask, Ebene 5   43
Abbildung 23:   Strategietask, Ebene 3   43
Abbildung 24:   Bewegungsdatei   46
Abbildung 25:   Freifachdatei   46
Abbildung 26:   Antragsaufnahmepuffer   49
Abbildung 27:   Auftragspuffer   51
Abbildung 28:   Pointerdatei   51
Abbildung 29:   Drucktask, Ebene 0   52
Abbildung 30:   Störungstask, Ebene 6   53

v

17.2 Plazierung im Manuskript

Thematische Verzeichnisse wie das Abbildungsverzeichnis werden unmittelbar nach dem Inhaltsverzeichnis in das Manuskript eingefügt. Ob Sie es bei weiteren vorhande-

nen Verzeichnissen[1] vor oder nach diesen einfügen, bleibt
Ihnen überlassen; einen Vorschlag zeigt Bild 17.2. Klären
Sie diese Frage gegebenenfalls mit dem Betreuer Ihrer
Arbeit.

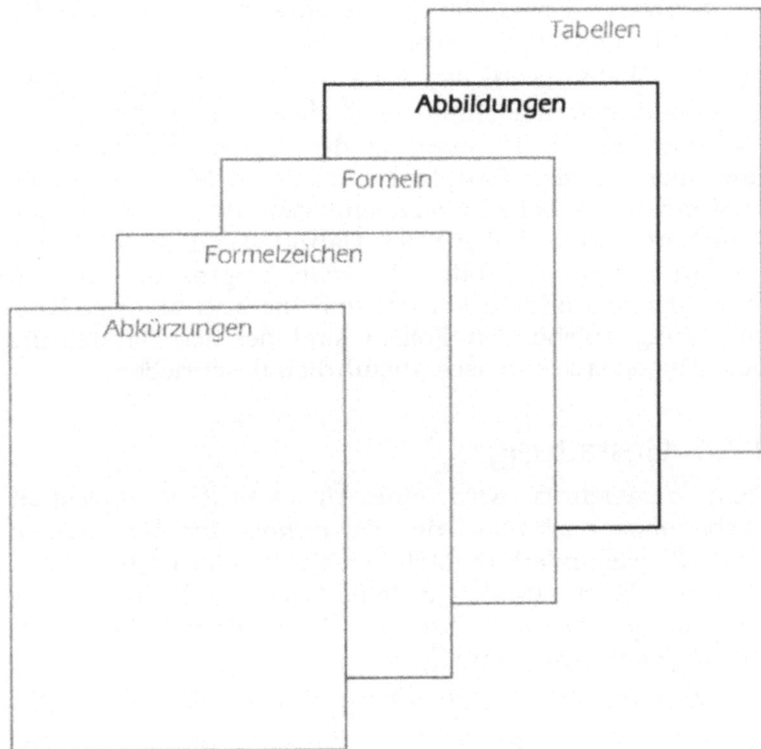

Bild 17.2:
Plazierung des
Abbildungs-
verzeichnisses
zusammen mit
anderen thema-
tischen Ver-
zeichnissen

Beginnen Sie mit dem Abbildungsverzeichnis immer auf
einer neuen Seite, auch wenn auf der vorherigen Seite
nur wenige Zeilen stehen. Eine neue Seite fügen Sie
durch einen Seitenumbruch mit der Tastenkombination
Strg + ↵ ein. Damit der nach dem Abbildungsverzeichnis folgende Teil des Manuskripts ebenfalls auf einen
neuen Seite beginnt, können Sie hier gleich einen weiteren Seitenumbruch einfügen.

Neue Seite

---

[1] Andere thematische Verzeichnisse sind Abkürzungs-, Formel- und
Formelzeichnisse; siehe Kapitel 18, 25 bzw. 26.

17.3 Paginierung

Das Abbildungsverzeichnis wie auch andere vorhandene thematische Verzeichnisse werden ebenso wie alle anderen Teile des Manuskripts paginiert, also mit Seitenzahlen versehen.[1] Dabei können Sie entweder arabische oder römische Ziffern verwenden.

Römisch oder arabisch? Die Entscheidung für eines der beiden Nummernformate im Abbildungsverzeichnis hängt davon ab, welches Format Sie bei der Paginierung des Inhaltsverzeichnisses und aller vor dem Hauptteil eingefügten Manuskriptteile verwenden. In beiden Verzeichnissen ist – unabhängig vom Nummernformat für den Hauptteil – dasselbe Nummernformat zu verwenden. Entscheidungsgründe für das eine oder das andere Format und die sich aus der Entscheidung ergebenden Folgen sind bei der Darstellung des Inhaltsverzeichnisses ausführlich beschrieben.[2]

17.4 Gestaltung

Überschrift Dem Verzeichnis wird eine Überschrift vorangestellt (*Abbildungsverzeichnis* oder *Verzeichnis der Abbildungen* o.ä.), die wie andere Kapitelüberschriften formatiert wird.[3] Dadurch lässt sie sich automatisch in das Inhaltsverzeichnis übernehmen.[4] Ein Abbildungsverzeichnis enthält Einträge der folgenden Form:

Abbildung 1:   Kavitation bei geschlossenem Unterlauf

Hängende Anordnung Wenn die Beschreibung der Abbildung mehr als eine Zeile lang ist, muss der Anfang der zweiten und aller anderen Zeilen automatisch so weit nach rechts versetzt, dass das Wort Abbildung in der ersten Zeile überhängt. Das Stichwort dazu heißt „hängende Anordnung der ersten Zeile", und so sehen zwei Einträge mit dieser Formatierung aus:

Abbildung 2:   Versuchsaufbau für die Messreihe mit Mineralöl bei geschlossenem Unterlauf

Abbildung 3:   Versuchsaufbau für die Messreihe mit Wasser bei geöffnetem Unterlauf

---

[1] Siehe Kapitel 42.
[2] Siehe Kapitel 31.
[3] Siehe Kapitel 46.
[4] Siehe Kapitel 31.

Durch die hängende Anordnung beginnen alle Einträge deutlich sichtbar mit dem Wort *Abbildung*, und das Verzeichnis ist übersichtlich. Wie diese Form der Anordnung in Word realisiert wird, ist in den folgenden Abschnitten erläutert.

17.5 Verzeichnisse erstellen und bearbeiten

In Word werden Abbildungsverzeichnisse durch Verwendung der Beschriftungen erstellt. Diese Beschriftungen müssen Sie zuerst in das Manuskript einfügen.[1] Word kann dann mit der Verzeichnisfunktion darauf zugreifen.

1. Setzen Sie den Cursor an den Anfang der Seite, auf der das Abbildungsverzeichnis erstellt werden soll.

So geht's!

2. Wählen Sie den Befehl EINFÜGEN/INDEX UND VERZEICHNISSE und dann die Registerkarte *Abbildungsverzeichnis.*

3. Wählen Sie im Listenfeld *Kategorie* den Eintrag *Abbildung*, und bestimmen Sie im Listenfeld *Formate* das gewünschte Aussehen; die *Vorschau* zeigt, wie Ihre Wahl aussieht. Achten Sie darauf, dass das gewählte Format zum Aussehen der übrigen Verzeichnisse passt.

4. Markieren Sie – falls das aufgrund früherer Einstellungen nicht der Fall ist – die drei Kontrollfelder im unteren Teil des Dialogfeldes. Damit wird das Abbildungsverzeichnis mit allen notwendigen und am Anfang dieses Kapitels genannten Informationen erstellt.

   Füllzeichen können als Lesehilfen dienen, wenn die Einträge weit auseinander liegen. Andererseits sieht man leicht vor lauter Füllzeichen das Abbildungsverzeichnis nicht mehr. Entscheiden Sie hier treffsicher wie immer!

5. Bestätigen Sie das Dialogfeld mit OK, um das Abbildungsverzeichnis erstellen zu lassen.

Verzeichnisse aktualisieren

Um das Verzeichnis zu aktualisieren, setzen Sie den Cursor in das Verzeichnis und drücken die Taste [F9]. Zur

---

[1] Siehe Kapitel 36.

Sicherheit sollten Sie im dann geöffneten Dialogfeld die Option *Neues Verzeichnis erstellen* wählen. In diesem Fall werden nicht nur die Seitenzahlen aktualisiert, sondern auch mögliche Änderungen in den Beschriftungstexten berücksichtigt; andernfalls blieben inhaltliche Änderungen unberücksichtigt. Das Dialogfeld bestätigen Sie dann mit OK.

18.1 Abkürzungen

Abkürzungen kommen mehr oder weniger oft in Manuskripten vor. Dabei bereiten Abkürzungen wie „usw." und die anderen im DUDEN genannten sicher keine Verständnisprobleme, weil sie Bestandteil des allgemeinen Sprachschatzes sind. Und niemand käme auf die Idee, anstelle der Abkürzung „usw." jedesmal die Bedeutung im Wortlaut zu schreiben.

Allgemein gebräuchliche

Anders ist die Situation bei Abkürzungen in bestimmten Themenbereichen. Es soll zwar nicht alles und jedes unter dem Deckmantel der Fachsprache abgekürzt werden, aber der sorgfältig überlegte Gebrauch von Abkürzungen ist legitim.

... und ganz besondere

Damit die Leser die in Ihrer Arbeit verwendeten Abkürzungen verstehen können, fassen Sie alle in einem Abkürzungsverzeichnis zusammen. Bild 18.1 zeigt ein Beispiel eines solchen Abkürzungsverzeichnisses.

Notwendige und legitime Abkürzungen

Ein Beispiel soll verdeutlichen, was mit solchen Abkürzungen gemeint ist: In einer politikwissenschaftlichen Arbeit über die Entwicklung der deutschen Sozialdemokratie sind die in und nach dem 1. Weltkrieg für eine Zeitlang vorhandenen politischen Richtungen der Sozialdemokratie zu beschreiben und deshalb öfter zu nennen.

Beispiel: Politikwissenschaft

Wenn in dieser Situation laufend die Begriffe *Sozialdemokratische Partei Deutschlands*, *Mehrheitssozialdemokratische Partei Deutschlands* und *Unabhängige Sozialdemokratische Partei Deutschlands* – bitte tief Luft holen! – verwendet werden, dann dient das der Verständlichkeit des Textes nicht besonders. Hier ist die Verwendung der üblichen Abkürzungen *SPD*, *MSPD* und *USPD* angebracht. Dem in der Thematik bewanderten Leser ist ihre Bedeutung von vornherein klar, und für andere sind die Abkürzungen in einem Verzeichnis aufzuführen.

***Bild 18.1:**
Das Abkür-
zungsverzeich-
nis enthält
alphabetisch
sortiert die Ab-
kürzungen der
im Manuskript
verwendeten
Fachbegriffe.
Das Verzeichnis
kann – so wie
hier im Beispiel
– römisch pagi-
niert werden*

Abkürzungsverzeichnis

AART	Auftragsart
ADRH	Horizontale Solladresse
ADRV	Vertikale Solladresse
APF	Auftragsannahmepuffer
ARTN	Artikelnummer
ASB	Puffer für Artikelstammnummern
ASD	Artikelstammdatei
AST	Auslagerstation
BAS	Belegzustand der Auslagerstation
BES	Belegzustand der Einlagerstation
BLZ	Lesezeiger für Bewegungsdatei
BSZ	Schreibzeiger für Bewegungsdatei
BWD	Bewegungsdatei
EST	Einlagerstation
FFD	Freifachdatei
FIFO	First in first out
HR	Hochregal
LORT	Lagerortsdatei
PD	Pointerdatei
POSF	Anfahrposition des Fahrkorbs
RFM	Fahrtrichtung des Fahrmotors
RFZ	Regalförderzeug
RHM	Fahrtrichtung des Hubmotors
RTM	Fahrtrichtung des Tischmotors

IV

Eigene Abkürzungen

*Verbotene
und
erlaubte*

Strikt verboten sind „selbst erfundene" Abkürzungen, deren Verwendung lediglich der Verringerung des Schreibaufwandes dient. Korrekterweise müßte ich eigentlich sagen: die Verwendung solcher Abkürzungen in der Schlussfassung des Manuskriptes ist unzulässig. Damit ist folgendes gemeint: Sie können diese Art der Abkürzungen tatsächlich schreiben – allerdings nur zu dem Zweck, dass Word statt dessen den vollständigen Wortlaut einfügen kann. Dann verringern solche Abkürzungen tatsächlich den Schreibaufwand.

Das Stichwort dazu heißt Textbausteine. Ein Beispiel soll das verdeutlichen: In einem längeren Kapitel einer ingenieurwissenschaftlichen Arbeit ist öfter folgender Ausdruck zu schreiben: *Gesamtdruckverlust zwischen Einlauf und Oberlauf.* Wenn diese fünf Wörter unter der Abkürzung *gd* als Textbaustein gespeichert werden, ist bei jeder Verwendung nur diese Abkürzung einzugeben, und der vollständige Wortlaut wird von Word eingefügt.[1]

Textbausteine

Korrekte Schreibweise

Ein wichtiger Punkt bei der Verwendung von Abkürzungen ist ihre korrekte Schreibweise. Für die allgemein gebräuchlichen Abkürzungen beschreibt der DUDEN in den Regeln *R1* und *R2* die Verwendung (mit oder ohne Punkt, Beugung, Mehrzahlbildung).[2]

DUDEN-Regeln

Wenn es aber beispielsweise darum geht, ob die Messe *Welt-Centrum Büro Information Telekommunikation* mit *CEBIT* oder *CeBIT* oder *Cebit* abzukürzen ist, dann helfen andere Abkürzungslexika weiter.[3]

18.2 Plazierung im Manuskript

Das Abkürzungsverzeichnis wird wie andere thematische Verzeichnisse auch[4], noch vor dem ersten Kapitel in das Manuskript eingefügt. Ob Sie es bei weiteren vorhandenen Verzeichnissen vor oder nach diesen einfügen, bleibt Ihnen überlassen; einen Vorschlag zeigt Bild 18.2. Klären Sie diese Frage gegebenenfalls mit dem Betreuer Ihrer Arbeit.

Vor dem Hauptteil

Beginnen Sie mit dem Verzeichnis immer auf einer neuen Seite, auch wenn auf der vorherigen Seite nur wenige Zeilen stehen. Eine neue Seite wird durch einen Seitenumbruch eingefügt (Tastenkombination `Strg`+`←`).

Neue Seite

---

[1] Ausführlich siehe Kapitel 5, Abschnitt *Automatisierte Texterstellung.*

[2] *DUDEN Rechtschreibung,* 1996, S. 19f. Als Kurzbeleg der Quelle lässt sich übrigens auch die elektronische Fassung des Dudens zitieren; das sieht dann so: *Lexirom - Rechtschreibung,* 1996.

[3] *Springer, G.:* Abkürzungslexikon, 1993; *Werlin, J.:* Wörterbuch, 1987.

[4] Weitere Verzeichnisse dieser Art können Abbildungs- oder Tabellenverzeichnisse (Kapitel 17) bzw. Formel- und Formelzeichenverzeichnisse (Kapitel 25 und 26) sein.

Damit der nach dem Abkürzungsverzeichnis folgende Teil des Manuskripts ebenfalls auf einen neuen Seite beginnt, können Sie hier gleich einen weiteren Seitenumbruch einfügen.

Bild 18.2:
Plazierung des Abkürzungs-verzeichnisses zusammen mit anderen thema-tischen Ver-zeichnissen

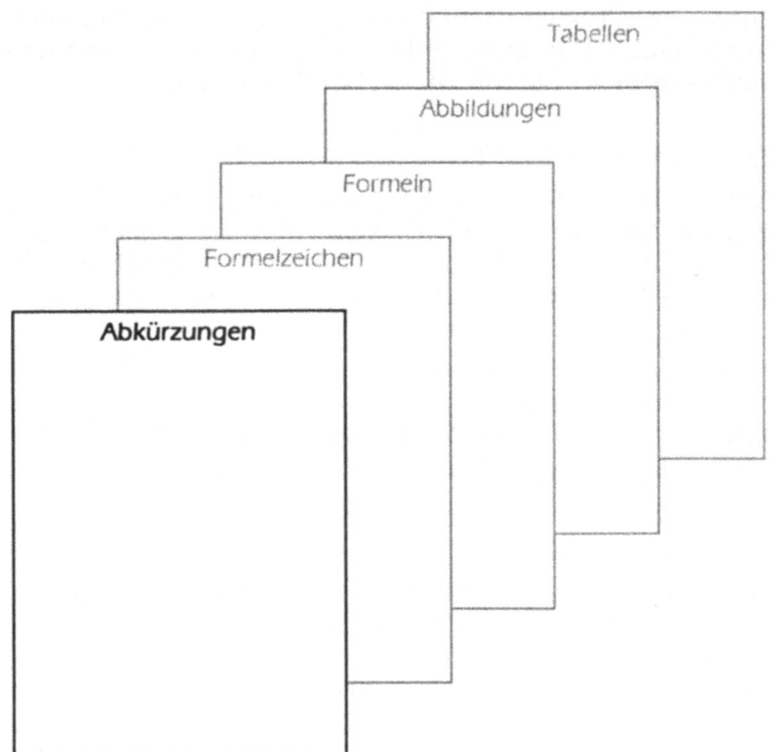

18.3 Paginierung

Das Abkürzungsverzeichnis wird wie alle anderen Teile des Manuskripts in die Seitennummerierung[1] einbezogen. Dabei können Sie entweder arabische oder römische Ziffern verwenden.

Römisch oder arabisch?   Die Entscheidung für eines der beiden Nummernformate im Abkürzungsverzeichnis hängt davon ab, welches Format Sie bei der Paginierung des Inhaltsverzeichnisses verwenden. In beiden Verzeichnissen ist – unabhängig

---

[1] Siehe Kapitel 42.

vom Nummernformat für den Hauptteil – dasselbe Nummernformat zu verwenden. Entscheidungsgründe für das eine oder das andere Format und die sich aus der Entscheidung ergebenden Folgen sind bei der Darstellung des Inhaltsverzeichnisses ausführlich beschrieben.[1]

18.4 Gestaltung

Dem Verzeichnis wird eine Überschrift vorangestellt (*Abkürzungsverzeichnis* oder *Verzeichnis der verwendeten Abkürzungen* o.ä.), die wie andere Kapitelüberschriften formatiert wird.[2] Dadurch lässt sie sich automatisch in das Inhaltsverzeichnis übernehmen.[3]

Überschrift

Ein Abkürzungsverzeichnis hat zwei Spalten: in der ersten steht die Abkürzung und in der zweiten ihre Bedeutung. Sie können dieses zweispaltige Verzeichnis auf zwei grundsätzlich unterschiedliche Arten erstellen.

Zweispaltig

Die hängende Anordnung der ersten Zeile erreichen Sie durch Absatzformatierung[4]. Bei dieser Anordnung ist jeweils eine Abkürzung mit ihrer Bedeutung ein Absatz. Zuerst wird die Abkürzung eingegeben und dann, durch einen Tabulator getrennt, die Beschreibung ihrer Bedeutung. Wenn die Beschreibung mehr als eine Zeile in Anspruch nimmt, wird der Anfang der zweiten und aller weiteren Zeilen automatisch so weit nach rechts versetzt, dass die Abkürzung in der ersten Zeile überhängt. Das Maß, um das die Folgezeilen nach rechts versetzt, d.h. eingezogen werden, ermitteln Sie anhand der längsten Abkürzung und geben dann noch einige Millimeter als Abstand zu. Mit diesem Maß bestimmen Sie sowohl den Überhang der ersten Zeile als auch den Tabulator.[5]

Hängende Anordnung

In einer zweispaltigen Tabelle werden in die linke Spalte die Abkürzungen eingetragen und in die rechte die Beschreibung. Die Breite der linken Spalte ermitteln Sie wie oben anhand der längsten Abkürzung; die Breite der rechten Spalte ergibt sich dann aus dem bis zum rechten

Zweispaltige Tabelle[6]

---

[1] Siehe Kapitel 31.

[2] Siehe Kapitel 46.

[3] Siehe Kapitel 31.

[4] Siehe Kapitel 5, Abschnitt *Zeilen und Absätze*.

[5] Siehe Kapitel 6, Abschnitt *Zeilen und Absätze*.

[6] Grundsätzlich zur Erstellung und Gestaltung von Tabellen siehe Kapitel 44.

Seitenrand zur Verfügung stehenden Platz. Wenn die Beschreibung einer Abkürzung länger als eine Zeile ist, wird in der rechten Tabellenspalte die notwendige Zahl von Textzeilen eingefügt, die Beschreibung wird umbrochen und die Höhe der Tabellenzeile automatisch angepasst. Dadurch stehen eine Abkürzung und ihre Beschreibung immer auf gleicher Höhe. Auf diese Weise entsteht auch bei der Tabellenvariante die – im wörtlichen Sinne – hervorragende Stellung der Abkürzungen.

Die Tabellenvariante hat den Vorteil, dass Sie später noch eine weitere, dritte Spalte anhängen können, indem Sie die Breite der bisherigen rechten, d.h. der zweiten Spalte, verringern und so Platz schaffen für die neue. Das kann beispielsweise dann notwendig sein, wenn Kommentare zu Abkürzungen einzufügen sind.

Einträge sortieren

Das Verzeichnis enthält die Abkürzungen in alphabetisch sortierter Reihenfolge. Sie können jedoch die Abkürzungen in beliebiger Reihenfolge eingeben. Word verfügt über eine Sortierfunktion, mit deren Hilfe Sie – auch beim nachträglichen Einfügen von Abkürzungen – die richtige Reihenfolge herstellen können. Der Einsatz der Sortierfunktion wird im folgenden am konkreten Beispiel erläutert.

18.5 Verzeichnis erstellen und bearbeiten

Absätze mit hängender Anordnung

So geht's!

1. Um eine neue Formatvorlage zu erstellen, wählen Sie den Befehl FORMAT/FORMATVORLAGE, klicken auf Neu und geben dann im Textfeld Name die Bezeichnung Abkürzung (oder einen anderen prägnanten Namen) ein. Klicken Sie dann auf Format, und wählen Sie Absatz.

2. Setzen Sie auf der Registerkarte Einzüge und Abstände in der Gruppe Einzug die Maße für Links und Rechts gegebenenfalls auf 0 (Null). Markieren Sie im Listenfeld Extra die Option Hängend, und bestimmen Sie im Drehfeld um das Maß, um das alle Zeilen gegenüber der ersten eingerückt werden sollen.

3. Bestimmen Sie dann in der Gruppe Abstand im Drehfeld Vor das Maß 0 pt, im Drehfeld Nach das Maß 6 pt und im Listenfeld Zeilenabstand: Einfach.

4. Bestätigen Sie die Dialogfelder Absatz und neue Formatvorlage mit OK, und wählen Sie Zuweisen im Dialogfeld Formatvorlage, um dem ersten Abkürzungsabsatz die Formatvorlage zuzuweisen.

5. Geben Sie die erste Abkürzung ein, und drücken Sie dann die Taste ⇥. Geben Sie nun die Bedeutung der Abkürzung ein, und drücken Sie dann die Taste ⏎, um einen neuen Absatz zu beginnen.

6. Wiederholen Sie Schritt Nr. 5, bis Sie alle Abkürzungen eingegeben haben.

Zweispaltige Tabelle

1. Erstellen Sie eine Tabelle mit zwei Spalten (Befehl TABELLE/TABELLE ERSTELLEN); die Zahl der Zeilen brauchen Sie noch nicht genau festzulegen, weil Sie jederzeit weitere Zeilen einfügen können. Sie können also im Dialogfeld Tabelle einfügen die Standardvorgabe von zwei Spalten verwenden.

   So geht's!

   Da Sie am Standardlayout der Tabelle nichts verändern müssen, bestätigen Sie die Eingaben mit OK. Der Cursor steht nach Erstellen der Tabelle gleich im ersten Feld, d.h. in der ersten Spalte der ersten Zeile. Falls mit der Tabelle wegen der Funktion AutoBeschriftung gleichzeitig die Tabellenbeschriftung Tabelle 1 eingefügt wird, löschen Sie diese Beschriftung.

2. Geben Sie die erste Abkürzung ein, und drücken Sie dann die Taste ⇥, um den Cursor in die rechte Spalte neben die Abkürzung zu setzen. Geben Sie die Bedeutung der Abkürzung ein, und drücken Sie dann wieder die Taste ⇥, um den Cursor in das erste Feld der nächsten Zeile zu setzen bzw. eine weitere Zeile einzufügen.

   Die Breite der ersten Spalte bestimmen Sie am besten dadurch, dass Sie – gegebenenfalls bei eingeblendetem Lineal (Befehl ANSICHT/LINEAL) – mit der Maus auf der senkrechten Gitternetzlinie zwischen den Spalten klicken und die Linie dann an die gewünschte Position ziehen, bis die längste Abkürzung in die Spalte passt.

3. Wiederholen Sie Schritt Nr. 2, bis Sie alle Abkürzungen eingegeben haben.

Verzeichniseinträge sortieren

So geht's!

1. Damit Sie die Einträge sortieren können, markieren Sie sie zuerst, indem Sie ...

Absätze sortieren

❏ bei der Absatzvariante mit der Maus an beliebiger Stelle auf dem ersten Eintrag klicken, die Maustaste gedrückt halten und dann die Maus bis in den letzten Absatz ziehen; dort lassen Sie die Taste wieder los. Damit haben sie die Überschrift und andere Absätze des Manuskripts sicher aus dem Sortiervorgang ausgeschlossen.

Tabelle sortieren

❏ die Tabelle mit dem Befehl TABELLE/TABELLE MARKIEREN markieren; falls sich der Cursor außerhalb der Tabelle befindet, klicken Sie zuerst an beliebiger Stelle innerhalb der Tabelle.

Sortier-merkmale

2. Wählen Sie den Befehl TABELLE/SORTIEREN, markieren Sie im Dialogfeld folgende Einstellungen, und bestätigen Sie diese dann mit OK.

❏ 1. Schlüssel: Spalte 1

❏ Typ: Text

❏ Aufsteigend

Verzeichnis ergänzen

Damit ist das Abkürzungsverzeichnis in der richtig sortierten Reihenfolge erstellt. Wenn Sie es später ergänzen wollen, fügen Sie die notwendige Zahl von Zeilen ein (Befehl TABELLE/ZEILEN EINFÜGEN oder im letzten Feld die Taste ⇥ drücken). Bei einzelnen Einträgen können Sie diese direkt an die Stelle einfügen; Sie können sie aber auch an beliebiger Stelle eingeben und dann den Sortiervorgang wiederholen.

Anhang 19

Der Anhang darf nicht der Abfalleimer oder der Verlegenheitsplatz für Kapitel einer Arbeit sein. Hier ist nicht nachträglich das einzufügen, was im Hauptteil nicht mehr behandelt werden konnte. Es gibt jedoch die für eine Arbeit notwendigen Teile, die berechtigterweise in den Anhang aufzunehmen sind.

Materialien, die die Darstellung im Hauptteil ergänzen, aber dort nicht unmittelbar eingefügt werden können, sind im Anhang unterzubringen. Weil dies aber aus den im folgenden beschriebenen Gründen nicht unmittelbar möglich ist, müssen Sie im Anhang zunächst leere Seiten als Platzhalter einfügen. Mit Hilfe dieser Platzhalter werden die späteren „richtigen" Seiten bei der Paginierung und im Inhaltsverzeichnis korrekt berücksichtigt.

Leere Seiten als Platzhalter

In der später ausgedruckten Form werden Platzhalterseiten dann durch die ergänzenden Materialien ersetzt. Es handelt sich dabei um ...

- ❏ Materialien, die Sie nicht selbst erstellt haben, die aber als Beleg in Form einer Fotokopie in Ihre Arbeit einzufügen sind. Das können beispielsweise Schemata oder andere grafische Darstellungen sein, die zum Verständnis Ihres Textes vorliegen müssen, weil der reine Literaturverweis darauf im Hauptteil nicht ausreichend wäre. Natürlich müssen Sie im Anhang selbst die Quelle solcher Materialien in Form eines Literaturverweises benennen.[1]

Inhalt

- ❏ Materialien, die sich aufgrund ihres Umfanges nicht im Hauptteil einordnen lassen, aber in Sinne einer wissenschaftlichen Arbeit zum Nachweis der Ergebnisse einzuordnen sind. Das können beispielsweise Messprotokolle oder Fragebogen sein.

Im Hauptteil der Arbeit müssen Sie durch einen Querverweis in Form einer Fußnote auf die Teile im Anhang verweisen. Das kann dann beispielsweise so aussehen:

Querverweise auf den Anhang

---

[1] Zur Formulierung von Literaturverweisen siehe Kapitel 48.

*„Vgl. dazu die Messprotokolle im Anhang, Seite 77"
oder „Siehe Datenblatt im Anhang, Seite 88".*[1]

Paginierung　Solche ergänzenden Materialien müssen nicht nur in den Anhang eingefügt werden; sie sind dort in ihrem Umfang auch bei der Paginierung zu berücksichtigen. Die Einbeziehung in die fortlaufende Seitennummerierung ist deshalb notwendig, weil der Anhang und die Überschriften seiner einzelnen Teile sowie weitere nach dem Anhang folgende Bestanteile des Manuskripts im Inhaltsverzeichnis einschließlich Seitenverweis aufzuführen sind.

Damit sich diese Forderung erfüllen lässt, fügen Sie in den Anhang die erforderliche Zahl von Leerseiten ein, also für jede einzufügende Materialseite eine Leerseite (Tastenkombination ⌈Strg⌉+⌈←⌉). Diese Leerseiten können nun bei der Erstellung des Inhaltsverzeichnisses berücksichtigt werden.

Überschriften　Auf der jeweils ersten Seite eines – später einzufügenden – Materialteils schreiben Sie dazu die Überschrift (Beispiel: *Messprotokolle* oder *Fragebogen zur Datenerhebung*). Alle diese Überschriften werden wie die anderen Kapitelüberschriften formatiert;[2] dadurch lassen sie sich automatisch in das Inhaltsverzeichnis übernehmen.[3]

Platzhalter ersetzen　Nach dem Ausdrucken des Manuskripts ersetzen Sie die Leerseiten durch die entsprechenden Materialien.

---

[1] Zu Querverweisen siehe Kapitel 39; zu Fußnoten siehe Kapitel 28.
[2] Siehe Kapitel 46.
[3] Siehe Kapitel 31.

Anmerkungen lassen sich unter den beiden folgenden Aspekten betrachten:

- [ ] Die Funktion als ergänzende Information zum Haupttext betrifft Fragen zur inhaltlichen Ankoppelung an den Haupttext und zum Umfang der Anmerkung.
- [ ] Die Anordnung innerhalb des Manuskripts als Fuß- oder Endnote betrifft formal-technische Punkte, die sich mit bestimmten Word-Funktionen realisieren lassen.

20.1 Funktion von Anmerkungen

Es gibt bei der Behandlung eines Themas Informationen, die zwar für das Verständnis notwendig sind, die aber den Gegenstand nicht unmittelbar beschreiben wie der Haupttext des Kapitels. Das können beispielsweise ergänzende Erklärungen zum Thema, Querverweise auf andere Stellen Ihres eigenen Manuskripts, Zitatbelege oder Hinweise auf weitere Literatur sein. Solche Informationen werden in Form einer Anmerkung in das Manuskript eingefügt.

Anmerkungen lassen sich entweder als Fußnote am Ende der aktuellen Seite oder als Endnote am Schluss des Hauptteils, aber noch vor dem Literaturverzeichnis bzw. vor dem Anhang plazieren.[1]

Plazierung

Anmerkungen dürfen, auch wenn sie als Fuß- oder Endnoten aus dem Text ausgegliedert sind, nicht zu umfangreich werden. Wenn es sich nicht wirklich um einen kurzen, ergänzenden Hinweis handelt, gehört eine Darstellung aufgrund ihrer Ausführlichkeit in den Text. Möglicherweise wird sogar durch Vorgaben zu Ihrer Arbeit ausdrücklich verlangt, dass alles, was den Gegenstand beschreibt, im Text aufgeführt werden muss. Sprechen Sie darüber rechtzeitig mit dem Betreuer Ihrer Arbeit.

Umfang

Eine Ausnahme gibt es dennoch: Wenn die Anmerkung einerseits innerhalb des Textes zu sehr vom eigentlichen

Anmerkung oder Exkurs?

---

[1] Zur Erstellung von Fuß- und Endnoten siehe Kapitel 28.

Thema ablenken würde und deshalb als Fuß- oder Endnote erscheinen müsste, andererseits aber dort wegen der Ausführlichkeit zu umfangreich wäre, dann lässt sich die Anmerkung aus dem Haupttext des Kapitels ausgliedern und als sogenannter Exkurs in einem eigenen Kapitel behandeln.[1]

20.2 Anordnung von Anmerkungen

Am Ende des Hauptteils? Für die Plazierung als Endnote am Schluss des Hauptteils spricht eigentlich überhaupt nichts – es sei denn, Sie denken an eine Publikation im Internet[2]. Diese Art der Anordnung ist bzw. war vor allem bei der Erstellung des Manuskripts mit einer Schreibmaschine nützlich. Man muss(te) nicht – mit relativ großem Aufwand, aber trotzdem nicht immer erfolgreich – den erforderlichen Platzbedarf für Fußnoten am Seitenende ermitteln, sondern kann/konnte bis zum Ende jeder Seite schreiben und die Anmerkungen dann als geschlossenen Block nach der letzten Seite auflisten.

Oder am Ende jeder Seite? Da aber Word den für Fußnoten erforderlichen Platz automatisch ermittelt und sowohl den Haupttext als auch den Anmerkungstext rechtzeitig auf die nächste Seite umbricht, ist das schreibtechnische Argument gegen Fußnoten ohne Gewicht. Für die Anordnung als Fußnote spricht außerdem noch, dass die Anmerkungen damit immer „griffbereit" sind, d.h., dass die Leser Ihrer Arbeit nicht immer zwischen zwei Stellen des Manuskripts hin- und herblättern müssen.

Wenn Sie sich aber trotz alledem doch für Endnoten entscheiden – sei es, weil Sie es „einfach" so wollen oder weil Sie Ihre Arbeit im Internet publizieren[3] möchten –, dann müssen Sie nach der letzten Endnote einen Seitenumbruch einfügen. Auf der neuen Seite beginnen Sie dann mit dem Teil, der aufgrund der Struktur des Manuskripts nach dem Hauptteil kommt. Einen Seitenumbruch fügen Sie mit der Tastenkombination [Strg]+[←] ein.

---

[1] Siehe Kapitel 24.
[2] Siehe Kapitel 16.
[3] Zur Publikation im Internet siehe Kapitel 16.

Chemische Formeln

21

Bei der Darstellung chemischer Formeln[1] im Manuskript kann es die folgenden drei Varianten in beliebigen Kombinationen gehen:

- ❏ Summenformeln
- ❏ Reaktionsgleichungen
- ❏ Strukturformeln

Für bestimmte Teile Ihrer Arbeit werden Sie vermutlich eine spezielle Chemie-Software einsetzen, was Word nun einmal nicht ist. Natürlich lässt sich auch eine Strukturformel wie die rechts in der Marginalspalte mit Word erstellen – die Frage ist nur: mit welchen Verrenkungen und deshalb mit welchem Zeitaufwand?

Korrekterweise kann man also Word als Strukturformel-Generator nicht empfehlen – es sei denn, dass es nur um die Darstellung einer einzelnen Formel geht.

Für den „normalen" Textteil können Sie aber Word wie gewohnt einsetzen. Wenn es „nur" um Summenformeln oder Reaktionsgleichungen geht, dann lässt sich das mit Word ohne Verrenkungen erledigen. Und wenn Sie sich den Werkzeugkasten *Word* gewissermaßen „chemisch tunen", dann geht das alles auch noch recht schnell.

21.1 Summenformeln und Reaktionsgleichungen

Hochgestellt und tiefgestellt

Summenformeln und Reaktionsgleichungen lassen sich mit den Funktionen zur Schriftformatierung ohne Schwierigkeiten erstellen. Die Grundzeichen geben Sie wie gewohnt über die Tastatur ein; die als Indizes verwendeten Hoch- und Tiefzeichen[2] können Sie mit den

---

[1] Ausführlich siehe *Ebel, H. F./Bliefert, C.*: Schreiben, 1994, S. 229-232 und 311-312.

[2] Zu den verschiedenen Zeichenarten (Grundzeichen/Nebenzeichen) in Formeln siehe Kapitel 26.

beiden Schriftattributen ^{Hochgestellt} und $_{\text{Tiefgestellt}}$ formatieren.[1] Wenn bzw. weil Sie diese beiden Formatierungsmerkmale öfter brauchen, empfehle ich Ihnen eine der beiden folgenden Varianten:

Tasten-kombinationen ❑ Sie verwenden die beiden bereits vorgegebenen Tastenkombinationen [Strg]+[+] (*Hochgestellt*) bzw. [Strg]+[#] (*Tiefgestellt*). Damit Sie die Kombinationen nicht vergessen, können Sie beispielsweise die gelben Post-it-Zettel verwenden.[2]

Symbole ❑ Sie können die beiden Symbole *Hochgestellt* und *Tiefgestellt* (Bild 21.1) in eine Symbolleiste, beispielsweise die Format-Symbolleiste einfügen.

So geht's! Klicken Sie dazu mit der rechten Maustaste auf einer beliebigen Symbolleiste und dann auf ANPASSEN. Suchen Sie dann auf der Registerkarte *Befehl* die beiden Symbole. Diese Symbole ziehen Sie dann mit der Maus auf die gewünschte Symbolleiste und *Schließen* dann das Dialogfeld wieder.

Bild 21.1:
Von diesem Dialogfeld aus installieren Sie die beiden Symbole.

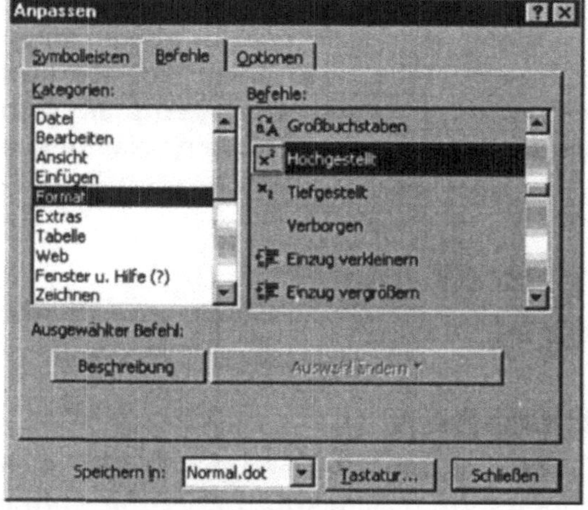

Pfeile

← ↑ → ↓   Auch für die in Reaktionsgleichungen notwendigen Pfeile bietet Word eine effiziente Möglichkeit. Die Pfeile – und auch andere Symbole, die Sie gegebenenfalls brauchen –

---

[1] Siehe Kapitel 5, Abschnitt *Schriften*.

[2] ... denn für irgend etwas muss ja der breite Rand des Monitorgehäuses gut sein.

finden Sie im Dialogfeld des Befehls EINFÜGEN/SONDER-ZEICHEN; dort müssen Sie die Schriftart *Symbol* wählen.

Wenn Sie die Tastenkombinationen [Strg] mit den Richtungstasten [←] [↑] [→] [↓] nicht zur Bewegung im Text brauchen, dann können Sie den Pfeilen ← ↑ → ↓ die Tastenkombinationen [Strg]+[←] usw. zuweisen. Andernfalls geht auch jede Kombination, sofern sie nicht bereits mit einer anderen Funktion belegt ist. Da sich aber die Richtungstasten wegen der Assoziation eben doch gut eignen, empfehle ich Ihnen die Kombination mit [AltGr]+[←]. Falls Ihnen wegen der Bedienung [AltGr] nicht liegt, nehmen Sie statt dessen [Strg]+[Alt]; die Wirkung ist die gleiche.

Tasten-kombinationen

Klicken Sie also im Dialogfeld *Sonderzeichen* zuerst auf dem gewünschten Sonderzeichen und dann auf der Schaltfläche *Shortcut.* Im Dialogfeld *Anpassen* drücken Sie dann die Tastenkombination, die Sie dem Zeichen zuordnen wollen. Bestätigen Sie durch Klicken auf *Zuordnen.* Wenn Sie das Anpassen-Dialogfeld geschlossen haben, können Sie das Ganze für andere Zeichen und Tastenkombinationen wiederholen.

So geht's!

21.2 Strukturformeln

Ich habe es oben bereits angedeutet: Eine einzelne Strukturformel lässt sich bei gerade noch vertretbarem Aufwand mit Bordmitteln von Word erstellen. Eine mühsame Sache wird es aber allemal.

Wenn Sie es also partout probieren wollen, schalten Sie die Zeichnen-Symbolleiste ein, klicken dort auf *AutoFormen* und wählen dann die notwendigen Symbole.[1] Als der Chemie-Experte können Sie am besten entscheiden, was davon – wenn überhaupt – taugt.

Die mühsame Variante ...

Für Strukturformeln, aber auch für komplexe Summenformeln oder Reaktionsgleichungen werden Sie aber ein professionelles Chemie-Programm mit all seinen Vorteilen einsetzen.[2]

... und die Profi-Variante

---

[1] Ausführlich zur Arbeit mit den Zeichenwerkzeugen siehe Kapitel 27.
[2] Beispielsweise das Chemiepaket *ChemOffice* von Cambridge Scientific Computing oder von Cherwell Scientific Publishing *ChemWindow.* Das Cherwell-Programm und auch noch weitere Chemie-Software finden

Neben ihrer Hauptfunktion, der Darstellung chemischer Zusammenhänge, enthalten diese Programme außerdem für Ihren Bereich nützliche Tools, beispielsweise zur Massenberechnung, zur Syntaxprüfung oder das Periodensystem.

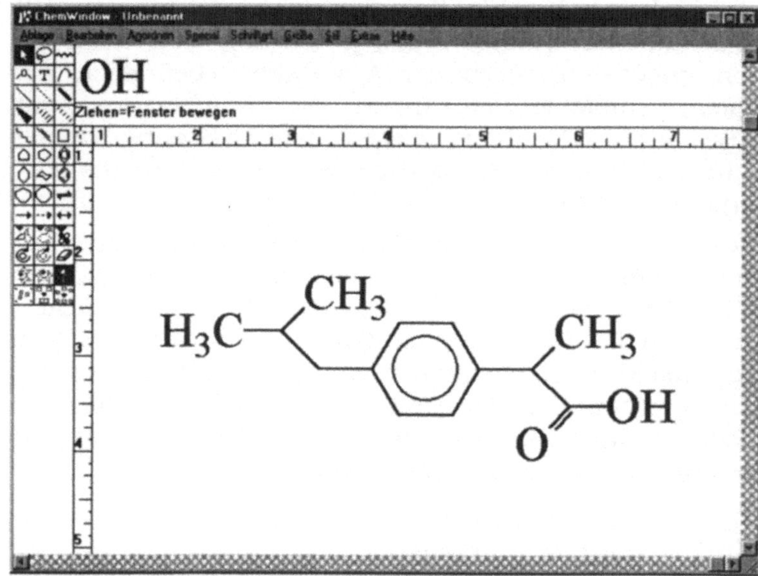

Bild 21.2: *Solche Strukturgleichungen lassen sich nach der Bearbeitung mit der Chemie-Software in Word-Dokumente einfügen.*

Verwendung in Word-Dokumenten

Formeln und Gleichungen, also Grafiken, die Sie mit Chemie-Software erstellt haben, können Sie auf unterschiedliche Arten in Ihr Manuskript integrieren.

Getrenntes Formelmanuskript

Wenn es sich um Strukturformeln handelt, dann können Sie diese im Chemie-Programm ausdrucken und anschließend die gesammelten Ausdrucke Ihrem Manuskript beifügen. Ebel/Bliefert empfehlen, „Strukturformeln (...) in einem eigenen *Formelmanuskript* vom eigentlichen Manuskript getrennt [zu halten] und mit die-

---

Sie auf der Webseite *http://www.cherwell.com/cherwell*; von dort können Sie Testversionen herunterladen.

sem in unmißverständlicher Weise durch geeignete Hinweise im Text [zu verbinden]"[1].

Die Frage der Plazierung im Manuskript klären Sie gegebenenfalls mit dem Betreuer Ihrer Arbeit. Im Sinne der zitierten Empfehlung von Ebel/Bliefert können Sie das Formelmanuskript als eigenständigen Teil heften bzw. binden[2]. Sie können die einzelnen Seiten aber auch in den Anhang Ihrer Arbeit einfügen;[3] in diesem Fall enthält das Inhaltsverzeichnis[4] Ihrer Arbeit den notwendigen Verweis auf das Formelmanuskript.

Plazierung im Manuskript

Direkte Einbindung in das Manuskript

Für alle Fälle, in denen Sie kein getrenntes Formelmanuskript verwenden, können Sie chemische Formeln auf unterschiedliche Arten in Ihr Manuskript einbinden:

❏ Sie kopieren eine Formel über die Windows-Zwischenablage in Ihr Word-Manuskript. Änderungen am Original werden in Ihrem Manuskript nicht automatisch aktualisiert.

Kopieren und einfügen

❏ Wenn das Chemie-Programm OLE-fähig ist, dann können Sie das OLE-Objekt *Formel* durch Verknüpfen oder Einbetten in das Manuskript einfügen. In diesem Fall werden Änderungen am Original in Ihrem Manuskript automatisch aktualisiert.[5]

Als OLE-Objekt einfügen

Formeln als dynamische Bilder einfügen

Eine dritte Variante der Verwendung von Formeln in Ihrer Arbeit können Sie dann nutzen, wenn Sie Ihre Arbeit im Internet publizieren und dabei auch dreidimensionale molekulare Strukturen darstellen wollen.[6]

Mit dem Programm *ChemSymphony* können Abbildungen molekularer Strukturen in HTML-Dokumente eingefügt werden. Darin lassen sie sich dann rotieren, skalieren

---

[1] *Ebel, H. F./Bliefert, C.*: Schreiben, 1994, S. 111.
[2] Siehe Kapitel 13, Abschnitt *Binden und Heften*.
[3] Siehe Kapitel 19.
[4] Siehe Kapitel 31.
[5] Siehe Kapitel 12.
[6] Zur Publikation im Internet siehe Kapitel 16.

und verschieben.[1] Auf dem Cherwell-Server können Sie die Anwendung in Aktion sehen. Dort läuft ein Beispiel einer solchen molekularen Struktur, die Sie durch Mausklick rotieren lassen, vergrößern und verkleinern sowie verschieben können.[2]

---

[1] Auf der Webseite können Sie sich die Anwendung ansehen. Dort läuft ein Beispiel einer solchen molekularen Struktur, die Sie durch Mausklick rotieren lassen, vergrößern und verkleinern sowie verschieben können.

[2] http://www.cherwell.com/cherwell/chemsymphony/index.html

Diagramme

22

Angenommen, Ihr Thema ist die *Absatzentwicklung ausgewählter Obstsorten am Beispiel von Bananen, Äpfeln und Birnen*. Für das erste Quartal liegen Ihnen Daten vor, die Sie grafisch verdeutlichen wollen. Das Ergebnis könnten aussehen wie in Bild 22.1:

❑ Mit dem ersten Diagramm können Sie zeigen, dass im Januar die Bananen Spitzenreiter waren und die Birnen das kleinste Stück am ganzen Kuchen.

❑ Das mittlere Diagramm veranschaulicht die Absatzentwicklung der einzelnen Obstsorten während des ganzen Quartals.

❑ Säulendiagramm

❑ Wenn Sie aber gleichzeitig zeigen wollen, wovon jeden Monat am meisten abgesetzt und welche Obstsorte jeweils der monatliche Renner war, dann ist das untere Diagramm das geeignete.

Mit demselben Datenbestand und einigen wenigen Mausklickern lässt sich das alles recht einfach machen. Sie können mit einem Zusatzprogramm, das im Lieferumfang von Word enthalten ist, eine Vielzahl von Diagrammen erstellen. Dadurch können Sie Informationen aus mehr oder weniger unübersichtlichen Datenreihen anschaulich darstellen.

Der Einsatz der Maus ist zwar nicht unbedingt erforderlich, erleichtert jedoch die Bearbeitung von Diagrammen sehr, denn viele Funktionen lassen sich durch Doppelklicken schneller aufrufen als durch die Wahl von Menü-Optionen oder durch Drücken von Tastenkombinationen.

22.1 Das Layout von Diagrammen

Word stellt mehrere Grundtypen von Diagrammen zur Verfügung. Drei dieser Gundtypen mit Varianten sehen Sie in den Beispielen in Bild 22.1.

Erklärungen zu den einzelnen Typen sowie zu ihrer Verwendung können Sie sich direkt auf den Bildschirm bekommen. Im Dialogfeld *Diagrammtyp* (Bild 22.3) klicken Sie dazu unten links auf der Schaltfläche mit dem Frage-

Erklärung der
Diagramme

zeichen. Damit wird die Büroklammer mit der Sprechblase eingeblendet (Bild 22.2). In der Sprechblase klicken Sie auf *Beispiel des ausgewählten Diagrammtyps*. Dadurch wird das Hilfefenster mit den Erklärungen eingeblendet.

Bild 22.1:
Diagramme veranschaulichen Zahlenmaterial. Dabei lassen sich mit unterschiedlichen Diagrammtypen unterschiedliche Sachverhalte verdeutlichen. Das Beispiel zeigt drei verschiedene Diagrammtypen: oben ein dreidimensionales, explodiertes – so heißt es nun mal in Word – Kreisdiagramm, in der Mitte ein zweidimensionales Liniendiagramm und unten ein gestapeltes, ebenfalls zweidimensionales Säulendiagramm.

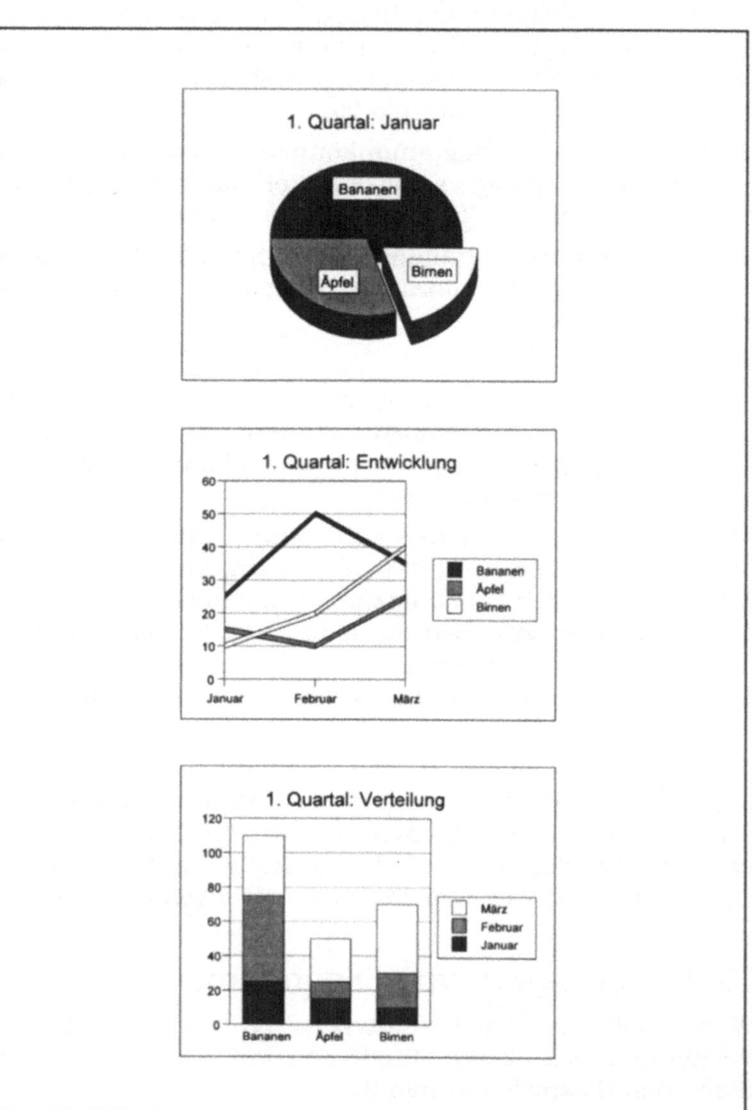

22.2 Ein Diagramm erstellen und bearbeiten

Diagramme werden mit *Microsoft Graph* erstellt und bearbeitet. Dieses Programm, ein integrierter Bestandteil von Word, starten Sie mit EINFÜGEN/GRAFIK/DIAGRAMM. Diagramme werden als OLE-Objekt in das Word-Dokument eingebettet.[1] Ein Diagramm ist dadurch im Dokument, also Ihrem Manuskript gespeichert.

Microsoft Graph

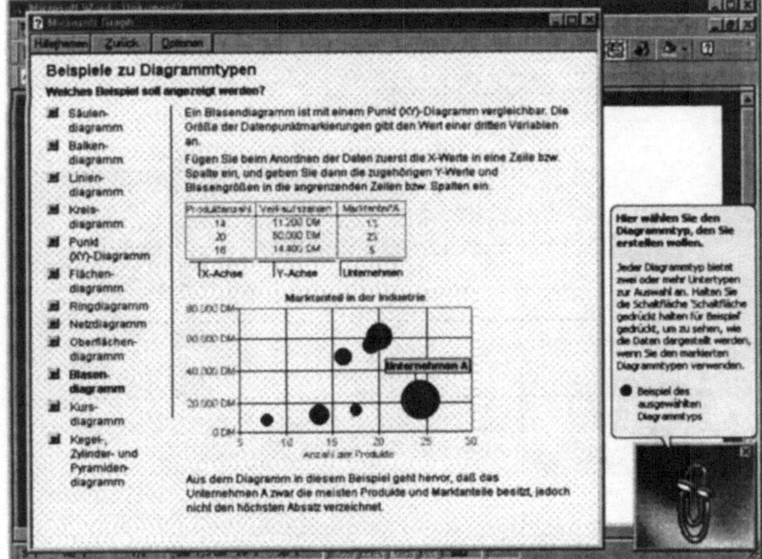

Bild 22.2:
Informationen zu den verschiedenen Diagrammtypen bekommen Sie direkt mit der Hilfe-Funktion direkt auf den Bildschirm. Hier wird ein sogenanntes Blasendiagramm erklärt.

Damit Sie ein Diagramm erstellen können, brauchen Sie Zahlen. Diese sind entweder schon vor dem Start der Diagramm-Funktion vorhanden, oder Sie geben sie erst danach ein.

Zahlenmaterial

Wenn die Zahlen in Ihrem Manuskript bereits in einer Tabelle vorhanden sind, markieren Sie die gewünschten Zellen.[2] Auf der Grundlage dieser Daten erstellt Word dann das Diagramm. Sowohl Zahlenwerte als auch Diagramm können Sie nachträglich verändern. Sie können die Zahlen aber auch erst nach dem Start der Diagramm-Funktion in einer Tabelle eingeben. Die Tabelle wird in

Neues Diagramm

---

[1] Zur OLE-Funktion siehe Kapitel 12, Abschnitt *Einfügen, aber nicht einfach so.*
[2] Zur Bearbeitung von Tabellen siehe Kapitel 44.

einem eigenen Fenster angezeigt. Sie enthält zunächst Musterzahlenwerte, die auch gleichzeitig als Diagramm dargestellt werden. Auch bei dieser Variante können Sie Zahlenwerte und Diagramm noch verändern.

Vorhandenes Diagramm

Wenn Sie ein im Manuskript bereits vorhandenes Diagramm bearbeiten wollen, starten Sie die Diagramm-Funktion, indem Sie auf dem Diagramm doppelklicken.

Bild 22.3:
Diagramm-Funktion satt: Im Dokumentfenster im Hintergrund die Zahlentabelle und das Diagramm, im Mittelgrund das Graph-Tabellenfenster, im Vordergrund das Dialogfeld zur Auswahl des Diagrammtyps. Hier sehen Sie die Einstellungen für das untere Diagramm in Bild 22.1.

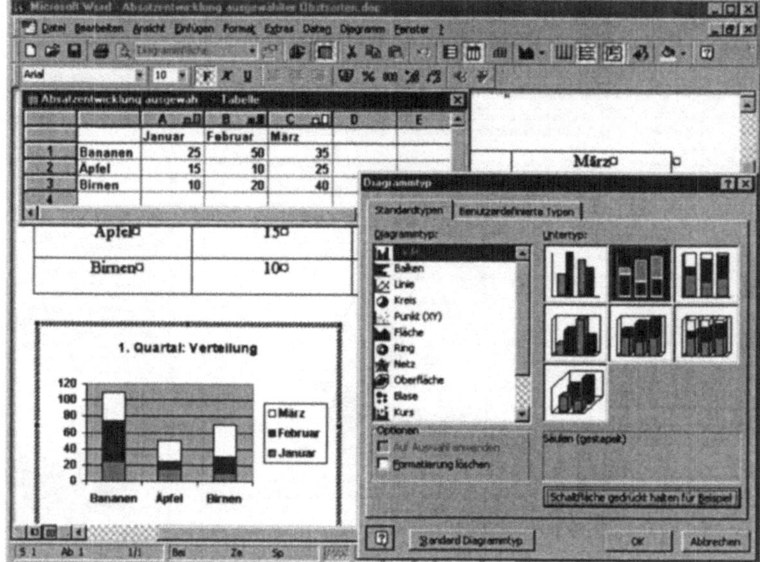

Der im Folgenden beschriebene Ablauf gilt für den Fall, dass Sie ein neues Diagramm erstellen wollen.

Vergessen Sie nicht, während der Bearbeitung von Diagrammen Ihr Manuskript zwischendurch immer zu speichern.[1] Damit haben Sie immer einen relativ aktuellen Bearbeitungszustand gesichert.

So geht's!

1. Wenn die Zahlen, die im Diagramm verwendet werden sollen,

   ❏ bereits im Manuskript bereits in einer Tabelle vorliegen, markieren Sie den als Diagramm zu verarbeitenden Teil der Tabelle

---

[1] Zum Speichern und Sichern siehe Kapitel 7.

❑   noch nicht vorhanden sind, geben Sie die erfor-
     derlichen Daten im Tabellenfenster ein, das nach
     dem Start der Diagramm-Funktion angezeigt wird
     (in Bild 22.3 im Mittelgrund).

2. Wählen Sie EINFÜGEN/GRAFIK/DIAGRAMM. Damit wird
     ein Tabellenfenster angezeigt. Die Tabelle enthält ent-
     weder die zuvor markierten Zahlen aus der Tabelle
     des Dokumentfensters (Schritt Nr. 1) oder Beispielzah-
     len, wenn Sie keine Zahlen im Dokumentfenster
     markiert hatten. Im Dokumentfenster im Hintergrund
     (Bild 22.3) werden die Zahlenwerte der Tabelle als
     Diagramm dargestellt.

3. Wenn Sie das angezeigte Diagramm

     ❑   nicht weiter bearbeiten wollen, machen Sie weiter
          mit Schritt Nr. 7.

     ❑   verändern wollen, machen Sie weiter mit Schritt
          Nr. 4.

4. Wählen Sie DIAGRAMM/DIAGRAMMTYP. Im Dialogfeld   *Diagrammtyp*
     können Sie dann den neuen Diagrammtyp und die   *ändern*
     gewünschte Variation bestimmen. Wenn Se auf der
     Schaltfläche *Schaltfläche gedrückt halten für Beispiel
     klicken*, wird anhand Ihres aktuellen Zahlenmaterials
     der gewählte Typ angezeigt.

5. Um die einzelnen Diagrammbestandteile wie Legende, *Diagramm-*
     Achsenbeschriftungen, Flächen, Linien usw. zu bear- *bestandteile*
     beiten, doppelklicken Sie im Diagramm auf den jewei- *bearbeiten*
     ligen Bestandteilen. Dadurch werden Dialogfenster
     mit den verfügbaren Optionen geöffnet. Sie können
     die Optionen auch aus den Menüs der Menüleiste und
     aus den Kontextmenüs wählen.

6. Wenn Sie die Daten nachträglich bearbeiten wollen, *Zahlenmaterial*
     klicken Sie im Tabellenfenster und bearbeiten die   *bearbeiten*
     Daten. Sie können diese Tabelle bearbeiten wie eine
     Tabelle in einem normalen Dokument, also Zeilen und
     Spalten verschieben, einfügen usw.[1] Die notwendigen
     Funktionen bekommen Sie im Kontextmenü angezeigt
     (klicken mit der Maustaste).

7. Beenden Sie die Bearbeitung des Diagramms, indem
     Sie außerhalb der Tabelle im Dokumentfenster klik-

---

[1] Zur Bearbeitung von Tabellen siehe Kapitel 29.

ken. Das zusätzliche Tabellenfenster wird geschlossen.

22.3 Diagramme beschriften

Diagramme werden wie andere Abbildungen oder Tabellen beschriftet. Die Beschriftung besteht aus der Bezeichnung *Abbildung*, der laufenden Nummer des Diagramms und der Beschreibung seines Inhalts. Eine Beschriftung kann damit folgendermaßen aussehen:

Abbildung 1: Absatzentwicklung ausgewählter Obstsorten im 1. Quartal

Beschriften Sie die Diagramme nicht durch Eingabe über die Tastatur – es sei denn, es gibt nur ein einziges Diagramm in Ihrem Manuskript. Wenn Sie statt dessen die Funktion *AutoBeschriftung* von Word verwenden, werden nicht nur die Bezeichnungen eingefügt, sondern die Beschriftungen werden auch automatisch nummeriert.[1]

Sie können die Beschriftungen außerdem dazu verwenden, von Word ein Verzeichnis der Diagramme erstellen zu lassen. In dieses Verzeichnis werden die Beschriftungen als chronologische Einträge übernommen und mit den zugehörigen Seitenverweisen versehen.[2]

---

[1] Ausführlich zur Beschriftung und Nummerierung von Diagrammen siehe Kapitel 36.

[2] Zur Erstellung von Verzeichnissen siehe Kapitel 17.

Die Einleitung gehört zum Hauptteil der Arbeit, ist also integraler Bestandteil. Das hat sowohl für den Inhalt als auch für die formale Gestaltung Auswirkungen.

Die Einleitung nimmt nicht das Ergebnis der Untersuchung vorweg, sondern führt zum Thema hin. Sie beschreiben hier die Aufgabenstellung und daraus abgeleitete Fragestellungen und Arbeitshypothesen; Sie begründen die Abgrenzung des Themas und zeigen seine Einordnung in einem größeren thematischen Rahmen; auch die Einschränkung zu behandelnder Zeiträume oder die Verwendung besonderer Quellen lassen sich hier begründen.

Inhalt

Diese Aufzählung ist je nach Art der zu erstellenden Arbeit zu reduzieren oder zu erweitern. So besteht beispielsweise in Versuchs- oder Laborberichten die Einleitung im wesentlichen aus der Aufgabenstellung, also der Beschreibung, was mit dem durchzuführenden Versuch erreicht werden soll.[1] Die Einleitung in einer Diplomarbeit wird jedoch umfangreicher sein, so dass dort möglicherweise der gesamte Einleitungstext durch Überschriften gegliedert sein kann; als Überschriften können dann Stichworte wie die oben genannten dienen (*Aufgabenstellung* usw.).

Umfang

23.1 Plazierung im Manuskript

Die Einleitung wird unmittelbar vor dem ersten Kapitel des Hauptteils in das Manuskripts eingefügt. Beginnen Sie mit der Einleitung immer auf einer neuen Seite, auch wenn auf der vorherigen Seite nur wenige Zeilen stehen. Fügen Sie dazu nach dem vorangegangenen Manuskriptteil – dem Inhalts- oder einem anderen Verzeichnis – mit der Tastenkombination [Strg]+[←] einen Seitenumbruch ein.

Im Hauptteil
Neue Seite

---

[1] Siehe Kapitel 1.

23.2 Paginierung

Arabische Zahlen

Die Einleitung wird wie alle anderen Teile des Manuskripts in die Seitennummerierung einbezogen. Da die Einleitung inhaltlicher Bestandteil ist, muss sie wie der Hauptteil paginiert werden. Wenn Sie bei der Paginierung unterschiedliche Nummernformate verwenden, paginieren Sie die Einleitung mit arabischen Zahlen, weil sie innerhalb des Manuskripts nach den Verzeichnissen plaziert ist.[1]

23.3 Gestaltung

Überschrift

Die Überschrift der Einleitung wird wie andere Kapitelüberschriften formatiert. Dadurch lässt sie sich automatisch in das Inhaltsverzeichnis übernehmen.[2] Das gleiche gilt für untergeordnete Überschriften in umfangreicheren Einleitungen.

Text

Der Text wird grundsätzlich wie andere Abschnitte formatiert. Wenn aber beispielsweise die Aufgabenstellung mehrere Einzelpunkte umfasst, bietet es sich an, diese als jeweils hervorgehobenen Absätze zu formatieren. Auch von Ihnen formulierte Hypothesen lassen sich auf diese Weise hervorheben.

---

[1] Zur Seitennummerierung siehe Kapitel 42.
[2] Siehe Kapitel 31.

Wenn Sie bestimmte Aspekte in Ihrer Arbeit behandeln wollen, die für den Gesamtzusammenhang zwar wichtig sind, aber den „roten Faden" bei der Lektüre möglicherweise abreißen lassen, dann müssen Sie sie außerhalb des jeweiligen Kapitels darstellen. Grundsätzlich könnte das in Form einer Anmerkung geschehen.[1] Würde eine solche Beschreibung den Rahmen einer Anmerkung sprengen, dann tun Sie das in Form eines sogenannten Exkurses.

Ein Exkurs ist – so das DUDEN-Fremdwörterbuch[2] – eine „kurze Erörterung eines Spezial- oder Randproblems im Rahmen einer wissenschaftlichen Abhandlung" oder eine „vorübergehende Abschweifung vom Hauptthema". In Bezug auf den in der Arbeit behandelten Gegenstand müssen Exkurse „überlesbar" sein, d.h., dass sie keine Informationen enthalten dürfen, die zum Verständnis der gesamten Arbeit unbedingt erforderlich sind; solche Informationen gehören in die Kapitel.

Definition

Mit einem Exkurs zeigen Sie einerseits, dass Sie auch Spezial- oder Randprobleme im erforderlichen Umfang berücksichtigen; andererseits begehen Sie aber nicht in den Fehler, das Problem in einer voluminösen Anmerkung zu beschreiben.

Funktion

Das Wort *vorübergehend* in der DUDEN-Definition impliziert das anschließende Zurückkehren in das Kapitel. Damit ist auch gesagt, wo Exkurse zu plazieren sind: unmittelbar nach dem Kapitel oder Abschnitt, von dem abgeschweift wird.

Plazierung

Die Überschrift eines Exkurses enthält, wie „normale" Kapitelüberschriften auch, den inhaltlichen Hinweis auf den anschließenden Text. Exkursüberschriften werden wie andere Kapitelüberschriften formatiert; dabei wird

Überschrift Gliederungsbene

---

[1] Siehe Kapitel 20.

[2] *DUDEN Fremdwörterbuch*: S. 23. Als Quelle lässt übrigens auch die elektronische Fassung des Fremdwörterbuches zitieren; das sieht dann so: Als Quelle lässt sich übrigens auch die elektronische Fassung des Dudens zitieren; das sieht dann so: *Lexirom - Fremdwörterbuch*. Version 2.0. Computer-Software. Unterschleißheim/Mannheim: Microsoft und Bibliographisches Institut & F. A. Brockhaus AG, 1996.

dieselbe Gliederungsebene verwendet wie beim unmittelbar vorangegangenen Kapitel bzw. Abschnitt. Dadurch lässt sich innerhalb der Gliederung der Arbeit die Gewichtung des Exkurses auch formal verdeutlichen.

Paginierung Exkurse werden wie die übrigen Kapitel paginiert und ihre Überschriften in das Inhaltsverzeichnis integriert. Damit sich Exkurse dort aber von vorneherein als besondere Manuskriptteile erkennen lassen, schreiben Sie
– bereits beim Exkurs, nicht erst im Inhaltsverzeichnis! –
vor den inhaltlichen Teil der Überschrift das Wort *Exkurs*. Beispiel: *Exkurs: Die Funktion von vorübergehenden Abschweifungen*

Formelverzeichnisse enthalten die Beschriftung der Formeln bzw. Gleichungen in der Reihenfolge ihres Auftretens im Manuskript sowie die zugehörigen Seitenzahlen.[1] Es entspricht damit – abgesehen von seinem Inhalt – in Funktion und Struktur einem Abbildungsverzeichnis.[2]

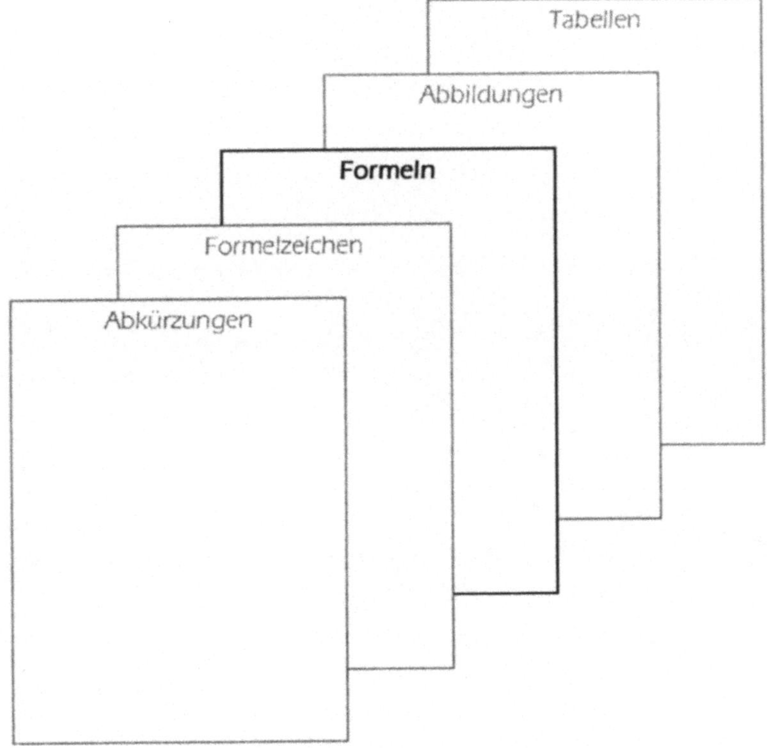

Bild 25.1: *Plazierung des Formelverzeichnisses zusammen mit anderen thematischen Verzeichnissen*

Deshalb gelten hier grundsätzlich die gleichen Überlegungen wie bei Abbildungsverzeichnissen. Das betrifft sowohl die Paginierung des Verzeichnisses als auch seine Gestaltung. Wie alle anderen thematischen Verzeichnisse wird auch das Formelverzeichnis vor dem ersten Kapitel

---

[1] Zur Erstellung mathematischer Formeln siehe Kapitel 34.
[2] Siehe Kapitel 17, zum Aussehen Bild 17.1.

in das Manuskript eingefügt. Bild 25.1 zeigt einen Plazie-
rungsvorschlag. Klären Sie die Frage der Plazierung gegebenenfalls mit dem Betreuer Ihrer Arbeit. Auf jeden Fall
sollten Sie aber darauf achten, dass die beiden Verzeichnisse für Formelzeichen und Formeln aufeinander folgen,
weil sie thematisch zusammengehören.

Formelzeichenverzeichnis   26

Formelzeichen sind eigentlich „nur" eine Sonderform von Abkürzungen. Deshalb gelten hier grundsätzlich die gleichen Überlegungen wie bei Abkürzungsverzeichnissen[1]; das betrifft sowohl die Plazierung im Manuskript als auch die Paginierung des Verzeichnisses und seine Gestaltung.

26.1 Formel- und Einheitenzeichen

Die folgende Darstellung bezieht sich auf den naturwissenschaftlich-technischen Bereich; die Hinweise sind aber auch auf andere mathematische Zusammenhänge betreffende Bereiche anwendbar.

Formelzeichen sind Abkürzungen für Bezeichnungen physikalischer Größen. In der Regel wird nur ein Buchstabe verwendet, damit nicht mehrere Buchstaben als Darstellung eines Produktes (ohne den Punkt als Multiplikationszeichen) missverstanden werden können (Ausnahmen: die Rayleigh-Zahl *Ra* und die Reynolds-Zahl *Re*). Die Normung von Formelzeichen ist in mehreren DIN-Blättern festgelegt.[2] Die Tabelle auf der folgenden Seite zeigt Themenbereiche und die sie behandelnden Normen.

Formelzeichen bestehen aus dem Grundzeichen und gegebenenfalls einem Nebenzeichen. Nach DIN 1304-1 sind beide Zeichen kursiv zu schreiben; für Nebenzeichen ist eine kleinere Schriftgröße als die des Grundzeichens zu verwenden. Diese kleinere Schriftgröße erhalten Sie durch die Schriftformatierung[3].

Bestandteile von Formelzeichen

Bei Verwendung des sogenannten Formeleditors, eines in Word integrierten besonderen Programms, werden Nebenzeichen automatisch in einer entsprechend kleineren

---

[1] Siehe Kapitel 18.

[2] Außer den einzelnen DIN-Blättern bietet eine systematische Zusammenstellung physikalischer Größen und ihrer Einheiten *Springer, G.:* Größen, 1991, S.
Unter der Internet-Adresse *http://www.din.de/DIN-Normen* sind alle DIN-Normen und VDI-Richtlinien recherchierbar.

[3] Siehe Kapitel 5, Abschnitt *Schriften.*

Schrift gesetzt; diese „automatische Schriftgröße" können Sie beim Formeleditor als Voreinstellung bestimmen.[1]

Tabelle 26.1:
DIN-Normen für
Formelzeichen

Themenbereich	DIN-Norm
Akustik	1332
Allgemeine Formelzeichen	1304-1
Bauingenieurwesen	1080-1
Einfache Elektrolytlösungen	4896
Elektrische Energieversorgung	1304-3
Elektrische Maschinen	1304-7
Elektrische Nachrichtentechnik	1304-6
Fourier-, Laplace- und Z-Transformation	5487
Gasentladungen	1326
Kältetechnik	8941
Leit-, Regelungs- und Steuerungstechnik,	19221
Mechanik ideal elastischer Körper	13316
Meteorologie und Geophysik	1304-2
Piezoelektrische Kristalle, Ersatzschaltbilder	1304-9
Schienenfahrzeuge	25007
Stromrichter mit Halbleiterbauelementen	1304-8
Strömungsmechanik	1304-5
Thermodynamik	1345
Thermodynamik und Kinetik chemischer Reaktionen	13345
Übersetzung bei physikalischen Größen	5479
Zeitabhängige Größen	5483-2
Zusammensetzung von Mischphasen	1310

❏ *Grundzeichen* werden mit lateinischen und griechischen Groß- und Kleinbuchstaben geschrieben. Beispiele: die Länge L, die Breite b, die Summe Σ, der Winkel α.

❏ *Nebenzeichen* können Buchstaben, Ziffern oder Sonderzeichen sein. Nach DIN 1304-1 sind in Bezug auf das Grundzeichen die folgenden sechs Positionen möglich:

---

[1] Zur Arbeit mit dem Formeleditor siehe Kapitel 34.

$$\begin{array}{ccc} & 5 & \\ 1 & \mathbf{A} & 4 \\ 2 & & 3 \\ & 6 & \end{array}$$

Das am häufigsten verwendete Nebenzeichen ist das Tiefzeichen rechts vom Grundzeichen (im Muster oben die 3). Ein solcher Index dient zur Unterscheidung verschiedener Varianten eines Formelzeichens. So lassen sich beispielsweise die Kräfte F_1 und F_2 eindeutig unterscheiden und die Koordinaten von Punkten im kartesischen Koordinatensystem durch x_1 / y_1 und x_2 / y_2 beschreiben. Eine weitere Verwendung des rechten Tiefzeichens ist die Angabe der Zahl der Atome in chemischen Formeln. Beispiel: H_2O, $C_6H_{12}O_6$, NO_x.

Rechtes Tiefzeichen

Das Hochzeichen rechts vom Grundzeichen kann zur Darstellung von Exponenten verwendet werden. Beispiel: $a^2 + b^2 = c^2$.

Rechtes Hochzeichen

Mit den Nebenzeichen links vom Grundzeichen lassen sich chemische Elemente kennzeichnen. Das linke Hochzeichen (im Muster oben die 1) bezeichnet die Massen- bzw. Nukleonenzahl, das linke Tiefzeichen (im Muster oben die 2) die Zahl der Protonen bzw. die Massezahl. Im nebenstehenden Beispiel kennzeichnen die beiden linken Nebenzeichen das Element Uran mit 146 Neutronen und 92 Protonen. Diese Nebenzeichen lassen sich, anders als die beiden rechten, nicht als Schriftmerkmal formatieren, da beide gleichzeitig verwendet werden; hier muss also der Formeleditor eingesetzt werden.

Linkes Hochzeichen
Linkes Tiefzeichen

$$^{238}_{92}U$$

Mit dem Überzeichen (im Muster oben die 5) lässt sich in Form eines waagrechten Striches das arithmetische Mittel kennzeichnen. Beispiel: Die mittlere Meridiangeschwindigkeit $\overline{c}_m$; der Index m kennzeichnet hier als rechtes Tiefzeichen den Meridian.

Überzeichen

Rechtes Tiefzeichen

Zusätzlich zu den Formelzeichen sind im Verzeichnis die zugehörigen Einheitenzeichen aufzuführen. Nach DIN 1338 sind Einheitenzeichen senkrecht zu schreiben. Beispiele: die elektrischen Einheiten V (Volt) und A (Ampere) und – aus dem nicht-technischen Bereich – die Währungen DM, sFr, öS.

Einheitenzeichen

Vorsätze von Einheiten

Ebenso wie die Einheitenzeichen sind auch die Zeichen der Vorsätze für Teile und Vielfache nach DIN 1301 senkrecht zu schreiben. Das gilt sowohl für die griechischen als auch für die lateinischen Buchstaben. Beispiele: die Kapazität in µF, die Masse in kg, die Leistung in MW.

26.2 Struktur des Verzeichnisses

Dreispaltig

Das Verzeichnis hat drei Spalten: in der ersten stehen die Formelzeichen, in der zweiten die Einheitenzeichen und in der dritten die Bedeutung der Formelzeichen.

Außer den Formelzeichen selbst ist auch ihre Bedeutung im Verzeichnis aufzulisten. Das hilft nicht nur all denen, die nicht unbedingt so tief in der Materie stecken wie Sie als Verfasser des Manuskripts; es lassen sich dadurch auch Missverständnisse vermeiden, die durch mehrfache Bedeutungen von Formelzeichen entstehen können. So werden beispielsweise durch den griechischen Buchstaben ν sowohl die *Sicherheitszahl* als auch die *kinematische Viskosität* bezeichnet; mit dem Formelzeichen R_m für den *magnetischen Widerstand* bzw. die *Zugfestigkeit* verhält es sich ebenso.

Oft kopiert – und doch viel erreicht!

Grundsätzlich werden die Formelzeichen direkt in das Verzeichnis eingegeben. Wenn es sich aber bei den Zeichen nicht nur um die aus Einzelbuchstaben bestehenden handelt, sondern beispielsweise um solche, die Sie aufwendiger mit dem Formeleditor erstellt haben, kopieren Sie diese aus dem Manuskript über die Zwischenablage in das Verzeichnis.[1] Sie ersparen sich nicht nur den zusätzlichen Zeitaufwand, sondern umgehen auch die mit jeder Eingabe verbundene potentielle Gefahr von Schreibfehlern.

26.3 Plazierung im Manuskript

Vor dem Hauptteil

Das Formelzeichenverzeichnis wird, wie auch das Verzeichnis der Abkürzungen[2], noch vor dem ersten Kapitel in das Manuskript eingefügt. Ob Sie es bei weiteren vor-

---

[1] Zum Kopieren und Wiedereinfügen siehe Kapitel 5.
[2] Siehe Kapitel 18.

handenen Verzeichnissen[1] vor oder nach diesen einfügen, bleibt Ihnen überlassen; einen Vorschlag zeigt Bild 26.1. Klären Sie diese Frage gegebenenfalls mit dem Betreuer Ihrer Arbeit.

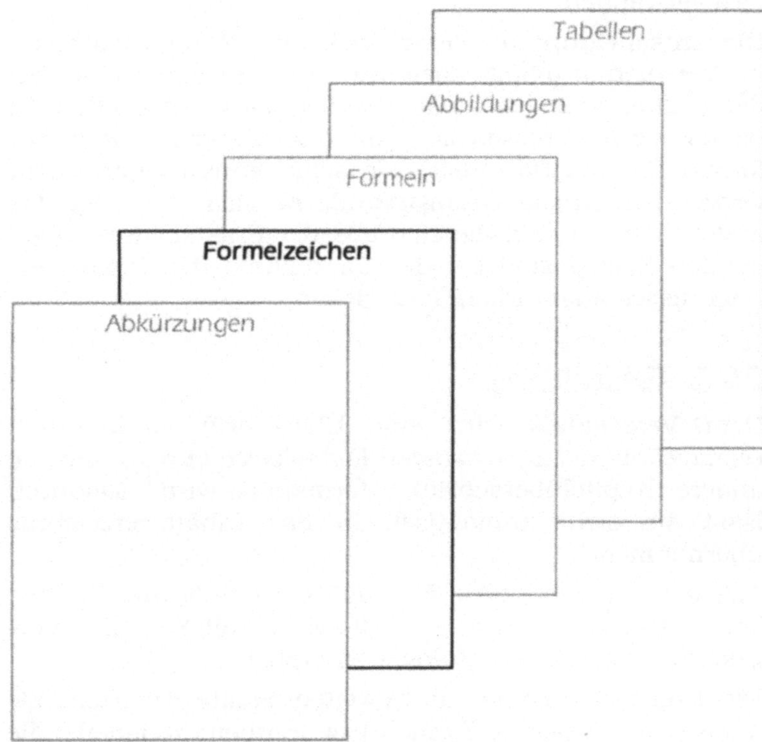

Bild 26.1:
Plazierung des Formelzeichenverzeichnisses zusammen mit anderen thematischem Verzeichnissen

Beginnen Sie mit dem Verzeichnis immer auf einer neuen Seite, auch wenn auf der vorherigen Seite nur wenige Zeilen stehen. Eine neue Seite wird durch einen Seitenumbruch eingefügt (Tastenkombination $\boxed{\text{Strg}}+\boxed{\leftarrow}$). Damit der nach dem Formelzeichenverzeichnis folgende Teil des Manuskripts ebenfalls auf einen neuen Seite beginnt, können Sie hier gleich einen weiteren Seitenumbruch einfügen.

Neue Seite

---

[1] Weitere Verzeichnisse dieser Art können Abbildungs- oder Tabellenverzeichnisse sein; siehe Kapitel 17.

26.4 Paginierung

Das Formelzeichenverzeichnis wird wie alle anderen Teile des Manuskripts in die Seitennummerierung[1] einbezogen. Dabei können Sie entweder arabische oder römische Ziffern verwenden.

Römisch oder arabisch? Die Entscheidung für eines der beiden Nummernformate im Verzeichnis hängt davon ab, welches Format Sie bei der Paginierung des Inhaltsverzeichnisses verwenden. In beiden Verzeichnissen ist – unabhängig vom Nummernformat für den Hauptteil – dasselbe Nummernformat zu verwenden. Entscheidungsgründe für das eine oder das andere Format und die sich aus der Entscheidung ergebenden Folgen sind bei der Darstellung des Inhaltsverzeichnisses ausführlich beschrieben.[2]

26.5 Gestaltung

Dem Verzeichnis wird eine Überschrift vorangestellt (*Verzeichnis der verwendeten Formelzeichen* o.ä.), die wie andere Kapitelüberschriften formatiert wird.[3] Dadurch lässt sie sich automatisch in das Inhaltsverzeichnis übernehmen.[4]

Dreispaltige Tabelle Aus der Tatsache, dass für das Verzeichnis drei Spalten benötigt werden, ergibt sich die Notwendigkeit, das Verzeichnis in Form einer Tabelle zu erstellen.[5]

Die Breite der ersten und zweiten Spalte ermitteln Sie anhand des längsten Formel- bzw. Einheitenzeichens; die Breite der dritten Spalte ergibt sich dann aus dem bis zum rechten Seitenrand zur Verfügung stehenden Platz. Wenn die Beschreibung eines Formelzeichens länger als eine Zeile ist, wird in der dritten Tabellenspalte die notwendige Zahl von Textzeilen eingefügt, die Beschreibung wird umbrochen und die Höhe der Tabellenzeile automatisch angepasst. Dadurch stehen Formel- und Einheitenzeichen sowie die zugehörige Bedeutung immer auf gleicher Höhe.

---

[1] Siehe Kapitel 42.
[2] Siehe Kapitel 31.
[3] Siehe Kapitel 46.
[4] Siehe Kapitel 31.
[5] Zur Erstellung und Gestaltung von Tabellen siehe Kapitel 44.

26.6 Verzeichnis erstellen und bearbeiten

Das Verzeichnis enthält die Formelzeichen in alphabetisch sortierter Reihenfolge. Sie können jedoch die Abkürzungen in beliebiger Reihenfolge eingeben und anschließend von Word sortieren lassen – allerdings nur dann, wenn Sie Formelzeichen nicht mit dem Formeleditor eingegeben haben; die mit dem Editor erstellten Zeichen sind für die Sortierfunktion nicht verarbeitbar.

Der Einsatz der Sortierfunktion wird in den folgenden Abschnitten am konkreten Beispiel erläutert.

1. Erstellen Sie eine Tabelle mit drei Spalten (Befehl TABELLE/TABELLE ERSTELLEN); die Zahl der Zeilen brauchen Sie noch nicht genau festzulegen, weil Sie jederzeit weitere Zeilen einfügen können. Sie können also im Dialogfeld *Tabelle einfügen* die Standardvorgabe von zwei Spalten verwenden.

   Da Sie am Standardlayout der Tabelle nichts verändern müssen, bestätigen Sie die Eingaben mit OK. Der Cursor steht nach Erstellen der Tabelle gleich im ersten Feld, d.h. in der ersten Spalte der ersten Zeile. Falls mit der Tabelle wegen der Funktion *AutoBeschriftung*[1] gleichzeitig die Tabellenbeschriftung *Tabelle 1* eingefügt wird, löschen Sie diese Beschriftung.

2. Schreiben Sie als Tabellenüberschrift in das erste Feld Formelzeichen, in das zweite Einheitenzeichen und in das dritte die Bedeutung. Damit diese Überschrift bei Tabellen, die länger als eine Seite sind, auch auf den Folgeseiten in der ersten Zeile steht, kennzeichnen Sie sie als Überschrift. Wählen Sie – immer noch in der ersten Zeile – den Befehl TABELLE/ÜBERSCHRIFT.

3. Um die Überschriftenzeile hervorzuheben, wählen Sie den Befehl TABELLE/TABELLE AUTOFORMAT, übernehmen Sie den Eintrag *Einfach 1* im Listenfeld *Formate*, und entfernen Sie die Markierung des Kontrollfeldes *Optimale Breite*. Bestätigen Sie alles mit OK.

4. Geben Sie nun in der nächsten Zeile im ersten Feld ein Formelzeichen, im zweiten das zugehörige Einheitenzeichen und im dritten die Beschreibung des Formelzeichens ein. Drücken Sie dann die Taste ⇥, um

---

[1] Siehe Kapitel 36.

So geht's!

den Cursor in das erste Feld der nächsten Zeile zu setzen.

Die Breite der ersten Spalte bestimmen Sie am besten dadurch, dass Sie – gegebenenfalls bei eingeblendetem Lineal (Befehl ANSICHT/LINEAL) – mit der Maus auf der senkrechten Gitternetzlinie zwischen den Spalten klikken und die Linie dann an die gewünschte Position ziehen, so dass das längste Formel- bzw. Einheitenzeichen in die erste bzw. zweite Spalte passt und die dritte Spalte die maximale Breit hat.

5. Wiederholen Sie Schritt Nr. 4, bis Sie alle Formelzeichen eingegeben haben.

Einträge sortieren

Formelzeichen, die Sie mit dem Formeleditor eingefügt haben, lassen sich nicht automatisiert sortieren. Sie müssen entweder direkt in der gewünschten Reihenfolge eingeben oder später von Hand sortieren.

So geht's!

1. Damit Sie die Einträge sortieren können, markieren Sie die Tabelle mit dem Befehl TABELLE/TABELLE MARKIEREN; falls sich der Cursor außerhalb der Tabelle befindet, klicken Sie zuerst an beliebiger Stelle innerhalb der Tabelle.

2. Wählen Sie den Befehl TABELLE/SORTIEREN, markieren Sie im Dialogfeld folgende Einstellungen, und bestätigen Sie diese dann mit OK.

   ❑ 1. Schlüssel: Formelzeichen

   ❑ Typ: Text

   ❑ Aufsteigend

Verzeichnis ergänzen

Damit ist das Formelzeichenverzeichnis in der richtig sortierten Reihenfolge erstellt. Wenn Sie es später ergänzen wollen, fügen Sie die notwendige Zahl von Zeilen ein (Befehl TABELLE/ZEILEN EINFÜGEN oder im letzten Feld die Taste ⇥ drücken). Einzelne Einträge fügen Sie am besten direkt an der richtigen Stelle ein; Sie können Sie aber auch – mit der Formeleditor-Einschränkung – an beliebiger Stelle eingeben und dann den Sortiervorgang wiederholen.

Funktionsschemata, Fließbilder und andere Zeichnungen   27

Sie kennen vermutlich den Spruch mit dem Bild und den tausend Worten. Ob ein Bild tatsächlich mehr als tausend Worte sagt, darüber kann man ja tatsächlich geteilter Meinung sein. Bilder können aber unbestritten Sachverhalte verdeutlichen. Sie werden diese Tatsache möglicherweise in Ihrem Manuskript nutzen, indem Sie Funktionsschemata oder ähnlich bezeichnete Elemente verwenden. Word bietet dazu die besten Voraussetzungen.

Das Beispiel des in Bild 27.1 dargestellten technischen Ablaufs verdeutlicht die Vorteile der grafischen Information gegenüber einem Text, der – zwar sicherlich möglich – mit demselben Informationsgehalt weitaus umfangreicher und möglicherweise auch komplizierter wäre.

Der Begriff *Funktionsschemata* steht hier stellvertretend für alle grafischen Darstellungen, die Strukturen und Funktionen von Systemen veranschaulichen und die sich mit den Mitteln von Word in Form von Zeichnungen verwirklichen lassen. Damit ist zugleich gesagt, worum es hier nicht gehen soll: Es geht nicht um die Erstellung technischer Zeichnungen, wie sie AutoCAD, AutoSketch oder anderen Programmen vorbehalten ist. Und es geht auch nicht um Bilder, die sich mit einem Grafikprogramm wie CorelDraw und ähnlichen Programmen erstellen lassen.

Funktions-schema

Wenn Sie mit Word Zeichnungen erstellen und bearbeiten wollen, brauchen Sie eine Maus. Sie können zwar Befehle in den verschiedenen Menüs Ihres Zeichnungseditors auch mit der Tastatur wählen, die eigentliche Zeichenarbeit läßt sich aber nur mit der Maus ausführen.

27.1 Die Zeichenwerkzeuge

Damit Sie in Word zeichnen können, müssen Sie zunächst die Zeichnen-Symbolleiste einblenden (Bild 27.2). Dazu klicken Sie in der Standard-Symbolleiste auf dem Zeichnen-Symbol. Die Symbolleiste wird dann standardmäßig am unteren Fensterrand angezeigt.

Bild 27.1:
*Mit der Zeich-
nungsfunktion
von Word las-
sen sich Infor-
mationen ver-
anschaulichen,
deren Darstel-
lung durch Text
zumindest auf-
wendiger, wenn
nicht sogar sehr
umständlich
wäre.*

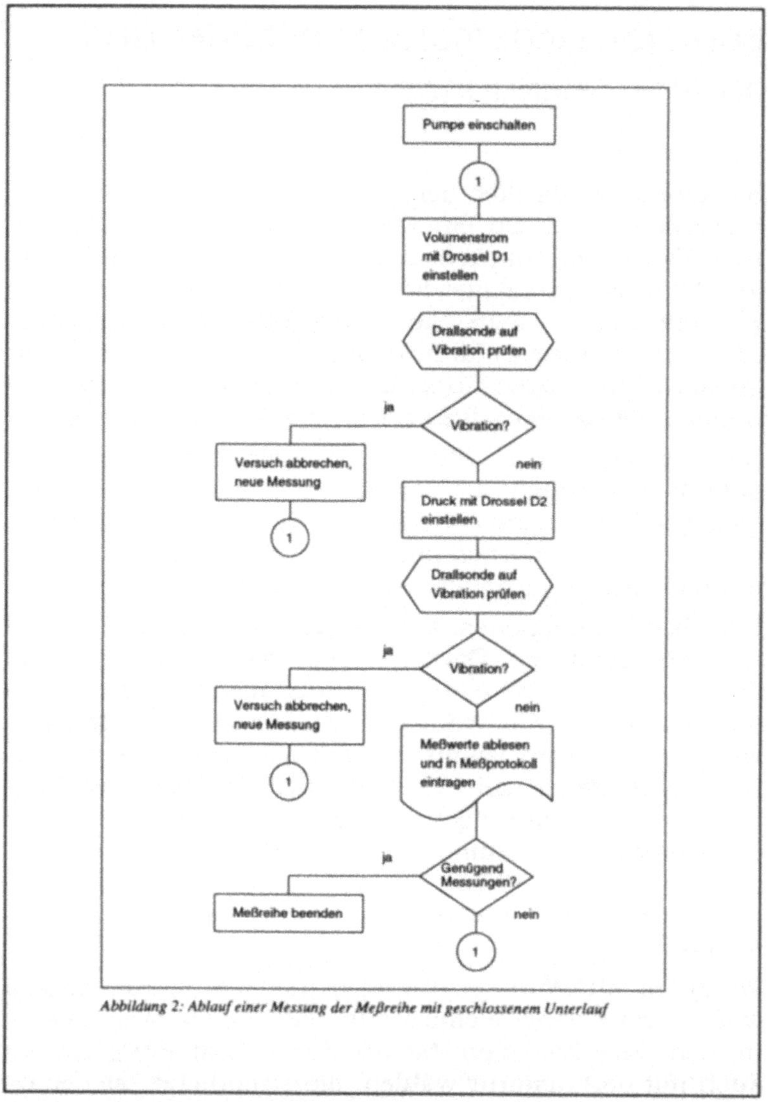

Abbildung 2: Ablauf einer Messung der Meßreihe mit geschlossenem Unterlauf

Bild 27.2:
*Zeichnen-
Symbolleiste*

*Objekte
erstellen*

Die Zeichenwerkzeuge für die verschiedenen geometri-
schen Figuren wählen Sie aus dem *AutoFormen*-Menü.
Dort können Sie die Auswahlpaletten für die einzelnen
Objekte anklicken (Bild 27.3).

Wenn Sie auf dem gewünschten Objekt geklickt haben und den Mauszeiger auf die Zeichenfläche ziehen, wird er zum Fadenkreuz.

Sie können die Objekte jetzt zeichnen, indem Sie klicken und die Maus mit gedrückter Maustaste ziehen, bis das Objekt die gewünschte Form und Größe hat. So bekommen Sie beispielsweise Rechtecke mit beliebigem Seitenverhältnis oder eine Ellipse.

Beliebig skalieren

Wenn Sie Objekte erstellen und dabei die Maße proportional verändern wollen, halten Sie während des Ziehens die Taste ⓞ gedrückt. Dadurch wird beispielsweise aus dem Rechteck ein Quadrat oder aus der Ellipse ein Kreis.

Proportional skalieren

Wenn Sie gezeichnete Objekte umformen wollen, markieren Sie sie, wählen dann im Zeichnen-Menü der Symbolleiste den Befehl AUTOFORM ÄNDERN und bestimmen mit den Optionen die neue gewünschte Form.

Objekte umformen

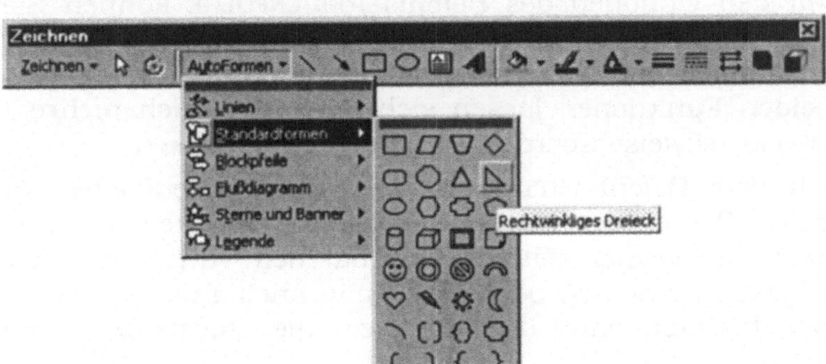

Bild 27.3:
Die Zeichnen-Symbolleiste mit aufgeklappter Objektpalette

Durch Kombination von Einzelobjekten lassen sich – so wie im Beispiel in Bild 27.1 zu sehen – Zeichnungen erstellen.

Wenn Sie bestimmte Objekte gleicher Größe oder Anordnung bzw. Kombinationen von Objekten in mehreren Zeichnungen brauchen, speichern Sie ein Dokument, das außer den nebeneinander angeordneten Objekten nichts anderes enthält.[1] Sie verfügen damit über einen „Werkzeugkasten", mit dessen Hilfe Sie dann weitere Zeichnungen schnell und einfach erstellen können.

Werkzeugkasten speichern

---

[1] Zum Speichern von Dateien siehe Kapitel 7.

Objekte kopieren und einfügen

Diese Funktion, die Sie auch bei der Bearbeitung des normalen Textes in Ihrem Manuskript benutzen, erleichtert die mehrfache Verwendung gleicher oder nur leicht veränderter Objekte. Sie müssen ein Objekt nur einmal zeichnen und können es dann über die Zwischenablage mehrfach verwenden.[1]

Objekte markieren und gruppieren

Nachdem Sie mehrere Objekte auf der Zeichenfläche angeordnet und so in die gewünschte Lage zueinander gebracht haben, können Sie sie gruppieren und damit verhindern, daß Sie sie versehentlich wieder verschieben. Dazu klicken Sie auf den zu gruppierenden Objekten, während sie die Taste ⇧ gedrückt halten. Sie können mehrere Objekte auch dadurch gemeinsam markieren, dass Sie zuerst auf dem Pfeilsymbol klicken und dann mit dem Pfeilmauszeiger einen gemeinsamen (unsichtbaren) Rahmen um die Objekte ziehen. Mit den drei Gruppierungsbefehlen können Sie die Objektgruppe bearbeiten.

Reihenfolge von Objekten

Mit den Optionen des Befehls REIHENFOLGE können Sie Objekte vor- bzw. hintereinander anordnen; auch Objekte zusammen mit Text lassen sich so anordnen. Mit diesen beiden Funktionen lassen sich zwei oder auch mehrere Objekt teilweise überdecken oder ganz verdecken.

Gitternetz und Rasterausrichtung

Mit dem Befehl GITTERNETZ wird die Zeichenfläche mit einem Raster versehen, in dem Sie die Objekte wahlweise einrasten lassen können. Das hat den Vorteil, daß Sie Objekte ausrichten oder passgenau aneinander anschließen können, ohne daß Sie dazu die Lineale benutzen müssten.

Ausrichten und verteilen

Mehrere gleichzeitig markierte Objekte lassen sich gemeinsam ausrichten bzw. auf der Seite verteilen. Wenn Sie also beispielsweise drei unterschiedlich große Kreis auf einer gemeinsamen Grundlinien plazieren wollen, tun Sie das mit der Option *Unten ausrichten.*

Drehen und kippen

Mit diesen beiden Funktionen lassen sich Objekte nicht „nur einfach" drehen und kippen; Sie können auf diese Weise auch ganz schnell rotationssymmetrische Figuren erzeugen. Mit der Option FREIES DREHEN bekommen die Objekte Drehgriffe, an denen Sie ein Objekt mit der Maus um einen beliebigen Winkel drehen können.

---

[1] Siehe Kapitel 5, Abschnitt *Texte schreiben und bearbeiten.*

Darüber hinaus bietet die Zeichnen-Symbolpalette eine
Vielfalt von Gestaltungsmerkmalen (Farben, Linien
Schatten usw.) von denen Sie aber nur in angemessenem
und funktionalem Umfang Gebrauch machen sollten.
Vielleicht klingeln Ihnen schon die Ohren – trotzdem:
Weniger ist auch hier mehr!

27.2 Zeichnungen beschriften

Zeichnungen werden wie Diagramme oder Tabellen beschriftet. Die Beschriftung besteht aus der Bezeichnung
Abbildung, der laufenden Nummer der Abbildung und der
Beschreibung ihres Inhalts. Eine Beschriftung kann
damit folgendermaßen aussehen:

Abbildung 27: Beispiel einer Ablaufregelung

Beschriften Sie die Abbildungen nicht durch Eingabe
über die Tastatur – es sei denn, es gibt nur eine einzige
Abbildung in Ihrem Manuskript. Wenn Sie statt dessen
die Beschriftungsfunktion von Word verwenden, werden
nicht nur die Bezeichnungen eingefügt, sondern die Beschriftungen werden auch automatisch numeriert.[1]

Sie können die Beschriftungen außerdem dazu verwenden, von Word ein Verzeichnis der Abbildungen erstellen
zu lassen. In dieses Verzeichnis werden die Beschriftungen als chronologische Einträge übernommen und mit
den zugehörigen Seitenverweisen versehen.[2]

---

[1] Zur Beschriftung und Numerierung von Abbildungen siehe Kapitel 35.
[2] Zur Erstellung vn Abbildungsverzeichnissen siehe Kapitel 17.

Fußnoten sind in formaler Hinsicht Texte am unteren Seitenrand außerhalb des Haupttextes. Inhaltlich betrachtet sind Fußnoten notwendige Ergänzungen zum Haupttext. Endnoten erfüllen die gleiche Funktion, werden aber am Ende des Manuskripts plaziert – in der Regel eine in wissenschaftlichen Arbeiten nicht optimale Plazierung. Deshalb werden in diesem Kapitel ausschließlich Fußnoten behandelt.

Nur Fußnoten?

Und nun gleich ein Hinweis dazu, dass Endnoten vielleicht doch ihre Berechtigung haben: Wenn Sie an einer Dissertation arbeiten, deren Veröffentlichung im Internet Sie planen, dann empfiehlt es sich vielleicht doch, von Anfang an Endnoten zu verwenden. Sie müssen das dann mit dem Menschen klären, der für die Internet-technische Umsetzung Ihrer Publikation zuständig ist. Hier nur ganz kurz der Hinweis: Anmerkungen, besonders wenn es viele davon gibt, lassen sich im Rahmen einer Internet-Publikation in Form eigenständiger Webseiten verarbeiten.[1]

Oder doch besser Endnoten?

Fußnoten bestehen aus zwei Elementen: Die Fußnotenmarke wird im Haupttext eingefügt (im folgenden finden Sie dafür den Begriff *Fußnote*). Die gleiche Marke steht am Seitenende und kennzeichnet dort den anschließenden *Fußnotentext*. Damit ist der formale Bezug zwischen den Anmerkungen und dem Haupttext gegeben.

Elemente einer Fußnote

Die Fußnotenfunktion wird aus dem Haupttext heraus aufgerufen. Mit dem Aufruf wird an der Stelle des Cursors die Fußnote gesetzt. Nachdem diese eingefügt ist, springt der Cursor an das Seitenende. Dort geben Sie den Anmerkungstext ein. Wenn Sie diese Texteingabe beendet haben, springt der Cursor auf Tastendruck oder per Mausklick wieder zur zugehörigen Fußnote im Haupttext zurück.

Word bietet neben den Standardeinstellungen für Fußnoten eine Fülle zusätzlicher Funktionen zur Gestaltung. Die Erfahrung hat aber gezeigt, dass die Standardeinstellungen alle Anforderungen an die Organisation von Fuß-

---

[1] Ausführlich siehe Kapitel 16, Abschnitt *Publizieren im Internet.*

noten erfüllt. Alles andere kostet Zeit, die sich nutzbringender in den inhaltlichen Aspekt einer Arbeit investieren lässt.

28.1 Formatierung

Fußnoten werden von Word sowohl im Haupttext als auch im Fußnotentext automatisch als hochstehendes Zeichen formatiert; die Schriftgröße des Fußnotentextes ist etwas kleiner als die des Haupttextes.[1] Diese Layoutmerkmale sind als Formatvorlagen gespeichert. Wie Sie diese Merkmale bearbeiten können, ist in Kapitel 6 beschrieben.

Nummerierung

Word nummeriert Fußnoten automatisch. Wenn Sie also eine weitere Fußnote einfügen, bekommt sie automatisch die nächste Nummer. Wenn Sie eine Fußnote entfernen, werden die nachfolgenden neu nummeriert. Das gleiche geschieht, wenn Sie nachträglich Fußnoten einfügen; die nachfolgenden, bereits vorhandenen werden ebenfalls neu durchnummeriert.

Als Standard verwendet Word arabische Ziffern und nummeriert fortlaufend innerhalb des Dokuments. Sie können jedoch die Option der seitenweisen Nummerierung wählen; dabei beginnt die Nummerierung der Fußnoten auf jeder Seite wieder mit 1 (Befehl EINFÜGEN/FUSSNOTE, Option: *Bei jeder Seite neu beginnen*). Klären Sie die Frage der fortlaufenden oder seitenweisen Nummerierung mit dem Betreuer Ihrer Arbeit.

Grundsätzlich können Sie anstelle der arabischen Ziffern auch Sonderzeichen wie beispielsweise Sterne (***) verwenden. Meine Empfehlung: Tun Sie's nicht, denn die 27. Fußnote in Ihrem Manuskript würde dann tatsächlich mit 27 Sternen (***************************) gekennzeichnet; und das wäre nicht besonders übersichtlich; das gleiche gilt auch für die Nummerierung mit Buchstaben (AA = 27) und eingeschränkt auch bei römischen Ziffern (XXVII). Und im übrigen ist die Änderung der Nummerierungsart mit zusätzlichem Zeitaufwand verbunden, der überhaupt nichts einbringt.

---

[1] Bei diesem Fußnotentext sehen Sie beides: Die erhöhten Nummern (hier im Fußnotentext und oben im Haupttext) sowie die etwas kleinere Schriftgröße des Fußnotentextes im Vergleich zum Haupttext.

Fußnoten werden am Ende einer Seite durch einen Strich vom Haupttext getrennt. Word setzt diesen Strich automatisch beim Einfügen der ersten Fußnote auf einer Seite. Die Länge des Striches ist als Standardeinstellung mit 5 cm Länge vorgegeben, beginnend am linken Rand.

Trennlinie

Sie können diese vorgegebene Länge zwar ändern, aber im Sinne der Arbeitsökonomie ist es auch hier empfehlenswert, mit der Standardeinstellung zu arbeiten.

Der für die Fußnoten notwendige Platzbedarf wird von Word automatisch ermittelt. Konkret heißt das, dass der für den Haupttext zur Verfügung stehende Platz auf einer Seite automatisch um den vom Fußnotentext benötigten verringert wird. Bei längeren Anmerkungen, sprich Fußnotentexten, passt Word gewissermaßen auf, dass nicht der ganze Haupttext verdrängt wird und die Seite nur noch aus Fußnotentext besteht.

Platzbedarf

Sollten Sie oberhalb einer Fußnote Text einfügen oder löschen, wird die Fußnote möglicherweise auf eine andere Seite verschoben. Von Word wird damit automatisch auch der zugehörige Fußnotentext auf diese andere Seite umplaziert.

Automatische Verschiebung

Wenn Fußnotentext aufgrund seiner Länge auf der Folgeseite fortgesetzt wird, können Sie einen sogenannten Fortsetzungshinweis einfügen lassen. Das bedeutet, dass Fußnotentext in der letzten Zeile einer Seite und in der ersten Zeile der Folgeseite mit „Fortsetzung" gekennzeichnet wird.

Fortsetzungs-hinweis

Auch hier ist mein Vorschlag, wie schon an anderer Stelle: Verzichten Sie auf diese Programmfinesse – um nicht zu sagen Spielerei –, denn einerseits müssten Sie dazu Optionen extra einstellen (Zeitaufwand); andererseits dürfte beim Lesen von Fußnotentext klar werden, dass es auf der Folgeseite weitergeht, wenn der Text am Seitenende mitten im Satz aufhört. Sollten Sie aber Fußnotentext wegen seines Umfanges in Absätze aufteilen müssen und der Fortsetzungshinweis damit sinnvoll erschienen, dann ist zu fragen, ob nicht diese umfangreichere Anmerkung entweder doch in den Haupttext einzuarbeiten oder in Form eines Exkurses gesondert darzustellen ist.[1]

---

[1] Siehe Kapitel 15.

28.2 Neue Fußnoten erstellen

Setzen Sie den Cursor an die Stelle im Haupttext, an der die Fußnote eingefügt werden soll. Wenn sich die Anmerkung nur auf ein Wort bezieht, ist die exakte Cursorposition unmittelbar hinter diesem Wort. Andernfalls setzen Sie den Cursor hinter den Punkt, der den Satz beendet. Der Fußnotentext beginnt mit einem Großbuchstaben, auch wenn es sich nicht um einen vollständigen Satz handelt, und endet mit einem Punkt.

So geht's!

1. Drücken Sie die Tastenkombination [Strg]+[Alt]+[F].

2. Geben Sie den Fußnotentext ein.

3. Drücken Sie die Tastenkombination [Strg]+[Alt]+[Z], um in den Haupttext zurückzukehren.

28.3 Vorhandene Fußnoten bearbeiten

Wenn Sie einen Fußnotentext nachträglich bearbeiten wollen, können Sie über die Fußnote im Haupttext zum gewünschten Fußnotentext gelangen, ohne dass Sie das ganze Manuskript danach absuchen müssten.

So geht's!

1. Wählen Sie den Befehl BEARBEITEN/GEHE ZU, oder drücken Sie die Tastenkombination [Strg]+[G].

2. Markieren Sie *Fußnote* im Listenfeld, geben Sie die gewünschte Fußnotennummer ein, und bestätigen Sie mit Gehe zu. Sollten Sie doch nicht die gewünschte Fußnote erreicht haben, geben Sie im Textfeld +1 bzw. –1 ein, um von der aktuellen Fußnote aus zum Ende bzw. Anfang des Manuskripts hin zu suchen. Auf diese Weise können Sie nacheinander alle Fußnoten „anspringen".

3. Wenn Sie die gewünschte Fußnote erreicht haben, wählen Sie *Schließen* und doppelklicken anschließend auf der Fußnote. Dadurch wird der Cursor an den Anfang des Fußnotentextes gesetzt.

4. Bearbeiten Sie den Fußnotentext.

5. Um in den Haupttext zurückzukehren, können Sie auf der Fußnote doppelklicken oder mit der rechten Maustaste klicken und dann im Kontextmenü GEHE ZU FUSSNOTE wählen.

28.4 Fußnoten verschieben und entfernen

Wenn Sie Fußnoten verschieben wollen, markieren Sie im Haupttext die Fußnotenmarke und schneiden sie aus (Befehl BEARBEITEN/AUSSCHNEIDEN oder die Tastenkombination ⬆+Entf). Setzen Sie dann den Cursor an die gewünschte Stelle im Haupttext, und fügen Sie die zuvor ausgeschnittene Fußnote und damit den zugehörigen Fußnotentext wieder ein (Befehl BEARBEITEN/EINFÜGEN oder Tastenkombination ⬆+Einfg).

Verschieben

So einfach wie sich Fußnoten einfügen lassen, können sie auch wieder entfernt werden. Markieren Sie im Haupttext die Fußnotenmarke und entfernen Sie sie mit der Taste Entf; der zugehörige Fußnotentext wird damit automatisch auch gelöscht.

Entfernen

Wenn Sie den Fußnotentext direkt löschen, bleibt die Fußnotenmarke im Haupttext erhalten und verweist damit weiterhin auf einen zwischenzeitlich nicht mehr vorhandenen Text. Dadurch entsteht beim Lesen zunächst Verwirrung und dann vielleicht der Eindruck einer vergessenen Anmerkung, was möglicherweise ein Fragezeichen und eventuell Abzüge in der Bewertung mit sich bringt.

Grafiken

29

„Es gibt keine wissenschaftliche Arbeit, die nicht durch die eine oder andere Graphik noch zu verbessern wäre."[1]

29.1 Fotos und Zeichnungen, Scans und Screenshots

Fotos

Fotos können entweder „richtige" Papierfotos sein, also Bilder, die aus dem Fotolabor kommen; solche Fotos müssen in das Manuskript eingeklebt werden.[2]

Papierfotos

Es können aber auch digitalisierte Fotos sein, die Sie mit einer Digitalkamera aufgenommen haben;[3] solche Fotos lassen sich dann in Form von Dateien in das Manuskript einfügen (siehe unten).

Digitalfotos

Zeichnungen

Zeichnungen können Sie mit der Zeichnungs-Funktion von Word erstellen;[4] in diesem Fall ist eine Zeichnung direkt im Word-Dokument gespeichert. Sie können aber Zeichnungen auf Papier – von Ihnen selbst oder von Dritten erstellt – zunächst scannen und dann als Datei in Ihr Manuskript einfügen (siehe unten).

Eine besondere Art von Zeichnungen sind die sogenannten Legenden. Was Sie gerade lesen, ist eine. Solche Legenden eignen sich zur Beschriftung von Bildern. Auf der nächsten Seite und in den Kapiteln 11 und 16 sehen Sie Anwendungen dieser Funktion.

Scans

Alles, was Ihnen auf Papier vorliegt und was Sie in Form einer Datei in Ihr Manuskript einfügen wollen, muss (von Ihnen oder von Dritten) gescannt werden.[5] Das Ergebnis können Sie dann wie alle anderen Grafikdateien in Ihr Manuskript einfügen.

---

[1] *Krämer, W.:* Anleitung. 1994. S. 70; dort auch Beispiele schlechter Grafiken (S. 70-82).
[2] Siehe Kapitel 11, Abschnitt *Klassiker: Schere & Kleber.*
[3] Siehe Kapitel 11, Abschnitt *High Tech: Die Digitalkamera zur Bilddokumentation.*
[4] Siehe Kapitel 27.
[5] Siehe Kapitel 11, Abschnitt *Bewährtes: Der Scanner.*

Screenshots

Wenn Sie in Zusammenhang mit Ihrer Arbeit Screenshots von Bildschirmen brauchen, dann können Sie das grundsätzlich auf zwei unterschiedliche Arten tun:

Bitmap-Grafik in der Zwischenablage

❑ Mit „Bordmitteln" Ihres PC

Die Bordmittel sind hier die Tastatur und die Windows-Zwischenablage. Mit der Taste (Druck) wird der gesamte Bildschirm abgebildet, mit der Tastenkombination (Alt)+(Druck) nur ein Dialogfeld. Die Abbildung wird dabei als Bitmap-Grafik in die Zwischenablage kopiert. Von dort aus können Sie diese Grafik mit BEARBEITEN/EINFÜGEN an der Cursorposition in das Manuskript einfügen.

Noch eine Anwendung der Legenden-Funktion und zugleich ein Hinweis darauf, dass Sie sich nicht voll und ganz auf die korrekte Silbentrennung von Word verlassen sollten.

Diese Screenshot-Variante bietet sich dann an, wenn Sie „nur mal schnell" Einstellungen eines Dialogfeldes dokumentieren wollen. Um ein ganzes Manuskript zu bebildern, eignet sich die Variante weniger, denn die Grafiken können sehr groß werden. Bei mehreren solcher Bilder wird dann auch die Datei des Manuskripts sehr groß. Zur Veranschaulichung: Ein Screenshot des Word-Programmfensters hat bei einer Bildschirmauflösung von 800 x 600 eine Größe von rund 1,5 MByte.

Grafikdatei in beliebigem Format

❑ Mit spezieller Software

Mit dieser Art von Software können Sie vom ganzen Bildschirm über Dialogfelder und Menüs bis zu beliebig festgelegten Ausschnitten aus dem Bildschirm alles „abknipsen", was Sie zur Dokumentation brauchen; Sie finden in diesem Buch Beispiele für alle Möglichkeiten.[1] Als weiteren Vorteil bieten solche Programme die Möglichkeit, die Screenshots in beliebigen Dateiformaten zu speichern und vorher auch noch zu bearbeiten.

Damit Sie vergleichen können, auch hier die Veranschaulichung: Das Word-Programmfenster mit einem speziellen Screenshot-Programm erstellt, hat eine Größe von knapp 500 KByte.

---

[1] Für die Screenshots habe ich die beiden Programme *Paint Shop Pro* und *Tiffany Plus* verwendet (siehe Software-Verzeichnis in Kapitel 50) .

29.2 Verknüpfen oder direkt einfügen?

Eine als Datei gespeicherte Grafik fügen Sie mit EIN-
FÜGEN/GRAFIK/AUS DATEI in Ihr Manuskript ein. Dabei
sollten Sie immer darauf achten, dass Sie nur eine Verknüpfung zur Grafikdatei in das Dokument einfügen und
nicht eine Kopie der Datei.

Um diese Verknüpfung herzustellen, markieren Sie im
Dialogfeld *Grafik einfügen* das Kontrollfeld *Verknüpfung
zu Datei* und entfernen Sie gleichzeitig – falls vorhanden –
die Markierung beim Kontrollfeld *mit Dokument speichern.*

So geht's!

Natürlich ist bei beiden Varianten die Grafik im Manuskript zu sehen, sowohl auf dem Bildschirm als auch auf
Papier.

Bei der ersten Variante, der Verknüpfung, wird die Grafik
nicht als Bestandteil des Manuskripts gespeichert; was
gespeichert wird, ist nur die Information über die verknüpfte Grafikdatei (Namen und Speicherort). Das hat
zum einen den Vorteil, dass die Manuskriptdatei relativ
klein bleibt. Die Grafiken in diesem Buch habe ich auf
diese Weise eingefügt.

Verknüpfen

Bei der zweiten Variante wird die Grafikdatei als Bestandteil der Manuskriptdatei gespeichert. Je nach Größe der
Grafikdatei(en) kann die Manuskriptdatei recht groß werden – mit allen Nachteilen, die so ein Dateimoloch mit
sich bringt (benötigter Speicherplatz, möglicherweise
nicht mehr auf einer einzelnen Diskette zu speichern,
langsamere Bildschirmbewegungen).

Direkt einfügen

29.3 Automatische Nummerierung

Wenn Sie Grafiken in Ihr Manuskript einfügen, lassen Sie
sie von Word mit der Funktion *AutoBeschriftung* automatisiert beschriften und nummerieren.[1] Das hat mehrere
Vorteile:

❑ Keine Grafik wird beim Nummerieren vergessen.

❑ Sie werden deshalb bei jeder Grafik daran erinnert,
den Beschreibungstext einzugeben.

---

[1] Siehe Kapitel 36.

❑ Die *AutoBeschriftung* ermöglicht die schnelle, einfache und korrekte Erstellung eines Abbildungsverzeichnisses.[1]

❑ Auch die Aktualisierung von Abbildungsverzeichnissen ist ein Kinderspiel, wenn Sie von Anfang an und immer konsequent mit *AutoBeschriftung* arbeiten.

Und falls Sie doch einmal eine Grafik ohne Beschriftung und Nummerierung brauchen sollten, löschen Sie einfach den Absatz und lassen die Nummerierung der verbliebenen Grafiken von Word aktualisieren. Dazu markieren Sie das ganze Manuskript mit [Strg]+[A] und drücken anschließend die Funktionstaste [F9].

---

[1] Siehe Kapitel 17.

30

30.1 Die einzelnen Kapitel

Der Hauptteil ist neben der Gliederung die zweite Stelle in Ihrem Manuskript, an der Sie den zu untersuchenden Gegenstand beschreiben. Das mag auf den ersten Blick seltsam oder unverständlich erscheinen. Aber die Aussage ist aus folgenden Gründen zutreffend.

Die Gliederung (als Textsorte) ist nicht eine willkürliche Aufteilung eines großen Textes in kleinere Einheiten, die Kapitel. Sie ist vielmehr die begründete Sammlung und Hierarchisierung Ihrer Gedanken auf der Grundlage der Arbeitsmethoden Ihres Studienfaches in einer sehr komprimierten Form. Mit der Gliederung (als inhaltliche Arbeit) ist also bereits ein wesentlicher Teil der Behandlung des Themas geleistet. Damit ist logischerweise der Hauptteil der expandierte Inhalt der Gliederung.[1] Das bedeutet aber auch, dass eine Gliederung niemals nachträglich als Exzerpt des fertigen Manuskripts entstehen kann.

Gliederung und Kapitel

30.2 Ergänzende Manuskriptbestandteile

Ihr Manuskript enthält, je nach Thema und/oder Studienrichtung, möglicherweise nicht nur den normalen Text, sondern auch andere Bestandteile wie Tabellen, Formeln oder Diagramme. Es liegt in der Natur der Sache, dass solche Bestandteile jedoch zunächst „mit Papier und Bleistift" erstellt werden, weil sich beispielsweise der Lösungsgang eines mathematischen Problems eben nicht mit dem Formeleditor oder ein Diagramm nicht durch wenige Mausklicker entwickeln lässt.

Tabellen Formeln Diagramme usw.

Deshalb ist es bei diesen Manuskriptbestandteilen – anders als bei der Eingabe des normalen Textes – zwingend notwendig, erst *nach* Abschluss der inhaltlichen Arbeit an die formale Realisierung mit der Textverarbeitung zu ge-

Jetzt oder später?

---

[1] Zur Erstellung einer Gliederung siehe Kapitel 9.

hen. Denn vor allem hier gilt, was ich weiter oben zum Schreiben, Denken und Vergessen gesagt habe.

Tabellen

Rohfassung, aber mit Beschriftung

Tabellen lassen sich zwar fortlaufend in das Manuskript einfügen. Allerdings sollten Sie dabei lediglich eine Rohfassung des Tabellengerüstes erstellen und dann die Informationen eingeben. Dass Spalten dabei zunächst zu schmal sind oder die ganze Tabelle nicht mehr auf die Seite passt, sollte Sie nicht von der inhaltlichen Arbeit abhalten. Die endgültige Gestaltung der Tabelle nehmen Sie später vor.[1]

Die Rohfassung ermöglicht Ihnen jedoch bereits jetzt schon den Zugriff auf die Tabellen in Querverweisen.[2] Voraussetzung ist allerdings, dass gleichzeitig mit dem Erstellen einer Tabelle auch ihre Beschriftung eingefügt wird. Diese Beschriftung dient zur Kennzeichnung als Zielstelle im Querverweis.[3]

Formeln

Direkt oder mit dem Formeleditor?

Formeln, die über das hinausgehen, was sich durch Drücken einzelner Tasten eingeben lässt – wie beispielsweise die Formel $a + b = c$ – müssen entweder – wie bei Formelzeichen mit Indizes – durch besondere Formatierungsschritte oder mit dem Formeleditor erstellt werden.[4] Dieser Vorgang ist mehr oder weniger zeitaufwendig. Fügen Sie deshalb komplexe Formeln zu einem späteren Zeitpunkt in das Manuskript ein. Bis dahin plazieren Sie an den entsprechenden Stellen im Manuskript Platzhalter für die vollständigen Formeln.

Platzhalter mit automatischer Beschriftung

Diese Platzhalter sind „Leerformeln": Fügen Sie mit Hilfe des Formeleditors zunächst eine Formel ein, deren Inhalt beispielsweise die laufende Nummer aus Ihren handschriftlichen Aufzeichnungen ist; ebenso lässt sich aber auch eine prägnante und unmissverständliche Bezeichnung verwenden. Diese „Leerformel" hat – wie die oben beschriebene Rohfassung von Tabellen – den Vorteil,

---

[1] Ausführlich zur Erstellung von Tabellen siehe Kapitel 44.
[2] Zur automatisierten Nummerierung von Tabellen siehe Kapitel 35.
[3] Zu Querverweisen siehe Kapitel 39.
[4] Zur Arbeit mit dem Formeleditor siehe Kapitel 34.

dass Sie Querverweise auf Formeln ebenfalls fortlaufend einfügen können. Aber auch hier ist die Voraussetzung, dass mit dem Erstellen der Formeln ihre Beschriftung eingefügt wird.

Grafiken und Diagramme

Grafiken, die Ihnen als fertige Dateien zur Verfügung ste- *Platzhalter mit* hen, könnten Sie zwar ohne große Unterbrechung fortlau- *automatischer* fend, also während der normalen Texteingabe in das Ma- *Beschriftung* nuskript einfügen. Trotzdem empfiehlt es sich, ähnlich wie bei Formeln, zunächst nur Platzhalter einzusetzen und später die Grafiken einzufügen. Wenn Sie gleichzeitig mit dem Einfügen der Platzhalter die Beschriftungsauto- matik nutzen, ermöglichen die Platzhalter wie bei Tabel- len und Formeln die laufende Erstellung von Querverwei- sen. Bei Grafiken, die Sie selbst erstellen müssen, ist diese Vorgehensweise ohnehin zwingend notwendig, weil Sie dazu wie auch bei Formeln und Diagrammen Zusatz- programme Ihrer Textverarbeitung einsetzen müssen.[1]

30.3 Die fortlaufende Gestaltung

Von den oben beschriebenen Sonderfällen abgesehen, *Dokument- und* kann die fortlaufende Gestaltung des Manuskripts bei *Formatvorlagen* Verwendung von Dokument- und Formatvorlagen von Anfang an und ohne zusätzlichen Aufwand geschehen.[2] Sie sollten von dieser Möglichkeit nicht nur deshalb Ge- brauch machen, weil sich damit der spätere Gestaltungs- aufwand reduziert.

Diese Vorgehensweise hilft vor allem, durch die formale *Gliederungs-* Struktur des Manuskripts die gedankliche Struktur der *ebenen* ganzen Arbeit im Auge zu behalten. Das beginnt bei der Begrenzung von Absätzen als inhaltlich-logische Einhei- ten und geht bis zur konsequent-disziplinierten Verwen- dung der Gliederungsebenen bei den Überschriften, um die Hierarchie der Manuskriptteile zu verdeutlichen, die den zu behandelnden Gegenstand beschreiben.

---

[1] Zur Arbeit mit dem Grafikeditor siehe Kapitel 29, mit dem Diagram- meditor siehe Kapitel 22.

[2] Zur Arbeit mit Dokument- und Formatvorlagen siehe Kapitel 5.

Inhaltsverzeichnis

Das Inhaltsverzeichnis ist der Wegweiser schlechthin durch das Manuskript.[1] Die Struktur eines Inhaltsverzeichnisses hängt unmittelbar mit der Gliederung des Manuskripts zusammen.[2] Sie wird durch das Inhaltsverzeichnis dokumentiert, indem alle Überschriften der Gliederung im Inhaltsverzeichnis mit einem Seitenverweis eingetragen werden (Bild 31.1).

31.1 Einträge

Die Einträge im Verzeichnis und die Überschriften in den Kapiteln müssen im Wortlauf übereinstimmen. Problemlos ist diese Forderung zu erfüllen, wenn Sie die das Inhaltsverzeichnis von Word generieren lassen. Diese besondere Programmfunktion greift über die Formatierungsmerkmale der Überschriften auf den Text zu und kopiert diesen in das Inhaltsverzeichnis; damit ist der übereinstimmende Wortlaut garantiert.

Überschriften wörtlich übernehmen

Übertragung der Überschriften im Wortlaut heißt aber noch nicht, dass das Inhaltsverzeichnis damit auch fehlerfrei ist. Es kann sogar noch schlimmer kommen: Wenn es einen Fehler im Wortlauf einer Überschrift gibt, dann taucht er garantiert zweimal in Ihrem Manuskript auf! Denn was in den Kapiteln falsch ist, wird auch im Inhaltsverzeichnis nicht richtig. Achten Sie also auf die Rechtschreibung noch vor Erstellung des Inhaltsverzeichnisses. Sie können dazu die Rechtschreibprüfung von Word einsetzen.[3]

Wenn Sie Word das Inhaltsverzeichnis erstellen lassen statt es selbst zu schreiben, dann sind auch die korrekten Seitenangaben im Verzeichnis gewährleistet. Word übernimmt mit dem Überschriftentext auch die Seiten-

Korrekte Seitenzahlen

---

[1] Die beiden anderen Arten von Wegweisern sind das Stichwortverzeichnis (siehe Kapitel 43) und thematische Verzeichnisse wie Abbildungs- oder Tabellenverzeichnisse (siehe Kapitel 19).

[2] Zur Gliederung von Manuskripten und zur Gliederungsfunktion siehe Kapitel 9.

[3] Zur Rechtschreibprüfung siehe Kapitel 5, Abschnitt *Texte sprachlich korrigieren*.

zahl, auf denen er steht. Wenn Sie beispielsweise den Text von Überschriften ändern oder die Überschriften innerhalb des Manuskripts verschoben werden, werden diese Änderungen durch Aktualisierung des Inhaltsverzeichnisses automatisch berücksichtigt.

Bild 31.1:
Das Inhaltsverzeichnis – hier als eigenständiger Teil einer Arbeit – zeigt die wörtlich übereinstimmenden Überschriften der Kapitel und die zugehörigen Seitennummern.

Inhaltsverzeichnis

II

Niemals von Hand, immer von Word!

Erstellen Sie also das Verzeichnis tunlichst nicht von Hand, indem Sie die Überschriften abschreiben. Auch wenn das Manuskript noch so wenige Überschriften enthält – tun Sie's nicht! Es kann nicht nur zu Übertragungsfehlern beim Text und bei den Seitenzahlen führen und damit manuelle Korrekturen erfordern. Außerdem würden Sie auch einen Zeitaufwand investieren – zunächst beim Erstellen und dann bei der Aktualisierung immer wieder –, den Sie sicher besser bei der inhaltlichen Arbeit einsetzen können. Es spricht also alles für und nichts gegen die automatische Erstellung von Inhaltsverzeichnissen.

31.2 Seitenverweise

Ein Inhaltsverzeichnis ohne Seitenangaben ist wertlos! Jedem Eintrag muss deshalb ein Seitenverweis in Form der zugehörigen Seitenzahl zugeordnet sein. Achten Sie also darauf, dass die bei der Verzeichnisfunktion in Word angebotene Option (*Seitenzahlen anzeigen*) zum Setzen der Seitenzahlen markiert ist. Diese Option ist zwar als Standardeinstellungen markiert, aber es kann doch einmal sein, dass Sie die Option in einem vorhergehenden Arbeitsschritt ausgeschaltet hatten. Wenn Sie also Seitenverweise im Inhaltsverzeichnis brauchen, achten auf die richtige Einstellung.

Obligatorisch mit Seitenverweisen

Es gibt jedoch Fälle, in denen die Seitenverweise ganz bewusst weggelassen werden. Wenn Sie beispielsweise eine Inhalts*übersicht* – kein Inhalts*verzeichnis*! – Ihrer Arbeit beispielsweise für Besprechungs- oder Präsentationszwecke erstellen wollen, dann schalten Sie die Anzeige der Seitenverweise aus.

... manchmal aber auch ohne

Natürlich nützen die Seitenverweise im Inhaltsverzeichnis nur dann etwas, wenn das Manuskript selbst paginiert, also mit Seitenzahlen versehen ist.[1] Andernfalls würde es seine Wegweiserfunktion nicht erfüllen.

Voraussetzung: paginiertes Manuskript

31.3 Zeitpunkt der Erstellung

Erstellen Sie ein Inhaltsverzeichnis erst dann, wenn das Manuskript vollständig ist, wenn Sie also alle Bestandteile eingefügt haben und alle Teile fertig bearbeitet, also auch formatiert sind.

Ganz zum Schluss

Fertig bearbeitet bedeutet vor allem auch, dass Sie auch bereits die Seitennummern eingefügt haben. Grundsätzlich könnten Sie das Inhaltsverzeichnis erstellen, ohne

---

[1] Zur Seitennummerierung siehe Kapitel 42.

dass zuvor das Manuskript paginiert ist. Ich empfehle Ihnen aber aus zwei Gründen, das Inhaltsverzeichnis erst nach abgeschlossener Paginierung zu erstellen:

Gute Gründe!

❑ Unterschiedliche Nummernformate, die Sie wegen der getrennten Paginierung von Verzeichnissen[1] (römische Zahlen) und Hauptteil (arabische Zahlen) verwendet haben, werden im Inhaltsverzeichnis korrekt angezeigt. Damit haben Sie die Kontrolle, ob Sie die Nummernformate an der richtigen Stelle im Manuskript gewechselt haben.[2]

❑ Sie können überprüfen, ob alle Verzeichniseinträge im Manuskript tatsächlich Überschriften sind. Wenn Sie beispielsweise einem normalen Absatz ein Überschriftenformat zugeordnet haben, wird dieser Absatz als Eintrag in das Inhaltsverzeichnis übernommen; nur bei vorhandener Paginierung können Sie anhand der Seitenverweise den Fehler schnell und sicher lokalisieren.

Keine manuelle Aktualisierung

Sollten nach Erstellung des Inhaltsverzeichnisses Änderungen notwendig sein, lassen Sie Word das Verzeichnis aktualisieren. Auch hier ist von Handarbeit abzuraten. Wenn Sie also den Text einzelner Überschriften nachträglich geändert haben, lassen Sie die Änderungen von Word in das Inhaltsverzeichnis übertragen. Umgekehrt sollten Sie Überschriften nicht im Inhaltsverzeichnis ändern, weil Sie dann vielleicht die Änderung im Manuskript selbst vergessen, von möglichen Schreibfehlern beim Übertragen ganz zu schweigen.

31.4 Plazierung im Manuskript

Als eigenständiger Teil

Bei Diplom- oder anderen Abschlussarbeiten ist das Inhaltsverzeichnis als eigenständiger Teil des Manuskripts zu behandeln. Das bedeutet, dass es nach der Titelseite[3] auf einer neuen Seite beginnt. Dort steht als erstes die Überschrift *Inhaltsverzeichnis*. Daran anschließend wer-

---

[1] Neben dem Inhaltsverzeichnis können das auch Verzeichnisse für Abbildungen (Kapitel 19), für Abkürzungen (Kapitel 20) und für Formelzeichen (Kapitel 26) sein.

[2] Zum Wechsel der Nummernformate bei der Paginierung siehe Kapitel 42, Abschnitt *Wechsel von römischen zu arabischen Seitenzahlen*.

[3] Siehe Kapitel 45.

den die Überschriften der Arbeit mit den zugehörigen Seitenzahlen aufgelistet.

Bei kürzeren Arbeiten wie Laborberichten oder Referaten kann das Inhaltsverzeichnis, je nach Umfang, auch auf der Titelseite zusammen mit den dort üblichen Angaben untergebracht sein; Bild 31.2 zeigt ein Beispiel.

Als Titelseite

Bild 31.2:
Dieses Inhaltsverzeichnis ist kein eigenständiger Teil der Arbeit, sondern in die Titelseite des Referats integriert.

P. Gasus, Matrikel-Nr. 123456, 7. Semester
An der Rennbahn 8
65432 Weiterunten

Hauptseminar: Probleme der Sozial- und Wirtschaftsgeschichte der Weimarer Republik (WS 1994/95)

Seminarleiter: Prof. Dr. A. Q. Rat

Referatthema: Wirtschafts- und sozialpolitische Vorstellungen in der Programmatik der Nationalsozialsozialistischen Deutschen Arbeiterpartei (NSDAP)

Vorgelegt am 29. Februar 1997

Inhaltsverzeichnis

31.5 Paginierung

Das Inhaltsverzeichnis wird wie alle anderen Teile des Manuskripts paginiert, also mit Seitenzahlen versehen.[1] Dabei haben Sie zwei Möglichkeiten:

Integriert

□ Integrierte Nummerierung als erster Teil des Manuskripts

Integriert bedeutet, dass der Umfang des Inhaltsverzeichnisses selbst auch in die Paginierung einbezogen wird. Die Nummerierung beginnt also auf der ersten Verzeichnisseite mit einer arabischen 1; die Seite vor dem Inhaltsverzeichnis ist die Titelseite und wird nicht nummeriert. Die erste nach dem Verzeichnis folgende Seite des Manuskripts erhält die nächste fortlaufende Zahl. Diese Art der Seitennummerierung ist in Word als (veränderbare) Standardeinstellung festgelegt.

Eigenständig

□ Eigenständige Nummerierung mit einem anderen Nummernformat

Eigenständig bedeutet, dass das Inhaltsverzeichnis und der übrige Teil des Manuskripts jeweils mit unterschiedlichen Nummernformaten paginiert werden. Die Nummerierung auf der ersten Seite des Inhaltsverzeichnisses und auf der ersten Textseite beginnt zwar jeweils mit „eins"; zur Unterscheidung werden im Inhaltsverzeichnis aber römische Zahlen und auf den Textseiten arabische verwendet. Wenn die Vorgaben zu Ihrer Arbeit für die Abbildungs- und andere Verzeichnisse[2] ebenfalls eine römische Paginierung vorsehen, fügen Sie diese Texte vor der Paginierung zwischen Inhaltsverzeichnis und Hauptteil ein und paginieren dann diesen gesamten Vorspann.

Welche Art der Nummerierung Sie in Ihrem Manuskript verwenden können, hängt von den Vorgaben zur Gestaltung Ihres Manuskripts ab. Sprechen Sie darüber mit dem Betreuer Ihrer Arbeit.

Falsche Seitenverweise

Bei jeder der beiden Möglichkeiten gibt es aber ein scheinbares Problem. Es besteht darin, dass Sie beim

---

[1] Siehe Kapitel 42.
[2] Verzeichnisse für Abbildungen (Kapitel 19), für Abkürzungen (Kapitel 20) und für Formelzeichen (Kapitel 26)

Erstellen des Inhaltsverzeichnisses seinen Umfang noch nicht kennen. Weil es aber logischerweise erst nach seiner Erstellung eingefügt werden kann, bleibt sein Umfang bei der (ersten) Ausgabe der Seiten – auch logischerweise – unberücksichtigt; die Seitenverweise sind deshalb zwangsläufig falsch.

Deshalb müssen Sie das Verzeichnis zweimal erstellen lassen. Nach dem ersten Mal fügen Sie das Verzeichnis – mit den falschen Seitenverweisen – zwischen Titelseite und der ersten Textseite ein. Wenn Sie jetzt das Verzeichnis noch einmal erstellen lassen, werden die Seiten des eingefügten Verzeichnisses beim Zählen berücksichtigt, und Sie erhalten so ein Inhaltsverzeichnis mit korrekten Seitenverweisen. Die Titelseite wird als erste Seite zwar mitgezählt, aber nicht paginiert. Das bedeutet, dass die erste Seite des Inhaltsverzeichnisses auf jeden Fall die Seitennummer 2 bzw. II trägt; die Rückseite des Titelblattes wird wie im gesamten Manuskript nicht mitgezählt, denn alle Blätter werden – anders als bei Büchern – nur einseitig bedruckt.

Richtige Seitenverweise

Sollten Sie – allerdings nur bei umfangreicheren Arbeiten – ein Stichwortverzeichnis erstellen, beachten Sie folgendes: Damit es in das Inhaltsverzeichnis aufgenommen werden kann, muss es vorhanden sein. Es kann aber erst dann mit korrekten Seitenverweisen erstellt werden, wenn auch der Umfang des Inhaltsverzeichnisses feststeht, weil dieser – siehe Erklärung oben – alle anderen Manuskriptteile einschließlich Stichwortverzeichnis nach hinten verschiebt. Damit sich die Katze nun nicht in den Schwanz beißt, schreiben Sie auf einer neuen Seite zunächst nur die Überschrift Stichwortverzeichnis. Erstellen Sie dann zweimal das Inhaltsverzeichnis. Jetzt können Sie, da sich alles an der korrekten Position befindet, das Stichwortverzeichnis mit den richtigen Seitenverweisen erstellen lassen.[1]

Stichwortverzeichnis berücksichtigen

31.6 Gestaltung

Dem Verzeichnis wird die Überschrift *Inhaltsverzeichnis* vorangestellt, die wie andere Kapitelüberschriften forma-

Überschrift

---

[1] Ausführlich zur Erstellung von Stichwortverzeichnissen siehe Kapitel 43.

tiert werden kann.[1] Dadurch lässt sie sich automatisch in das Inhaltsverzeichnis übernehmen. Auf diese Weise wird natürlich das Inhaltsverzeichnis Gegenstand seiner selbst. Ob dieses – vielleicht unüblich erscheinende, aber doch anzutreffende[2] – Verfahren in Ihrem Fall notwendig ist, klären Sie mit dem Betreuer Ihrer Arbeit.

Die Nummerierung der Überschrifteneinträge basiert auf der Gliederungsnummerierung des Manuskripts. Falls Sie Änderungen an der Gliederung und damit an der Hierarchie der Überschriften vornehmen wollen, tun Sie das nicht hier im Inhaltsverzeichnis, sondern in den Kapiteln. Anschließend lassen Sie das Verzeichnis von Word aktualisieren. Nur dann haben Sie die Gewähr, dass Verzeichniseinträge und Kapitelüberschriften übereinstimmen.

Formatvorlagen verwenden

Nach dem Erstellen des Inhaltsverzeichnisses können Sie die Formatierungsmerkmale der einzelnen Einträge – also die aus dem Manuskript kopierten Überschriften – im Verzeichnis bearbeiten. Das kann durch direkte Formatierung oder durch Verwendung von Formatvorlagen geschehen.[3]

Seitenverweise rechtsbündig

Die zu den Verzeichniseinträgen gehörenden Seitenverweise werden rechtsbündig angeordnet. Word bietet zwar die Möglichkeit, die Seitennummern auch unmittelbar hinter den Seitenverweisen anfügen zu lassen; machen Sie aber bitte von dieser Möglichkeit keinen Gebrauch, weil – nicht nur – bei Inhaltsverzeichnissen wissenschaftlicher Arbeiten die Seitenverweise rechtsbündig sein müssen.

Füllzeichen als Lesehilfe

Durch die rechtsbündige Anordnung entstehen vor allem zwischen kürzeren Einträgen und den Seitenverweisen relativ große Abstände. Um die Zuordnung von Eintrag und Verweis zu erleichtern, bietet Word eine Art Lesehilfe. Dabei wird der Raum zwischen Eintrag und Verweis mit Füllzeichen gefüllt. Füllzeichen können Sie wahlweise verwenden.

---

[1] Zur Gestaltung von Überschriften siehe Kapitel 46.
[2] In *Theisen, M. R.:* Arbeiten, 1993, erscheint der Verweis auf das Inhaltsverzeichnis im Inhaltsverzeichnis selbst (S. XIII).
[3] Siehe Kapitel 5, Abschnitt *Texte gestalten.*

31.7 Verzeichnisse erstellen

In Word werden Inhaltsverzeichnisse dadurch erstellt, dass das Programm auf Formatierungsmerkmale der zu berücksichtigenden Überschriften zugreift. Damit entfällt das manuelle Markieren der in das Inhaltsverzeichnis einzufügenden Überschriften; Markieren von Hand ist zwar möglich, aber wegen möglicher Fehlerquellen und zusätzlichem Zeitaufwand nicht zu empfehlen.

Word erstellt das Verzeichnis an der aktuellen Cursorposition; es kann also im Extremfall mitten in einem Wort beginnen. Setzen Sie deshalb jetzt den Cursor auf die Seite, die Sie durch einen manuellen Seitenumbruch (Tastenkombination $\boxed{\text{Strg}}$+$\boxed{\leftarrow}$) eingefügt haben.

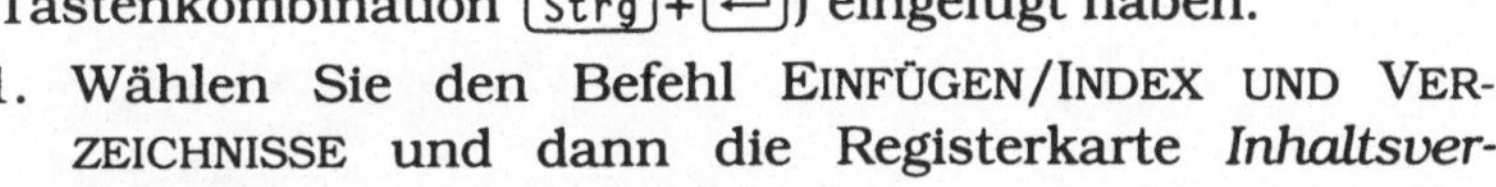

So geht's!

1. Wählen Sie den Befehl EINFÜGEN/INDEX UND VERZEICHNISSE und dann die Registerkarte *Inhaltsverzeichnis*.

2. Bestimmen Sie im Listenfeld *Formate* das Aussehen der Verzeichniseinträge und im Drehfeld *Ebenen anzeigen* die gewünschte Zahl. Das Vorschaufeld zeigt das gewählte Format.

   Falls Sie keines der angezeigten Formate verwenden wollen, markieren Sie *Benutzerdefiniert* und wählen dann *Bearbeiten*. Die dann im Listenfeld aufgeführten Vorlagen können Sie einzeln bearbeiten, indem Sie Zeilen- und Absatzformate bestimmen.

3. Wenn Sie zwischen Verzeichniseinträgen und Seitenverweisen Füllzeichen einfügen wollen, wählen Sie im gleichnamigen Listenfeld die gewünschten Zeichen.

4. Bestätigen Sie mit OK, um das Inhaltsverzeichnis erstellen zu lassen.

Um das Verzeichnis zu aktualisieren, setzen Sie den Cursor in das Verzeichnis und drücken die Taste $\boxed{\text{F9}}$. Zur Sicherheit sollten Sie im dann geöffneten Dialogfeld die Option *Neues Verzeichnis erstellen* wählen. In diesem Fall werden nicht nur die Seitenzahlen aktualisiert, sondern auch mögliche Änderungen in den Überschriften berücksichtigt; andernfalls blieben inhaltliche Änderungen unberücksichtigt. Bestätigen Sie das Dialogfeld mit OK.

Verzeichnisse aktualisieren

32.1 Funktion von Kopf- und Fußzeilen

Kopf- und Fußzeilen lassen sich unter formalen und unter funktionalen Aspekten betrachten:

- ❏ Formal betrachtet sind Kopf- und Fußzeilen die Bereiche des oberen bzw. unteren Seitenrandes. Die Größe des Kopf- und des Fußzeilenbereichs lässt sich durch die Festlegung des oberen und unteren Seitenrandes als Merkmal des Seitenlayouts bestimmen.

Formaler Aspekt

- ❏ Funktional betrachtet sind Kopf- und Fußzeilen Text- oder Grafikelemente, die sich auf allen oder nur auf einzelnen Seiten eines Manuskripts wiederholen. In diesem Buch enthalten die Kopfzeilen die Informationen zu den einzelnen Kapiteln und die Seitennummern.

Funktionaler Aspekt

Bei der Eingabe des normalen Textes eines Dokuments sind diese beiden Bereiche einer Seite nicht ohne weiteres erreichbar. Es kann also nicht geschehen, dass Sie Ihren Text versehentlich an eine falsche Stelle schreiben.

Bei der Erstellung wissenschaftlicher Arbeiten können Kopf- und Fußzeilen folgende Informationen aufnehmen:

Inhalt von Kopf- und Fußzeilen

- ❏ Thema der Arbeit, gegebenenfalls zusammen mit Ihrem Namen und Ihrer Matrikelnummer (Bild 32.1); eine Anwendung dieser Möglichkeit finden Sie bei den *Arbeiten zur Prüfungsvorbereitung*[1]; dort sind Name, Matrikelnummer und Prüfungstitel eingefügt.

- ❏ Seitenzahlen; dabei können entweder nur die aktuellen Zahlen oder diese zusammen mit der Gesamtseitenzahl eingefügt werden; auch dazu finden Sie eine Anwendung in den „Thesenpapieren".[2]

- ❏ Dateinamen, Datum- und Zeitangaben; allerdings sollten Sie nicht vergessen, solche Informationen wieder zu entfernen, wenn Sie sie nicht mehr benötigen. So ist beispielsweise der auf jeder Seite einer Diplo-

---

[1] Siehe Kapitel 1, Abschnitt 1.7
[2] Zu den Thesenpapieren siehe Kapitel 1, zur Seitennumerierung Kapitel 27.

marbeit eingefügte Dateiname für den Prüfer der Arbeit sicher eine verzichtbare Information.

Bild 32.1:
Die Kopfzeile dieses Manuskripts enthält neben Namen und Matrikelnummer auch den Titel der Arbeit sowie die aktuelle und die Gesamtseitenzahl des Manuskripts.

P. Gasus, Matrikel-Nr. 123456   Hauptprüfung Zeitgeschichte, Seite 2 von 3

Die darauf folgende Diskussion innerhalb der Partei, der sogenannte *Revisionismus-Streit*, endete zwar mit der Ablehnung der verlangten Programmrevision; die politische Praxis blieb jedoch unverändert reformistisch.

Zugleich waren diese Vorgänge grundlegend für die spätere Teilung der Arbeiterbewegung. So sind denn auch Ereignisse wie das Verhalten der Partei im Weltkrieg oder 1918/19 keine einschneidenden Ereignisse, die einen Wandel der Parteipolitik angezeigt hätten; vielmehr waren das gewissermaßen logische Steinchen im Mosaik der *reformistischen Praxis*.

1.2 Nach dem 1. Weltkrieg

Mit dem Programm von Görlitz (1921) war in gewissem Umfang eine Realisierung des Bernsteinschen Anspruchs auf *Revision des Parteiprogramms* eingetreten Dies wurde jedoch mit dem Heidelberger Programm von 1925 wieder rückgängig gemacht. Mit dieser programmatische *Rückbesinnung auf marxistische Positionen*, wie sie schon das Erfurter Programm enthalten hatte, ging jedoch eine Kontinuität der an Reformen und Parlamentarismus orientierten Praxis einher.

Besonders Ereignisse gegen Ende der Republik machen beispielsweise die sehr starke Parlamentarismus-Orientiertheit deutlich. Damit zeigt sich der ungelöste *Konflikt zwischen Legalität und Legitimität* als Bestimmungsfaktoren politischen Handelns der Sozialdemokratie.

2   Literaturverzeichnis

Abendroth, Wolfgang: Aufstieg und Krise der deutschen Sozialdemokratie. Das Problem der Zweckentfremdung einer politischen Partei durch die Anpassungstendenz von Institutionen an vorgegebene Machtverhältnisse. Frankfurt: 1964

Bernstein, Eduard: Die Voraussetzungen des Sozialismus und die Aufgaben der Sozialdemokratie. Stuttgart, Berlin: 1921

Grebing, Helga: Geschichte der deutschen Arbeiterbewegung. Ein Überblick. 5. Aufl. München: 1974

Solche Informationen lassen sich dabei je nach Umfang entweder nur in einer der beiden Zeilen oder auf beide Zeilen verteilt einfügen. So können Sie beispielsweise in der Kopfzeile das Thema der Arbeit und in der Fußzeile die Seitenzahlen einfügen. Den Text selbst können Sie formatieren wie normalen Manuskripttext auch (linke, rechte oder zentrierte Ausrichtung; Schriftart,- größe und -attribut).[1]

Um Kopf- bzw. Fußzeilentext vom übrigen Text auf der Seite abzuheben, können Sie innerhalb der Kopf- bzw. Fußzeile eine Linie einfügen, die über die ganze Seitenbreite verläuft. Bei Kopfzeilen werden solche Linien üblicherweise unter dem Text eingefügt – so wie das auf den Seiten dieses Buch auch der Fall ist – und bei Fußzeilen darüber. Verwenden Sie dazu die Rahmenfunktion für Absätze wie in den folgenden Abschnitten beschrieben.

Trennlinie

32.2 Kopf- und Fußzeilen einfügen

Um Kopf- bzw. Fußzeilen einzufügen, müssen Sie die Kopf- bzw. Fußzeilenansicht einschalten. Wenn Sie auf unterschiedlichen Seiten verschiedene Kopf- bzw. Fußzeilen einfügen wollen, müssen Sie sogenannte Abschnittswechsel einfügen. Innerhalb eines Abschnittes haben Kopf- bzw. Fußzeilen auf allen Seiten denselben Text.

1. Setzen Sie den Cursor auf die Manuskriptseite, auf der die erste Kopf- bzw. Fußzeile eingefügt werden soll.

2. Wählen Sie den Befehl ANSICHT/KOPF- UND FUSSZEILE.

3. Bestimmen Sie in der Kopf-/Fußzeilen-Symbolleiste mit dem Symbol *Zwischen Kopf- und Fußzeile wechseln* die gewünschte Position.

4. Geben Sie den gewünschten Kopf- bzw. Fußzeilentext ein.

5. Um eine Linie in die Kopf- bzw. Fußzeile einzufügen, wählen Sie den Befehl FORMAT/RAHMEN. Klicken Sie dann auf der Registerkarte *Rahmen* im Vorschaufeld an der gewünschten Position, um die Linie für Kopfzeilen unter dem Text bzw. für Fußzeilen darüber einzufügen. Bestimmen Sie im Drehfeld *Abstand zum Text* das gewünschte Maß und im Listenfeld Linienart die gewünschte Linie. Bestätigen Sie dann mit OK.

So geht's!

---

[1] Siehe Kapitel 5.

6. Klicken Sie in der Kopf- bzw. Fußzeilen-Symbolleiste auf *Schließen*, um den Cursor wieder in den normalen Text zurückzusetzen.

7. Setzen Sie den Cursor auf die Seite, auf der Sie eine neue Kopf- bzw. Fußzeile einfügen wollen, und wählen Sie dort den Befehl EINFÜGEN/MANUELLER WECHSEL. Markieren Sie in der Gruppe *Abschnittswechsel* die Option *Nächste Seite*, und bestätigen Sie mit OK. Damit wird ein Seitenumbruch eingefügt und der Cursor an den Anfang der nächsten Seite gesetzt.

8. Wiederholen Sie dann die Schritte Nr. 2 bis 6 oder 7 für die Kopf- bzw. Fußzeile im neuen Abschnitt.

32.3 Kopf- und Fußzeilen bearbeiten und entfernen

Um Kopf- bzw. Fußzeilen zu bearbeiten oder zu löschen, schalten Sie die Kopf-/Fußzeilenansicht ein (Befehl ANSICHT/KOPF- UND FUSSZEILE) und bearbeiten oder löschen den jeweiligen Text.

Literaturverzeichnis **33**

Das Literaturverzeichnis ist eine alphabetisch sortierte, gegebenenfalls nach bestimmten Kriterien unterteilte Auflistung der bei der Erstellung des Manuskripts tatsächlich und auch ersichtlich benutzten Literatur. Bild 33.1 zeigt ein einfaches Literaturverzeichnis.

Für die Anfertigung eines Literaturverzeichnisses gibt es allgemeingültige Kriterien. Diese können jedoch im Einzelfall durch sogenannte *Hinweise zur Anfertigung wissenschaftlicher Arbeiten* oder ähnlich bezeichnete Handreichungen ergänzt oder modifiziert werden.

Dort wird beispielsweise geklärt, ob Quellen in einem vom Literaturverzeichnis getrennten Quellenverzeichnis aufzuführen sind oder mit den Sekundärmaterialien zusammen in das Literaturverzeichnis aufgenommen werden müssen.[1] Klären Sie gegebenenfalls diese Frage mit dem Betreuer Ihrer Arbeit. Ich werde im folgenden den Begriff *Literaturverzeichnis* synonym für Quellen- *und* Sekundärliteratur-Verzeichnisse verwenden.

Literatur- und Quellenverzeichnis getrennt?

Die oben erwähnten Hinweise werden in Fachbereichen, Instituten usw. in Proseminaren als „Einsteigerhinweise" oder in Zusammenhang mit der Vergabe von Referatsthemen herausgegeben. Sie haben aber noch eine weitere Funktion: Außer den arbeitstechnischen Hinweisen enthalten solche Papiere eine Aufstellung der Grundlagenliteratur des Fachgebietes. Damit haben sie also gleichzeitig ein praxisnahes Beispiel eines Literaturverzeichnisses.

33.1 Einträge

Jeder Literaturtitel enthält alle bibliographischen Angaben nach folgendem Schema:

Name, Vorname(n): Titel. Untertitel. Band. Auflage einschließlich Bearbeitungshinweis(en). Erscheinungsort(e): Verlag(e), Erscheinungsjahr(e) (Reihentitel, lfd. Nr.)

Allgemeines Schema

---

[1] Zur begrifflichen Unterscheidung von Quellen und Sekundärmaterialien siehe *Theisen, M. R.*: Arbeiten, 1993, S. 83f. Zur Erstellung von Quellenverzeichnissen siehe Kapitel 38.

P. Gasus, Matrikel-Nr. 123456   Hauptprüfung Zeitgeschichte, Seite 3 von 3

2   Literatur

Abendroth, Wolfgang: *Aufstieg und Krise der deutschen Sozialdemokratie. Das Problem der Zweckentfremdung einer politischen Partei durch die Anpassungstendenz von Institutionen an vorgegebene Machtverhältnisse.* Frankfurt 1964

Bernstein, Eduard: *Die Voraussetzungen des Sozialismus und die Aufgaben der Sozialdemokratie.* Stuttgart, Berlin: 1921

Grebing, Helga: *Geschichte der deutschen Arbeiterbewegung. Ein Überblick. 5. Aufl.* München: 1974

Matthias, Erich: Einleitung in: *Die Regierung der Volksbeauftragten.* Bearbeitet von Susanne Miller unter Mitarbeit von Heinrich Potthoff. Düsseldorf 1969. S. XV-CXXXI

Matthias, Erich: Die Sozialdemokratische Partei Deutschlands, in: Matthias/Morsey: *Das Ende der Parteien 1933.* Düsseldorf 1960. S. 101-278

Mommsen, Hans (Hrsg.): *Sozialdemokratie zwischen Klassenbewegung und Volkspartei.* Verhandlungen der Sektion "Geschichte der Arbeiterbewegung" des Deutschen Historikertages in Regensburg, Oktober 1972. Frankfurt 1974

Rosenberg, Arthur: *Entstehung der Weimarer Republik.* 19. Aufl. Frankfurt: 1981

Rosenberg, Arthur: *Geschichte der Weimarer Republik.* 20. Aufl. Frankfurt: 1980

29. Februar 1997

Wenn bei Zitaten Kurzbelege verwendet werden sollen,[1] werden die Titel im Literaturverzeichnis um eine Titelabkürzung in eckigen Klammern [ ] ergänzt. Das obige Schema sieht dann folgendermaßen aus:

---

[1] Siehe Kapitel 48.

Name, Vorname(n) [Titelabkürzung]: Titel. Untertitel. Band. Auflage einschließlich Bearbeitungshinweis(en). Erscheinungsort(e): Verlag(e), Erscheinungsjahr(e) (Reihentitel, lfd. Nr.)

Kurztitel-Schema

Weiter unten sehen Sie beispielhaft zwei Titel formuliert und formatiert.

Geben Sie jeden Eintrag ist als einen Absatz ein. Die einzelnen Absätze, sprich Titel trennen Sie voneinander. Das kann entweder durch eine bestimmte Anordnung der ersten Zeile geschehen – wie im nächsten Absatz beschrieben – oder durch sogenannte untere Absatzabstände. Bei einer Schriftgröße von 12 pt ergibt ein Absatzabstand von 6 pt eine deutliche Trennung, ohne dass die Einträge auseinandergezogen wirken. Gleichzeitig werden damit auch einzeilige Einträge deutlich sichtbar voneinander getrennt.

Formatierung: Absatzabstand

Mit diesem Formatierungsmerkmal wird nach Beendigung jeder Titeleingabe nicht nur ein neuer Absatz angefangen, sondern auch gleich der festgelegte Abstand eingefügt. Sie sparen sich dadurch das Einfügen von Leerzeilen durch die ⏎-Taste. Gleichzeitig hat das Effekt, dass bei veränderten Seitenumbrüchen nicht eine einsame Absatzmarke (Leerzeile) am Anfang einer Seite zu stehen kommt.

Die erste Zeile eines Eintrags beginnt am linken Seitenrand. Bei Einträgen, die länger als eine Zeile sind, werden alle Folgezeilen um etwa 1 cm nach rechts zurückgesetzt[1] (siehe unten). Durch diese Anordnung sind die einzelnen Einträge auch bei fehlendem Absatzabstand optisch voneinander abgehoben. In der Terminologie von Word heißt das ganze *hängende Anordnung*.[2]

Formatierung: Hängender Einzug

Innerhalb eines Absatzes kann entweder der Verfassername oder der Titel des Werks durch Kursivschrift hervorgehoben werden.[3] Wenn Sie sich für die Hervorhebung des Verfassernamens entscheiden, hat das folgenden

Formatierung: Verfasser/Titel kursiv

---

[1] An dieser Stelle der Hinweis, weil er sich geradezu anbietet: Fügen Sie bei Zahlen mit anschließendem Einheitenzeichen mit der Tastenkombination [Strg]+[⇧]+[Leertaste] ein sogenanntes *geschütztes Leerzeichen* ein. Dadurch werden die Zahl und das Einheitenzeichen – hier 1 cm – immer zusammengehalten.

[2] Siehe Kapitel 5, Abschnitt *Zeilen und Absätze*.

[3] Siehe Kapitel 5, Abschnitt *Schriften*.

Vorteil: Auch im normalen Manuskripttext können Sie den Namen des Verfassers, den Sie zitieren oder auf den Sie sich beziehen, durch die kursive Schreibweise hervorheben. Sie haben damit Namen in der ganze Arbeit einheitlich gekennzeichnet.

Unter Berücksichtigung dieser Voraussetzungen können Einträge im Literaturverzeichnis folgendermaßen aussehen (der Einzug gegenüber diesem Absatz dient nur zur Hervorhebung in diesem Buch).

Beispiele

Poenicke, Klaus [Leitfaden 1988]: Wie verfaßt man wissenschaftliche Arbeiten? Ein Leitfaden vom 1. Studiensemester bis zur Promotion. 2., neu bearb. Aufl. Mannheim/Wien/Zürich: Dudenverlag, 1988 (Duden-Taschenbücher, Bd. 21)

Theisen, Manuel R. [Arbeiten 1993]: Wissenschaftliches Arbeiten: Technik – Methodik – Form. 7., überarb. und aktualisierte Aufl. München: Vahlen, 1993 (WiSt-Taschenbücher)

Der Vollständigkeit halber sind in diesen Beispielen auch Titelabkürzungen in eckigen Klammern eingefügt; auf die Beispiele bezieht sich die Beschreibung von Zitaten und Belegen in Kapitel 32. Diese beiden Titel dienen hier nicht nur als bibliographische Beispiele; Sie finden in ihnen – wie in der Einleitung dieses Buches bereits erwähnt – natürlich auch ausführliche Darstellungen zum Thema Literaturverzeichnis.[1]

33.2 Zeitpunkt der Erstellung

Vorteilhaft: So früh wie möglich!

Zu einem bestimmten Zeitpunkt haben Sie die Auswahl der zu verwendenden Materialien und deren Auswertung abgeschlossen, d.h., Sie wissen, was im Literaturverzeichnis aufgeführt werden muss. Zu diesem Zeitpunkt oder nicht allzu lange danach werden Sie beginnen, außer durch handschriftliche Aufzeichnungen auch mit Word erste Gedanken „zu Papier" zu bringen. Grundsätzlich lässt sich das Verzeichnis von jetzt an zu jedem beliebigen Zeitpunkt erstellen – im Extremfall sogar unmittelbar vor Abschluss der Manuskriptbearbeitung. Es

---

[1] *Poenicke, K.:* Leitfaden, 1988, S. 146-174; *Theisen, M. R.:* Arbeiten, 1993, S. 179-191.

spricht jedoch einiges dafür, das Verzeichnis schon zu Beginn der Manuskripterstellung mit Word anzufertigen:

❑ Sie dokumentieren damit sich selbst, dass Ihre Literaturauswahl abgeschlossen ist, bauen gewissermaßen eine Hemmschwelle gegen das „Nachbessern" auf. Wenn nicht sehr schwerwiegende Überlegungen dafür sprechen, empfiehlt es sich nicht, unmittelbar vor Erstellung des Manuskripts noch einmal in die Literaturarbeit einzusteigen, denn auf der bisherigen Auswahl basiert ja das ganze Gedankengebäude. Nachbessern könnte, um im Bild zu bleiben, die Fundamente verrücken und den Überbau im Extremfall zum Einsturz bringen.

Vorteil 1

❑ Sie können das Verzeichnis zusammenhängend ausdrucken und diese Liste für vielfältige Zwecke nutzen: als Bestandsliste für den eigenen Handapparat, um Standorte und Ausleihdauer zu notieren, um Rückgabetermine vorzumerken u.a.[1]

Vorteil 2

❑ Sie können aus dem Verzeichnis heraus durch Kopieren der Einträge eine Sammlung von Textbausteinen erstellen, aus der sich „auf Knopfdruck" die Einträge für die Literaturbelege in den Fußnoten abrufen lassen. Das erspart Ihnen auf der einen Seite die unzähligen Wiederholungen manueller Eingabe und gewährleistet auf der anderen Seite an jeder Belegstelle den gleichbleibend korrekten Eintrag (vorausgesetzt natürlich, der Originaleintrag im Literaturverzeichnis ist fehlerfrei erstellt).[2]

Vorteil 3

Es spricht also vieles dafür und (fast) nichts dagegen, das Literaturverzeichnis frühzeitig auf der Festplatte abzulegen. Das soll jedoch nicht heißen, auf den Einsatz der bewährten und weiterhin sinnvollen Karteikarten zu verzichten, zumal dann, wenn Sie diese bereits im Zeitraum vor der Manuskripterstellung erstellt haben.

---

[1] Zum Drucken siehe Kapitel 13.
[2] Zu Literaturbelegen siehe Kapitel 48; zu Textbausteinen Kapitel 5, Abschnitt *Automatisierte Texterstellung*.

33.3 Plazierung im Manuskript

Nach dem Hauptteil

Das Literaturverzeichnis wird nach der letzten Seite des Hauptteils[1] eingefügt, also nach dem letzten Kapitel bzw. nach dem Anhang. Falls Sie noch andere Verzeichnisse verwenden, ist das Literaturverzeichnis damit das erste (Bild 33.2).

Bild 33.2:
Plazierung des Literatur-verzeichnisses zusammen mit anderen Ver-zeichnissen

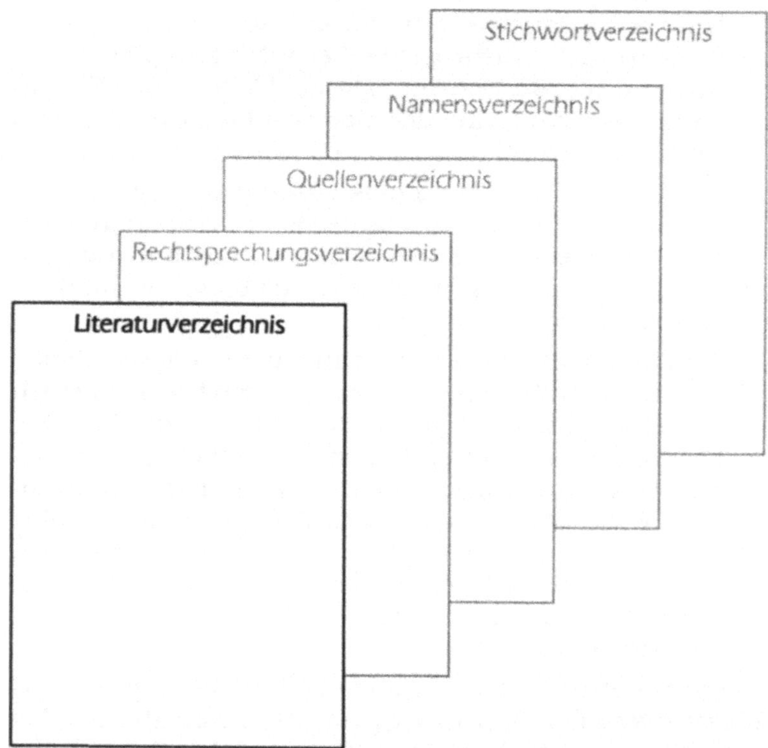

Neue Seite

Wenn Sie das Literaturverzeichnis in das Gesamtmanuskript einfügen– also nicht als eigene Datei erstellen –, beginnen Sie damit immer auf einer neuen Seite, auch wenn auf der vorherigen nur wenige Zeilen stehen. Den Seitenumbruch für eine neue Seite fügen Sie mit der Tastenkombination [Strg]+[←] ein.

---

[1] Siehe Kapitel 19.

33.4 Verzeichnis erstellen und bearbeiten

Dem Verzeichnis wird die Überschrift *Literaturverzeichnis* vorangestellt, die wie andere Kapitelüberschriften formatiert wird.[1] Dadurch lässt sie sich automatisch in das Inhaltsverzeichnis übernehmen. Falls Sie Quellen und Sekundärmaterialien gemeinsam in diesem Verzeichnis aufführen wollen, kann die Überschrift auch *Literatur- und Quellenverzeichnis* heißen.

Überschrift

Das Literaturverzeichnis wird wie alle anderen Teile des Manuskript in die Seitennummerierung einbezogen.[2] Dabei ergeben sich zwei Möglichkeiten:

Paginierung

❏ Wenn Sie das Verzeichnis nach dem Hauptteil in das Gesamtmanuskript einfügen, schließt die Paginierung der Seiten an die letzte Seite des Hauptteils an. Die Paginierungsfunkrion des Gesamtmnauskripts wirkt sich also auch auf das Literaturverzeichnis aus.

❏ Wenn Sie das Verzeichnis als eigene Datei erstellen, müssen Sie dort die Seitennummern einfügen.[3] Verwenden Sie dabei als Startnummer die Zahl, die um den Wert 1 höher ist als die letzte Seitenzahl des Hauptteils (Befehl EINFÜGEN/SEITENZAHL, Schaltfläche *Format*, Feld *Beginnen mit*).

Sie können die einzelnen Titel zunächst in beliebiger Reihenfolge eingeben. Nach abgeschlossener Eingabe werden alle Einträge in aufsteigender Reihenfolge alphabetisch sortiert. Dazu müssen Sie die Einträge – ohne die Überschrift! – zuerst markieren, indem Sie mit der Maus an beliebiger Stelle auf dem ersten Eintrag klicken, die Maustaste gedrückt halten und dann die Maus bis in den letzten Eintrag ziehen; dort lassen Sie die Taste wieder los.

Titeleingabe

Wählen Sie den Befehl TABELLE/TEXT SORTIEREN, und bestätigen Sie im Dialogfeld folgende Einstellungen mit OK:

Sortieren

❏ 1. Schlüssel: *Absatz*

❏ Typ: *Text*

❏ Aufsteigend

---

[1] Siehe Kapitel 31.
[2] Zur Seitennummerierung siehe Kapitel 42.
[3] Ausführlich siehe Kapitel 42.

Mathematische Formeln

Wenn Sie in Ihrem Manuskript Formeln verwenden, haben Sie zwei Möglichkeiten der Erstellung:

- Einfache Formeln, die nur die mathematischen Operationszeichen der Grundrechenarten enthalten, können Sie direkt über die Tastatur eingeben. In mehr oder weniger begrenztem Umfang können Sie auch noch griechische Buchstaben und mit Hilfe der Tastenkombinationen [AltGr]+[2] und [AltGr]+[3] die Exponenten 2 und 3 eingeben. Andere Exponenten können nen Sie mit dem Zeichenformat Hochgestellt realisieren.

Einfache Formeln

Um Zeichen hochgestellt zu formatieren, markieren Sie sie und wählen dann FORMAT/ZEICHEN, Registerkarte *Zeichen*, Option *Hochgestellt*. Das Beispiel zeigt, dass die Darstellungsmöglichkeiten begrenzt sind – nicht so sehr wegen der Variablen oder Konstanten, sondern wegen der Operatoren; wenn Sie etwa die letzte Potenz des Beispiels als Wurzelausdruck darstellen wollen, geht das durch Eingabe über die Tastatur schon nicht mehr.

Beispiel:
$a^2+b^3+c^4+d^{1/5}$

- Komplexe Formeln, die beispielsweise Wurzeln oder Integralzeichen, Brüche oder Matrizen enthalten – um nur wenige Beispiele zu nennen –, müssen Sie mit dem Formeleditor erstellen. Mit diesem Zusatzprogramm, das im Lieferumfang von Word enthalten ist, können Sie mit einigem Zeitaufwand, aber doch relativ einfach Formeln wie in Bild 34.1 erstellen.

Komplexe Formeln

Formeln, die mit dem Formeleditor erstellt werden, sind „nur" zu lesen; sie lassen sich nicht für Berechnungen verwenden. Sie können also nicht damit rechnen, dass Sie damit rechnen können.

34.1 Der Formelmodus und die Formelwerkzeuge

Um Formeln mit dem Formeleditor zu erstellen, brauchen Sie natürlich die Tastatur, vor allem aber die Maus. Mit der Maus werden die Formelzeichen „erzeugt".

Bild 34.1:
Aus den Vorlagen der Formel-Symbolpalette lassen sich durch Mausklick die notwendigen Formelelemente auswählen.

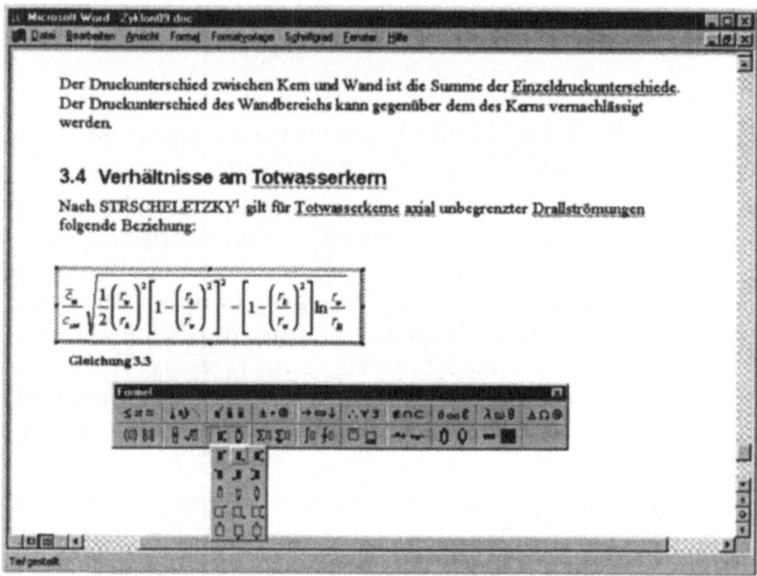

Formeleditor einschalten

Bevor Sie eine Formel erstellen oder bearbeiten können, muss der Formelmodus durch Starten des Formeleditors eingeschaltet sein. Mit dem Einschalten des Formeleditors werden gleichzeitig die notwendigen Werkzeuge in Form der Symbolpalette *Formel*, Tastenleisten und zusätzlichen Menüs angezeigt. Für die Bedienung der Symbolpaletten ist eine Maus erforderlich.

... bei vorhandenen Formeln

Wenn Sie eine im Manuskript bereits vorhandene Formel bearbeiten wollen, doppelklicken Sie auf der Formel, um so den Formelmodus und damit den Formeleditor einzuschalten.

Wenn Sie öfter Formeln erstellen müssen, empfehle ich Ihnen, das Startsymbol für den Formeleditor in eine der vorhandenen Symbolleisten einzufügen.[1] Allerdings müssen Sie dann den Formeleditor mindestens einmal in der im folgenden beschrieben Art und Weise starten, damit die Option *Über den Text legen* (siehe nächster Abschnitt) wirksam wird.

Der im folgenden beschriebene Ablauf gilt für den Fall, dass Sie eine neue Formel erstellen wollen.

---

[1] Siehe Kapitel 4.

1. Wählen Sie den Befehl EINFÜGEN/OBJEKT.

2. Deaktivieren Sie das Kontrollfeld *Über den Text legen.* Damit wird die Formel in den aktuellen Absatz eingefügt, und Sie können sie so wie normalen Text bearbeiten (beispielsweise zentrieren). Mit aktiviertem Kontrollfeld würde die Formel als Zeichenobjekt erstellt und wäre so im Sinne von bearbeitbarem, normalem Text nicht zu bearbeiten; die als Zeichenobjekt nutzbaren Eigenschaften werden Sie aber vermutlich bei Formeln

3. Doppelklicken Sie im Listenfeld der Registerkarte *Neu erstellen* auf dem Eintrag *Microsoft Formel-Editor 3.0.* Damit wird an der aktuellen Cursorposition ein Rahmen plaziert, in den dann die Formel eingefügt wird.

So geht's!

In die Menüleiste werden teilweise andere Menüs eingefügt, und etwa in der Bildschirmmitte erscheint die Symbolleiste. Informationen zur Verwendung der einzelnen Symbole und Menüs können Sie direkt auf den Bildschirm bekommen, indem Sie im Formelmodus die Funktionstaste F1 drücken. Im Hilfefenster *Hilfethemen: Formel-Editor* können Sie dann unter dem Stichwort *Referenz* ausführliche Informationen abrufen (Bild 34.2).

Die Werkzeuge

Um die Bearbeitung der Formel zu beenden, klicken Sie an beliebiger Stelle außerhalb des Formelrahmens oder drücken die Esc-Taste. Damit werden die Symbolleiste ausgeblendet und die normale Menüleiste wieder angezeigt.

Wenn Sie für Formeln die Funktion *AutoBeschriftung* aktiviert haben, wird gleichzeitig mit der Formel die Beschriftung mit der laufenden Nummer eingefügt.

Automatische Beschriftung

34.2 Eine Formel erstellen und bearbeiten

Formeln erstellen Sie dadurch, dass Sie auf den Symbolen der Symbolpalette klicken. Dadurch werden Word sogenannte Vorlagen eingefügt, die damit schon ihr endgültiges Aussehen haben.

Am Beispiel der einfachen Formel

Beispiel

$$\sqrt{\frac{1}{2}(b+c)^2}$$

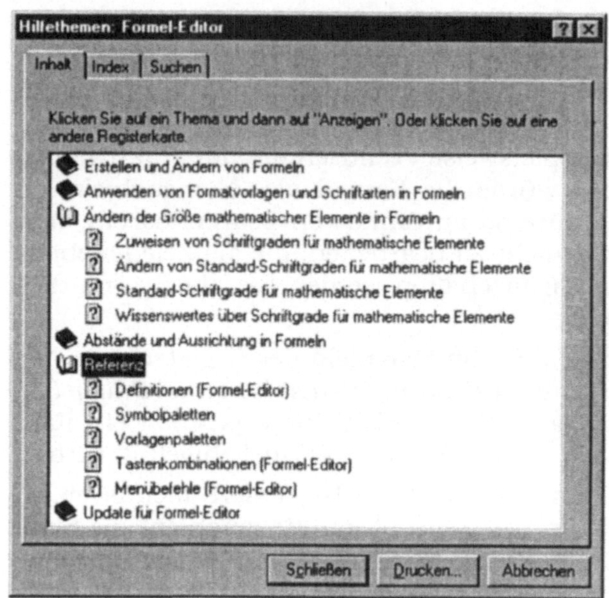

werden im folgenden die notwendigen Schritte zu ihrer Erstellung beschrieben. Die Beschreibung geht vom eingeschalteten Formelmodus aus.

„Oft kopiert und doch viel erreicht"

Was ich an anderer Stelle in Zusammenhang mit einzelnen Formelzeichen gesagt habe,[1] ist hier noch weitaus wichtiger: Das Kopieren von Formeln anstelle der Neueingabe. Damit ist Folgendes gemeint:

Zeit sparen und Fehler vermeiden

In manchen Fällen müssen Sie nicht nur eine einzelne Formel erstellen, sondern ausgehend von der ersten Formel eine ganze Deduktionskette, d.h., dass die nächste Formel aus der vorherigen zu entwickeln ist. Die Unterschiede zwischen den einzelnen Entwicklungsstufen sind dabei oft recht gering. In dieser Situation können Sie sich viel Zeit sparen, wenn Sie die jeweils letzte Fassung der Formel kopieren und in der Kopie nur noch die Änderungen einfügen. Und außerdem lassen sich die mit jeder Eingabe möglichen Fehler vermeiden.

Weil die Arbeit mit dem Formeleditor in der Regel eine sehr zeitaufwendige, wenn nicht sogar zeitraubende Sache ist, sollten Sie nicht vergessen, Ihre Arbeit auch zwi-

---

[1] Zur Eingabe von Formelzeichen und zur Erstellung von Formelzeichenverzeichnissen siehe Kapitel 16.

schendurch immer wieder zu speichern, am besten mit Hilfe der Speicherautomatik in Word.[1]

Wie bei der Arbeit mit allen Symbolleisten so bekommen Sie auch hier einen kleinen Hilfetext, wenn Sie den Mauszeiger auf der Formelleiste stehen lassen. Gleichzeitig wird in der Statusleiste ein Hinweistext angezeigt.

Hilfe

1. Klicken Sie auf dem Symbol *Vorlagen für Brüche und Wurzeln* und in der geöffneten Palette dann auf dem Symbol *Quadratwurzel.* Das Wurzelzeichen wird eingefügt, und der Cursor steht im Eingabefeld.

So geht's!

2. Klicken Sie noch einmal auf dem Symbol *Vorlagen für Brüche und Wurzeln* und dann auf dem Symbol *Vertikal angeordneter Bruch - normale Größe.* Damit wird der Bruchstrich mit den beiden Eingabefeldern unter dem Wurzelzeichen eingefügt; der Cursor steht im Eingabefeld des Zählers.

3. Geben Sie die Zahl *1* ein, drücken Sie dann die Taste ⬇, und geben Sie im Eingabefeld des Nenners den Buchstaben *a* ein.

4. Drücken Sie Taste ➡, und geben Sie nun den Klammerausdruck *(b+c)* ein.

5. Klicken Sie dann auf dem Symbol *Vorlagen für Hoch- und Tiefstellungen* und dann auf dem Symbol *Hochgestellt.* Der Cursor steht im Eingabefeld des Exponenten. Geben Sie die Zahl *2* ein.

6. Beenden Sie die Formeleingabe, indem Sie außerhalb der Formel klicken.

34.3 Formeln nummerieren

Formeln müssen in einem Manuskript – wenn sie nicht innerhalb eines Satzes zu stehen kommen – fortlaufend nummeriert werden. Sie sollten Formeln aber tunlichst nicht von Hand nummerieren, sondern dazu die Beschriftungsautomatik mit der Nummerierungsfunktion einsetzen. Dadurch haben Sie immer die Gewähr der korrekten Nummerierung aller Formeln, auch wenn Sie später eine

Automatisch nummerieren ...

---

[1] Zum Speichern und Sichern siehe Kapitel 7.

Formel entfernen oder eine zusätzlich in das Manuskript einfügen.[1]

... mit eingebautem Fehler

Bisher war immer von *Formeln* die Rede; auch die notwendigen Werkzeuge in Word weisen auf *Formeln* hin (*Formel-Editor, Formel-Symbolleiste*). Mit dieser korrekten Begriffsverwendung macht Word bzw. Microsoft allerdings spätestens dann Schluss, wenn die automatische Beschriftung einsetzt. Word schlägt als Beschriftungstext den Begriff *Gleichung* vor.

Formel oder Gleichung?

Eine Formel – so erklärt das DUDEN-Fremdwörterbuch – ist eine *„Folge von Buchstaben, Zahlen od. Worten zur verkürzten Bez. eines mathematischen [...] Sachverhalts"*[2]. Das muss nun aber nicht notwendigerweise eine Gleichung sein. Genau diese verkürzte Interpretation kommt aber in der automatischen Beschriftung zum Ausdruck. Ob Sie nun den Begriff *Gleichung* durch *Formel* ersetzen oder nicht, bleibt Ihnen überlassen.

Mit dem Fehler leben

Egal wie Sie sich entscheiden – ganz korrekt ist keine der beiden Varianten. Die korrekte Form der Formelnummerierung ist die in runden Klammern stehende Nummer, die rechtsbündig neben der Formel angeordnet ist.[3] Weil nun Word aber die Beschriftung nur oberhalb oder unterhalb der Formel einfügen kann, haben Sie zwei Möglichkeiten, mit dieser eigentlich falschen Lösung umzugehen:

Salopp

❑ Sie akzeptieren den Fehler und wählen die Ihnen genehmere der beiden falschen Variante. Entscheiden Sie dabei, ob Sie dieses Vorgehen mit dem Betreuer Ihrer Arbeit absprechen wollen.

Penibel

❑ Sie wollen es genau wissen und plazieren deshalb das Textfeld mit dem Beschriftungstext rechts von der Formel. Das müssen Sie allerdings von Hand tun, und

---

[1] Zur automatischen Beschriftung siehe Kapitel 36.

[2] *Duden Fremdwörterbuch.* Bearb. von Wolfgang Müller u.a. 4., neu bearb. u. erw. Aufl., Mannheim, Wien, Zürich: Bibliographisches Institut, 1982, S. 259. Als Quelle läßt übrigens auch die elektronische Fassung des Fremdwörterbuches zitieren; das sieht dann so: *Lextrom - Fremdwörterbuch.* Version 2.0, Unterschleißheim: Microsoft und Bibliographisches Institut & F. A. Brockhaus AG, 1997.

[3] Diese korrekte Form der Formelnumerierung wird von dem Textverarbeitungsprogramm *WordPerfect* realisiert. Das nützt Ihnen zwar als WinWord-Anwender herzlich wenig; ich wollte einfach der Vollständigkeit halber darauf hinweisen.

das ist aufwendig, wenn Ihr Manuskript viele Formeln enthält.

Wenn Sie sich nun aber schon einmal diesen Aufwand auf sich nehmen wollen, dann können Sie sich auch gleich überlegen, ob Sie nicht Nägel mit Köpfen machen: Löschen Sie die Bezeichnung *Gleichung*, und setzen Sie die verbleibende Nummer in zwei runde ( ) Klammern. Mit der *Suchen-Ersetzen*-Funktion können Sie sich das Ganze ein bisschen leichter machen.[1] Ob der Aufwand lohnt, auch das können Sie am besten beurteilen.

Für den Fall, dass eine Formel aufgrund ihrer Länge mehr als eine Zeile umfasst, plazieren Sie die Beschriftung in der letzten Formelzeile.

---

[1] Siehe Kapitel 5.

35

Ein Namensverzeichnis ist – ähnlich wie ein Stichwort-verzeichnis – eine alphabetisch Liste von Namen, die auf bestimmte Stellen in einer Arbeit verweisen. Dabei handelt es sich um Namen von Institutionen, Organisationen, Orten, Personen und Unternehmen. Namen von Autoren und Herausgebern sind nur dann in das Namensver-zeichnis zu übernehmen, wenn sie innerhalb des Textes – also nicht in einer Fußnote – genannt werden.[1]

Das Namensverzeichnis ist damit neben anderen Ver-zeichnissen einer der Wegweiser durch ein Manuskript.[2] Ein Namensverzeichnis wird nur für zu veröffentlichende Arbeiten erstellt.

Die im Verzeichnis aufgelisteten Namen verweisen durch eine Seitenzahl auf die Referenzstelle im Manuskript, an der Informationen zum verwendeten Namen gefunden werden können. Ein Namensverzeichnis entsteht in zwei Stufen:

❑ Markierung der Namen als Referenzstelle im Manu-skript

❑ Auflistung der Namen, die den Referenzstellen zuge-ordnet sind

Prinzipiell ist ein Namensverzeichnis damit „nur" eine besondere Form eines Stichwortverzeichnisses. Sollte diese Variante in Ihrer Arbeit also nicht erforderlich sein, können Sie die Namen auch in das Stichwortverzeichnis integrieren. Klären Sie diese Frage aber auf jeden Fall rechtzeitig mit dem Betreuer Ihrer Arbeit.

Namens- oder Stichwort-verzeichnis?

Für den Fall, dass also ein eigenes Namensverzeichnis zu erstellen ist[3], müssen Sie einige Besonderheiten beach-

---

[1] *Theisen, M. R.:* Arbeiten, 1993, S. 233.

[2] Zum Stichwortverzeichnis siehe Kapitel 43, zum Inhaltsverzeichnis Kapitel 31; zu thematischen Verzeichnissen siehe Kapitel 17 (Abbildungsverzeichnis), Kapitel 25 (Formelverzeichnis) und Kapitel 41 (Rechtsprechungsverzeichnis).

[3] An dieser Stelle eine Anmerkung zum Stichwort *Sprachstil* (siehe auch Kapitel 8): Die obige Formulierung „*zu erstellen ist*" erlaubt nach den Regeln der deutschen Grammatik zwei Interpretationen: Das Verzeichnis *kann* erstellt werden, d.h., es ist möglich, das zu tun; die Formulierung kann aber auch so verstanden werden, dass das

ten, was Formalitäten und Word-technische Schritte betrifft.

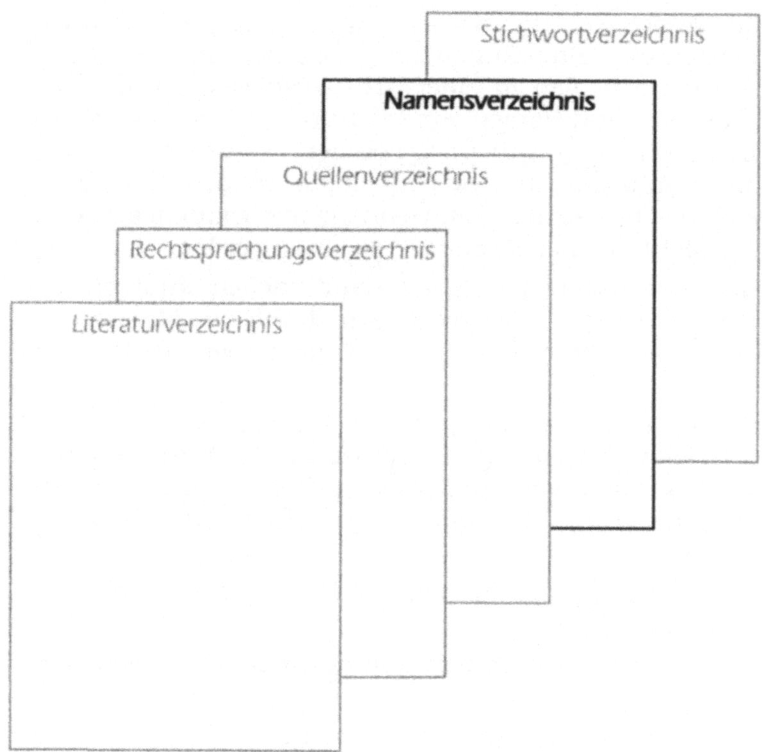

Bild 1.1:
Plazierung des Namens- verzeichnisses zusammen mit anderen Ver- zeichnissen

Was ist gleich wie beim Stichwortverzeichnis?

Einträge

Die Einträge im Namensverzeichnis sind die Namen, die Sie in Ihrem Manuskript verwendet haben. Einschränkend gilt hier aber, dass Sie im Namensverzeichnis anstelle der Namen keine Synonyme oder Antonyme verwenden können wie bei Stichwortverzeichniseinträgen. Falls Sie für die Namen von Institutionen, Organisationen

---

Verzeichnis erstellt werden *muss.* Weil die deutsche Sprache beide Interpretationen zulässt, habe ich mit Absicht die Form „*zu erstellen ist*" gewählt. Interpretieren Sie also, ob Sie das Verzeichnis erstellen *können* oder *müssen.*

und Unternehmen Abkürzungen verwenden, sollten Sie die Abkürzungen im Abkürzungsverzeichnis erklären.[1]

Für die Seitenverweise und den Zeitpunkt der Erstellung gelten hier die gleichen Formalitäten und Bedingungen wie bei Stichwortverzeichnis. Das trifft auch auf die Markierung der Namen im Manuskript und die Gestaltung des Namensverzeichnisses zu.

Seitenverweise
Zeitpunkt
Markierung
Gestaltung

Die dem Verzeichnis vorangestellt Überschrift wird wie andere Kapitelüberschriften formatiert.[2] Dadurch läßt sie sich automatisch in das Inhaltsverzeichnis übernehmen.[3]

Was ist anders als beim Stichwortverzeichnis?

Das Namensverzeichnis wird vor dem Stichwortverzeichnis eingefügt (Bild 35.1). Wenn Sie das Namensverzeichnis in das Gesamtmanuskript einfügen – also nicht als eigene Datei erstellen –, beginnen Sie damit immer auf einer neuen Seite, auch wenn auf der vorherigen nur wenige Zeilen stehen. Den Seitenumbruch für eine neue Seite fügen Sie mit der Tastenkombination (Strg)+(←) ein.

Plazierung im
Manuskript

Weil Word die Einträge für Namens- und Stichwortverzeichnisse auf die gleiche Art und Weise kennzeichnet, ist die Erstellung zweier getrennter Verzeichnis ein bisschen umständlich. Wenn bzw. weil Sie sich aber für ein getrenntes Namensverzeichnis entschieden haben, lohnt der letztlich doch geringe Mehraufwand.

Verzeichnis
erstellen

1. Erstellen Sie also aufgrund der markierten Namen das Namensverzeichnis.[4]

So geht's!

2. Danach markieren Sie im Manuskript die Einträge für das Stichwortverzeichnis und erstellen auf einer neuen Seite nach dem Namensverzeichnis das Stichwortverzeichnis.

3. Weil nun aber für Word mit dem Namensverzeichnis bereits ein „Stichwortverzeichnis" existiert, werden Sie prompt gefragt, ob der vorhandene Index ersetzt werden soll. Verneinen Sie diese Frage. Dadurch bleibt das Namensverzeichnis unverändert erhalten. Das

---

[1] Siehe Kapitel 18.
[2] Siehe Kapitel 31.
[3] Siehe Kapitel 20.
[4] Siehe Kapitel 43, Abschnitt *Verzeichnis erstellen.*

„richtige" Stichwortverzeichnis wird zusätzlich auf der Folgeseite erstellt.

4. Als letzten Schritt entfernen Sie nun aus dem Stichwortverzeichnis die Namenseinträge und erhalten damit jeweils ein „lupenreines" Namens- und ein ebensolches Stichwortverzeichnis.

Wenn Sie jetzt fragen, was der ganze Aufwand solle und man könne ja „die paar Namen" auch von Hand in eine Liste eintragen, dann muss ich sagen „*Stimmt! Und mit einem Schlauchboot kommt man schneller nach Amerika als im Flieger.*". Allerdings – um wieder zum Namensverzeichnis zu kommen – haben Sie mit dem Einsatz der Indexfunktion immer die Gewähr der korrekten Seitenverweise und die Sicherheit, alle Referenzstellen berücksichtigt zu haben.

Nummerierung und Beschriftung

Wissenschaftliche Arbeiten können neben dem „normalen" Text auch Abbildungen, Tabellen oder andere Informationsträger enthalten, die ebenfalls zur Darstellung und Erläuterung des untersuchten Gegenstandes dienen. Damit diese Bestandteile innerhalb des Manuskripts eindeutig identifiziert werden können, etwa in Querverweisen[1], müssen sie beschriftet und gleichzeitig nummeriert werden. Diese vollständige Beschriftung hat aber noch einen weiteren Vorteil: Sie können sie zur Erstellung von Verzeichnissen verwenden[2].

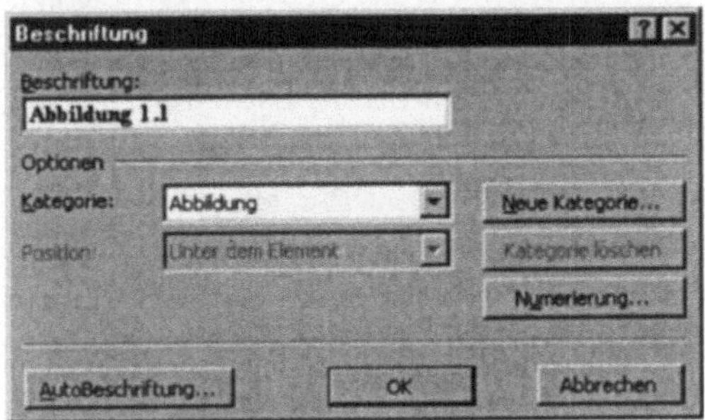

Bild 36.1:
In diesem Dialogfeld bestimmen Sie das Aussehen der Beschriftung einschließlich Nummerierung.

36.1 Beschriftung

Beschriftungen werden von Word unter oder über Abbildungen, Formeln und Tabellen eingefügt.[3] Die Beschriftung besteht aus der Bezeichnung der Manuskriptteile (*Abbildung, Formel* bzw. *Gleichung*[4], *Tabelle*), der laufenden Nummer und einem auf den Inhalt hinweisenden Titeltext.

Bestandteile

Die Beschriftung der Abbildungen und Tabellen dieses Buches habe ich mit der Funktion *AutoBeschriftung* einfügen lassen, natürlich auch auf dieser Seite.

Praktische Beispiele

---

[1] Siehe Kapitel 39.
[2] Siehe Kapitel 17.
[3] Zur Formelnummerierung siehe auch Kapitel 34.
[4] Zur Begriffsverwendung für Gleichungen und Formeln durch Microsoft siehe Kapitel 34.

Beschriftung automatisiert einfügen

Word bietet Ihnen die Möglichkeit, diese Beschriftung teilweise automatisiert einzufügen. Dabei übernimmt das Programm das Einfügen der Bezeichnung einschließlich Nummerierung, und Sie brauchen dann dahinter nur noch den Titeltext zu schreiben (in Bild 36.1 *„In diesem Dialogfeld bestimmen Sie das Aussehen der Beschriftung einschließlich Nummerierung.“*).

Was lässt sich beschriften?

In Word können Sie mit der Funktion *AutoBeschriftung* nahezu alles beschriften lassen, was sich in ein Dokument einfügen lässt. Für wissenschaftliche Arbeiten ist die automatisierte Beschriftungsfunktion für folgende Manuskriptteile relevant:

❏ Mathematische Formeln (EINFÜGEN/OBJEKT, Objekttyp *Microsoft Formel-Editor 3.0*)[1]

❏ Abbildungen und Grafiken (EINFÜGEN/GRAFIK/CLIPART bzw. EINFÜGEN/GRAFIK/AUS DATEI)[2]

❏ Diagramme (EINFÜGEN/GRAFIK/DIAGRAMM)[3]

❏ Tabellen (TABELLE/TABELLE EINFÜGEN bzw. TABELLE/ TABELLE ZEICHNEN)[4]

Immer dann, wenn Sie einen dieser Manuskriptteile erstellen, wird von Word automatisch und gleichzeitig die zugehörige Beschriftung einschließlich einer laufenden Nummer eingefügt.

So geht's!

1. Wählen Sie EINFÜGEN/BESCHRIFTUNG und dann im Dialogfeld *AutoBeschriftung*.

2. Markieren Sie im Listenfeld *Automatisch beschriften* das Kontrollfeld für den Eintrag *Microsoft Formel-Editor 3.0*. Wählen Sie dann im Listenfeld *Kategorie* den Eintrag *Gleichung* und im Listenfeld *Position* die gewünschte Position für die Beschriftung der Formeln.

3. Wiederholen Sie Schritt Nr. 2 für alle anderen Elemente, die Sie in Ihrem Manuskript verwenden (*Microsoft Word-Grafik*, *Microsoft Word-Tabelle* usw.)

4. Bestätigen Sie das Dialogfeld mit OK.

---

[1] Siehe Kapitel 23.
[2] Siehe Kapitel 17.
[3] Siehe Kapitel 13.
[4] Siehe Kapitel 29.

5. Wenn Sie Formeln, Grafiken, Diagramme oder Tabellen in Ihr Manuskript einfügen, schreiben Sie nach der Bezeichnung – getrennt durch einen Doppelpunkt – den jeweiligen Beschriftungstext.

36.2 Nummerierung

Fortlaufend oder kapitelweise

Sie können die zu beschriftenden Teile entweder im ganzen Manuskript fortlaufend nummerieren oder in jedem Kapitel wieder bei 1 beginnen. Bei der kapitelweisen Nummerierung müssen Sie dann aber die Kapitelnummer einbeziehen, damit Nummern nicht mehrfach verwendet werden. Word nummeriert automatisch fortlaufend.

So geht's!

1. Um die Kapitelnummer in die Nummerierung einzubeziehen, klicken Sie im Dialogfeld des Befehls EIN-FÜGEN/BESCHRIFTUNG auf *Numerierung*.[1]

2. Markieren Sie im Dialogfeld *Numerierung der Beschriftung* das Kontrollfeld *Kapitelnummer einbeziehen*.

3. Wenn Sie ein anderes Trennzeichen zwischen laufender und Kapitelnummer als den vorgeschlagenen Punkt verwenden wollen, wählen Sie im Listenfeld *Trennzeichen*.

4. Bestätigen Sie mit OK.

Listen und Verzeichnisse erstellen

Sie können nun, nachdem die Manuskriptteile beschriftet und nummeriert sind, mit diesen Informationen Verzeichnisse erstellen (Formelverzeichnis, Abbildungsverzeichnis usw.). Word stellt dazu eine besondere Funktion zur Verfügung. Dabei werden vom Programm automatisch die Beschriftungen verwendet und mit den Seitenzahlen chronologisch aufgelistet.[2]

---

[1] Das Dialogfeld ist der ersten Fassung von Word 97 noch nicht nach den neuen Regeln der deutschen Rechtschreibung beschriftet; deshalb *Numerierung* statt *Nummerierung*.

[2] Zur Erstellung von Abbildungsverzeichnissen siehe Kapitel 17.

Ein Organigramm ist ein „Stammbaumschema, das den Aufbau einer [wirtschaftlichen] Organisation erkennen läßt u. über die Zuweisung bestimmter Aufgabenbereiche an bestimmte Personen Auskunft gibt".[1]

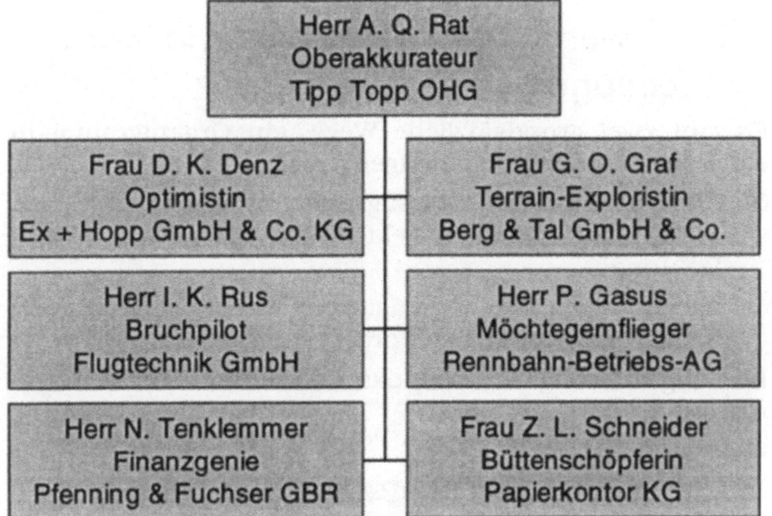

Bild 37.1:
Die glorreichen Sieben – diesmal die anderen, aber deshalb nicht minder glorreich – in einem Organigramm dargestellt

Vielleicht versuchen Sie, aus dem obigen Organigramm den zweiten Teil der DUDEN-Erklärung herauszulesen, die Zuweisung der Aufgabenbereiche. Zugegeben, dieser Teil ist nicht ohne weiteres zu erkennen, aber die Darstellung erfüllt doch zwei Funktionen:

- ❑ Die Grafik zeigt unbestritten den allerdings nicht sehr komplizierten Aufbau einer Organisation.

- ❑ Und sie ist ein Beispiel dafür, wie sich ein als PowerPoint-Folie erstelltes Organigramm in ein Word Dokument – beispielsweise in das Kapitel 37 – einfügen lässt.

Der zweite Aspekt ist das Thema eigentliche dieses Kapitels. Wenn es also darum geht, dass Sie ein Organigramm

---

[1] *DUDEN Fremdwörterbuch:* S. 546; das Adjektiv *wirtschaftlichen* steht im DUDEN bereits in Klammern.

in Ihr Manuskript einfügen müssen, dann können Sie das mit Hilfe von PowerPoint tun.

Wenn Ihnen das Programm nicht zur Verfügung steht, dann können Sie sich aber auch mit den Word vorhandenen Zeichenwerkzeugen behelfen.[1] Das Verb *behelfen* weist zwar die Word-Variante nicht unbedingt als zweitbeste Lösung aus, aber es ist mit Word halt doch ein bisschen weniger komfortabel.

37.1 PowerPoint-Organigramme in Word einfügen

Es gibt zwei grundsätzliche Wege, ein Organigramm in ein Word-Dokument einzufügen:

❏ Sie erstellen das Organigramm in PowerPoint und verknüpfen dieses Objekt dann mit Ihrem Word-Dokument.

❏ Sie erstellen das Organigramm direkt in Word und haben es damit in das Word-Dokument eingebettet.[2]

Im folgenden geht um das Einbetten eines Organigramms.

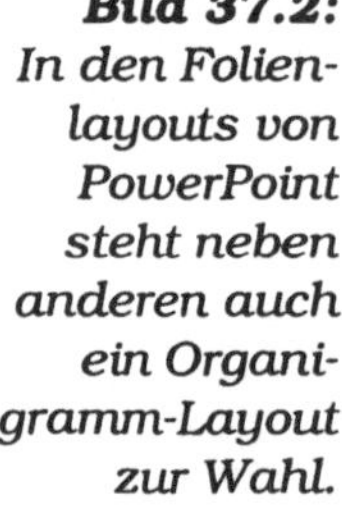

Bild 37.2:
In den Folien-layouts von PowerPoint steht neben anderen auch ein Organigramm-Layout zur Wahl.

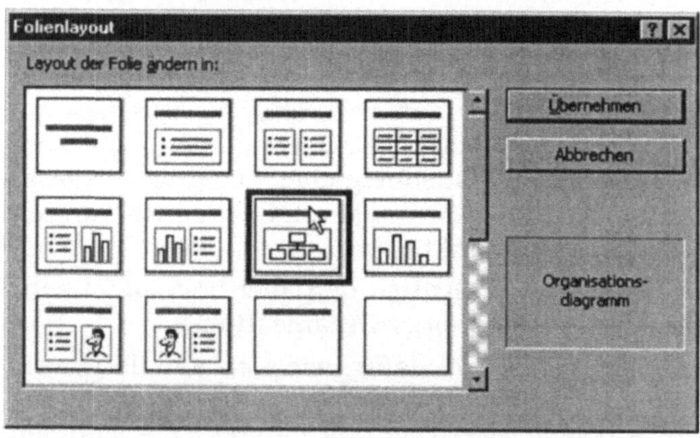

---

[1] Eine andere Anwendung der Word-Zeichenwerkzeuge ist in Kapitel 27 beschrieben; dort geht es um Ablaufdiagramme, auch Flussdiagramme genannt.
[2] Die Unterschiede zwischen den beiden Varianten sind in Kapitel 12, Abschnitt *Produkte anderer Programme in Word einfügen*, beschrieben.

1. Wählen Sie EINFÜGEN/OBJEKT und dann im Dialogfeld den Objekttyp *Microsoft PowerPoint-Folie.* Mach bestätigen mit OK wird ein Rahmen mit einer noch leeren Folie in das Dokument eingefügt.

2. Wählen Sie FORMAT/FOLIENLAYOUT, und doppelklicken Sie auf dem Folienlayout *Organisationsdiagramm* (Bild 37.2).

3. Jetzt doppelklicken Sie auf der im Rahmen angezeigten Folie, um den Organigramm-Editor von PowerPoint zu starten. In dessen Fenster bearbeiten Sie dann das Organigramm.

4. Wenn Ihr Organigramm fertig ist, kehren Sie mit DATEI/BEENDEN UND ZURÜCKKEHREN ZU FOLIE IN DOKUMENT in das Word-Dokument zurück. Damit ist das Organigramm in Ihr Manuskript eingebettet (Bild 37.4 als Bildschirmabbildung, in Bild 37.1 das Orginal-Organigramm).

So geht's!

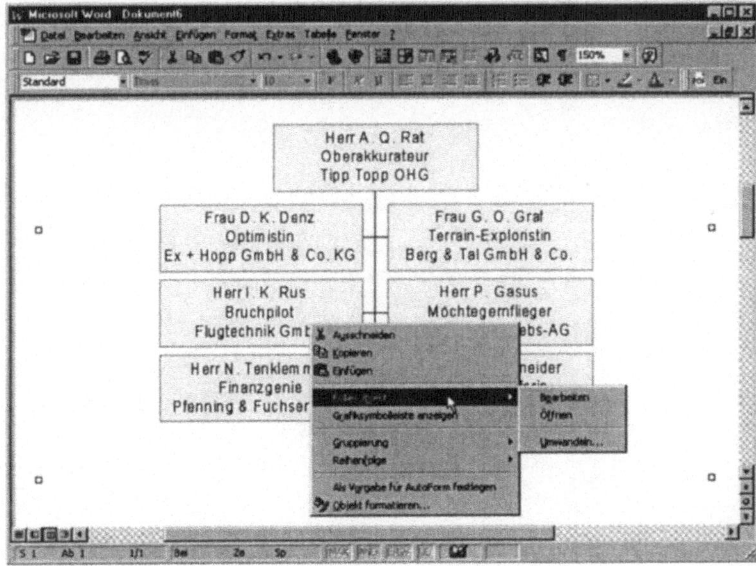

Bild 37.3:
So sieht das Organigramm aus, nachdem es aus dem Organigramm-Editor von PowerPoint in das Word-Dokument eingebettet ist. Über das Kontextmenü der rechten Maustaste lässt sich der Organigramm-Editor wieder starten.

37.2 Organigramme in Word erstellen

Um Organigramme direkt in Word zu erstellen, verwenden Sie die Zeichenwerkzeuge in Form der Zeichnen-Symbolleiste.[1] Durch Klicken auf AUTOFORMEN können Sie sich sechs Auswahllisten anzeigen lassen. Dort wählen Sie die für Ihr Organigramm notwendigen Flächen und Linien.

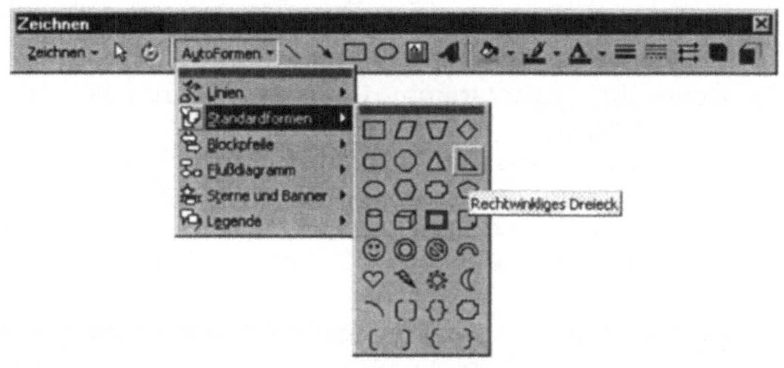

*Bild **37.4**: Die Zeichnen-Symbolleiste enthält die notwendigen Objekte zur Erstellung von Organigrammen.*

---

[1] Ausführlich siehe Kapitel 27.

Quellenverzeichnis 38

Das Quellenverzeichnis ist eine alphabetisch sortierte
Auflistung der verwendeten Quellen. Vom Verzeichnis der
Sekundärliteratur (Literaturverzeichnis) unterscheidet es
sich lediglich durch die Art der aufgelisteten Materialien.[1]
Wie das Literaturverzeichnis kann auch das Quellenver-
zeichnis nach bestimmten Kriterien unterteilt sein.

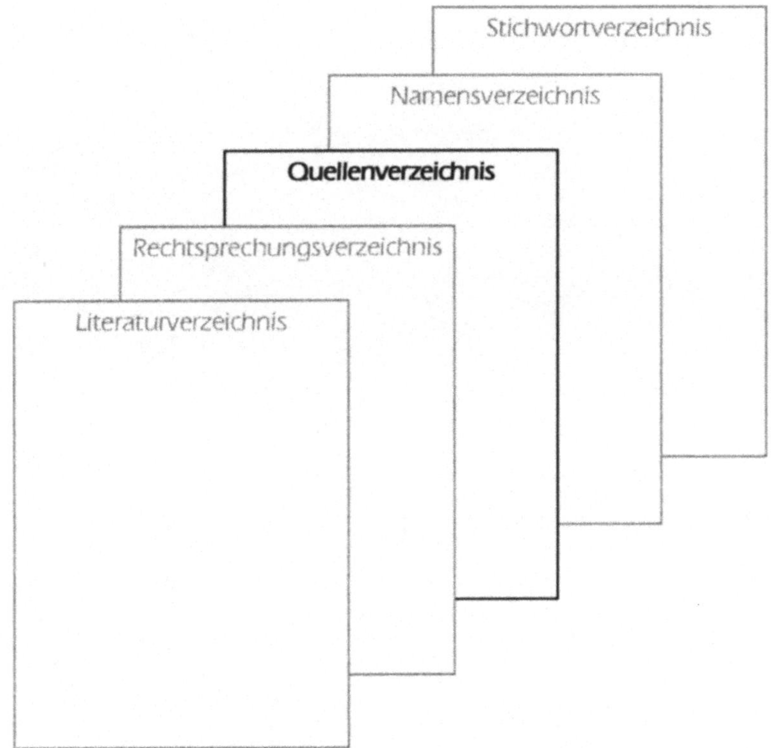

Bild 38.1:
*Plazierung des
Quellen-
verzeichnisses
zusammen mit
anderen Ver-
zeichnissen*

Für die Erstellung und Bearbeitung von Quellenverzeichnissen gelten also die gleichen Abläufe und Vorge-
hensweisen wie bei Literaturverzeichnissen.[2] Weil bzw.
wenn mit dem Quellenverzeichnis ein zusätzliches Ver-

---

[1] Zur Unterscheidung von Quellen und Sekundärmaterialien siehe
Theisen, M. R.: Arbeiten, 1993, S. 83f.

[2] Zur Erstellung von Literaturverzeichnissen siehe Kapitel 33.

zeichnis in Ihrer Arbeit erscheint, dann plazieren Sie es nach dem Literaturverzeichnis, gegebenenfalls nach dem Rechtsprechungsverzeichnis[1] (Bild 38.1).

---

[1] Zur Erstellung von Rechtsprechungsverzeichnissen siehe Kapitel 41.

Querverweise

Querverweise weisen die Leser Ihrer Arbeit an bestimmten Stelle des Manuskripts darauf hin, dass sie an anderen Stellen weitere Informationen finden können. Ihre Aufgabe als Autor besteht darin, an den *„bestimmten Stellen"* den Hinweis zu erstellen und dafür zu sorgen, dass die Leser ohne Umwege und sicher zu den *„anderen Stellen"* finden.

39.1 Von Querverweisen und Hyperlinks

Vor der Realisierung dieser beiden Aufgaben mit Word müssen Sie aber entscheiden, ob Sie Ihre Arbeit in gedruckter Form, also auf Papier oder in elektronischer Form, also als Datei veröffentlichen. Der grundsätzliche Unterschied für die Leser besteht darin, dass sie bei der Papiervariante selbst blättern müssen, bei der Dateivariante jedoch der PC (mit seinen Programmen) das „Blättern" übernimmt.

Was hätten Sie gern?

❏ Wenn Sie Ihre Arbeit ausdrucken, dann fügen Sie Querverweise in der klassischen Form ein. Das bedeutet, dass beispielsweise an einer Stelle in Ihrem Kapitel 1 der Hinweis steht *„Siehe auch Abschnitt 1 in Kapitel 2"*. Diese Art von Verweisen ist hier in Kapitel 39 ausführlich beschrieben.

Querverweise auf dem Papier

❏ Wenn Sie Ihre Arbeit in einer auf dem Bildschirm lesbaren Form, beispielsweise als PDF-Datei oder im Internet publizieren wollen, dann fügen Sie sogenannte *Hyperlinks* in das Manuskript ein.[1]

Hyperlinks auf dem Bildschirm

Solche Hyperlinks zeigen dann entweder andere Stellen innerhalb der aktuellen Datei; oder sie öffnen andere Dateien, die aber Bestandteil Ihrer Arbeit sind; oder sie öffnen Dateien, die nicht Bestandteil Ihrer Arbeit sind, sondern als fremde Webseiten im Internet zur Verfügung stehen.

... für Ihre Leser

Während der Bearbeitung Ihres Manuskripts können Sie natürlich Hyperlinks auch einsetzen um selbst schnell bestimmte Stellen innerhalb der aktuellen

... für Sie als Autor

---

[1] Siehe Kapitel 16.

Datei oder andere Kapiteldateien Ihrer Arbeit angezeigt zu bekommen.

39.2 Querverweise erstellen

Grundsätzlicher Ablauf

Die Erstellung von Querverweisen geschieht in drei Stufen, die unabhängig von den weiter unten beschriebenen
Details folgendermaßen aussehen:

Zielstelle definieren
❑ Die Stelle, zu der Sie verweisen wollen (Zielstelle),
kennzeichnen Sie dadurch, dass Sie dort entweder eine Textmarke einfügen oder die Bezeichnung der
Zielstelle in einem Dialogfeld markieren. Mögliche
Zielstellen sind außer den erwähnten Textmarken
auch Überschriften, Fuß- und Endnoten, Abbildungen, Formeln und Tabellen.

Ausgangsstelle definieren
❑ An der Stelle im Manuskript, von der aus Sie verweisen wollen (Ausgangsstelle), schreiben Sie den gewünschten Verweistext, aber ohne die zugehörige
Seitenzahl. Das kann beispielsweise so aussehen:
„siehe dazu auch auf Seite".

Verknüpfen
❑ Zum Schluss werden die Ausgangsstelle und die Zielstelle miteinander verknüpft. Diese Aufgabe übernimmt Word. Dadurch wird – um im obigen Beispiel
zu bleiben – nach dem Hinweis *„siehe dazu auch auf
Seite"* die Nummer der Seite eingesetzt, auf der sich
die Zielstelle befindet. Wenn durch weitere Bearbeitung des Textes die Zielstelle auf eine andere Seite zu
stehen kommt, lassen Sie die Seitenzahl durch Word
aktualisieren.

Vorteile gegenüber manuellen Verweisen

Dieses Verfahren hat gegenüber der direkten Eingabe der
zugehörigen Seitenzahl zwei ganz wesentliche Vorteile:

Vorteil 1: Immer aktuell
Sie können die Querverweise bereits während des Schreibens erstellen, ohne dass Sie sich darum kümmern
müssten, ob sich die Zahl der Seiten zwischen Ausgangsstelle und Zielstelle später noch verändert. Word
wird auf jeden Fall spätestens beim Ausdrucken des Ma-

nuskripts die Verknüpfung aktualisieren und die korrekten Seitennummern bei den Querverweisen angeben.

Sie können nicht nur von *einer* Ausgangsstelle auf eine Zielstelle verweisen, sondern alle möglichen Kombinationen verwirklichen. Von derselben Ausgangsstelle können Sie zu beliebig vielen Zielen verweisen und umgekehrt von verschiedenen Ausgangsstellen auf dasselbe Ziel. Es ist alles nur eine Frage der Markierung.

Vorteil 2:
Kreuz und quer

Zielstellen definieren

Wenn Sie auf eine Textmarke verweisen wollen, müssen Sie diese zuerst an der Zielstelle einfügen. Auf Abbildungen, Gleichungen und Tabellen können Sie verweisen, wenn diese Elemente eines Manuskripts beschriftet sind. Das können Sie von Word durch die Beschriftungsautomatik erledigen lassen; dadurch wird beispielsweise bei Erstellung einer Tabelle von Word automatisch die Beschriftung Tabelle mit einer laufenden Nummer eingefügt. Für Verweise auf Überschriften, Fuß- und Endnoten verwendet Word als Verweismerkmal automatisch die zugehörigen Formatvorlagen der Dokumentvorlage.[1]

Textmarken
Abbildungen
Tabellen
Überschriften
Fußnoten

Textmarke einfügen

1. Setzen Sie den Cursor an die Zielstelle, an der Sie die gewünschte Textmarke einfügen wollen.

2. Wählen Sie EINFÜGEN/TEXTMARKE.

3. Geben Sie im Textfeld *Name der Textmarke* als Namen der Textmarke ein aussagekräftiges Stichwort ein.

   Auch wenn Sie zu Beginn der Arbeit meinen, dass Sie vielleicht nur ganz wenige Textmarken brauchen, sollten Sie sich doch angewöhnen, aussagekräftige Namen zu verwenden. Sie werden es sich später danken

4. Wählen Sie *Hinzufügen.*

So geht's!

---

[1] Zur Formatierung mit Formatvorlagen siehe Kapitel 5.

Beschriftungsautomatik einschalten

1. Wählen Sie EINFÜGEN/BESCHRIFTUNG und dann *Auto-Beschriftung*.

2. Markieren Sie im Listenfeld *Automatisch beschriften* die Bezeichnung des Elements, das automatisch beschriftet und nummeriert werden soll.[1]

3. Bestätigen Sie mit OK.

Querverweis erstellen

1. Setzen Sie den Cursor an die Ausgangsstelle, und geben Sie dort den Verweistext ein (*„siehe Seite"* usw.).

2. Wählen Sie EINFÜGEN/QUERVERWEIS.

3. Markieren Sie im Listenfeld *Verweistyp* den Typ der Zielstelle, beispielsweise *Überschrift*.

4. Markieren Sie im Listenfeld *Für welche* das gewünschte Element des gewählten Typs.

   Wenn Sie – um beim Beispiel *Überschrift* aus Schritt Nr. 2 zu bleiben – alle Überschriften mit den zugehörigen Formatvorlagen formatiert haben, werden in diesem Listenfeld alle Überschriften aufgelistet.

5. Markieren Sie im Listenfeld *Verweisen auf*, welcher Eintrag nach dem in Schritt Nr. 1 eingegebenen Verweistext eingefügt werden soll.

   Wieder zum Beispiel *Überschrift*: Wenn Sie *Seitenzahlen* wählen, wird für die in Schritt Nr. 4 gewählte Überschrift die zugehörige Seitenzahl eingefügt.

6. Wählen Sie *Einfügen*. Dadurch wird an der Ausgangsstelle der gewählte Eintrag (Überschrift, Seitenzahl usw.) eingefügt. Das Dialogfeld bleibt währenddessen geöffnet; Sie können also im Dokument weiterarbeiten.

7. Wenn Sie von derselben Ausgangsstelle auf mehrere Ziele verweisen wollen, wiederholen Sie die Schritte Nr. 3 bis 6. Setzen Sie vorher den Cursor hinter den bei Schritt Nr. 6 eingefügte Eintrag, geben Sie dann ein Komma oder ein anderes Satzzeichen und danach eine Leerstelle ein.

---

[1] Ausführlich siehe Kapitel 36.

8. Wählen Sie *Schließen*, und bearbeiten Sie den Haupttext weiter.

39.3 Querverweise bearbeiten

Sie können jederzeit weitere Querverweise in das Manuskript einfügen. Gehen Sie dazu vor, wie es oben in Abschnitt 39.2 beschrieben ist.

Zusätzliche einfügen

Wenn sich im Lauf der weiteren Bearbeitung Ihres Manuskripts der Gesamtumfang ändert, müssen die Querverweise aktualisiert werden. Das kann auf dem Bildschirm
bzw. beim Ausdrucken des Manuskripts geschehen.

Querverweise aktualisieren ...

Um alle Querverweise auf dem Bildschirm zu aktualisieren, markieren Sie den ganzen Text mit der Tastenkombination `Strg`+`A` und drücken dann die Funktionstaste
`F9`. Schalten Sie die Kopf- und Fußzeilen-Ansicht ein.

... auf dem Bildschirm

Damit Sie beim Ausdrucken sicher die korrekten Querverweise bekommen, markieren Sie die Aktualisierungsoption als Dauereinstellung (Befehl EXTRAS/OPTIONEN,
Registerkarte *Drucken*, Kontrollfeld *Felder aktualisieren*).
Die gleiche Einstellung können Sie auch aus dem Druk-
ken-Dialogfeld heraus vornehmen (Schaltfläche *Optionen*).[1]

... beim Drucken

---

[1] Zum Drucken siehe Kapitel 13, Abschnitt *Drucken*.

Rahmen und Linien

40

Linien und Rahmen lassen sich als grafische Elemente einsetzen, um Manuskriptteile hervorzuheben oder von anderen Teilen abzugrenzen. Diese Elemente können Sie für einzelne Absätze oder für ganze Seiten verwenden. Dabei stehen eine Vielzahl von Gestaltungsmerkmalen wie Linienbreiten, Farben, Schattierungen und anderen Effekten zur Verfügung.

Weniger ist mehr!

In unserem Zusammenhang sind vor allem zwei Anwendungsmöglichkeiten gegeben:

- der Seitenrahmen
- der Bilderrahmen

40.1 Der Seitenrahmen

Seitenrahmen lassen sich als Bestandteil des Seitenlayouts verwenden, um den ganzen Inhalt einer Seite einrahmen. Für alle Seiten eines Referatmanuskripts wäre das ganz sicher zu viel des Guten. Ob sich aber nicht das Titelblatt einer Abschlussarbeit, das ja bekanntermaßen auch einen ersten Eindruck von der Arbeit vermittelt, durch einen Seitenrahmen im positiven Sinne gestalten lässt, ist eine Überlegung wert (Bild 40.1).

Der folgende Ablauf zeigt, wie Sie auf der ersten Seite eines Manuskripts einen Rahmen einfügen können. Die Rahmenlinien befinden sich dabei im Bereich der Seitenränder; der Text wird also nicht zusammengestaucht, sondern bleibt in der bisherigen Anordnung erhalten.

Rahmen auf dem Titelblatt

1. Setzen Sie den Cursor auf die erste Seite. Grundsätzlich könnten Sie den auch von jeder anderen Seite aus einfügen; wenn Sie es von der ersten aus tun, können Sie das Ergebnis gleich sehen.

So geht's!

2. Wählen Sie FORMAT/RAHMEN UND SCHATTIERUNG und dann die Registerkarte *Seitenrand.*

   Die wichtigste Einstellung ist jetzt die, um den Rahmen ausschließlich auf der ersten Seite zu plazieren. Wählen Sie dazu in der Dropdown-Liste *Anwenden auf* den Eintrag *Diesen Abschnitt - Nur erste Seite.* Den vorgegebenen Abstand des Rahmens vom Seitenrand können Sie mit *Optionen* ändern.

3. Bestimmen Sie die grafischen Merkmale des Rahmens (*Einstellungen, Linienart* usw.).

4. Bestätigen Sie alles mit OK.

Bild 40.1:
Titelseite mit eingefügten Seitenrahmen

Wissenschaftliche Hausarbeit für die

Erste Staatsprüfung

für das Lehramt der Sekundarstufe II

Das wirtschafts- und sozialpolitische Selbstverständnis

des Deutschen Gewerkschaftsbundes –

dargestellt an den Stellungnahmen zu den

Bundestagswahlen von 1953, 1957, 1972 und 1976

Angefertigt bei Herrn Prof. Dr. I. K. Rus

Fachbereich 3

Carlo-Venturi-Universität Ganzweitoben

Vorgelegt von P. Gasus

29. Februar 1997

40.2 Der Bilderrahmen

Damit ist ein zunächst leerer Rahmen gemeint, in den Sie nach dem Ausdrucken des Manuskripts Abbildungen oder andere Informationen einkleben können – falls Ihnen ein Scanner nicht zur Verfügung steht oder sich die Informationen nicht scannen lassen.[1]

In solche Rahmen können Sie etwa in einem Versuchsbericht Abbildungen einfügen, die Ihnen von Seiten des Labors als Arbeitsunterlagen zur Verfügung gestellt worden sind. Zahlentabellen, die Sie nicht abtippen wollen, oder grafische Auswertungen sind andere Beispiele.

1. Messen Sie die einzuklebenden Kopie. Geben Sie dabei an jeder Seite einige Millimeter zu; die Kopie wirkt später nicht so eingequetscht.

2. Erstellen Sie an der gewünschten Position im Manuskript einen Positionsrahmen mit den in Schritt 1 festgelegten Abmessungen.

   Klicken Sie dazu in der Standard-Symbolleiste auf dem Symbol *Positionsrahmen einfügen*, setzen Sie den Mauszeiger auf die Seite, und ziehen Sie mit dem Fadenkreuz den Rahmen in der gewünschten Größe. Als Hilfsmittel können sie die beiden Lineale einblenden lassen (ANZEIGEN/LINEAL).

3. Geben Sie, falls das notwendig sein sollte, eine Bildunterschrift ein. Falls sich mehrere Abbildungen im Manuskript befinden, verwenden Sie die Beschriftungsfunktion von Word.[2] Die so erstellten Beschriftungen lassen sich dann in ein Abbildungsverzeichnis einfügen.[3]

4. Sie können nun den Rahmen ...

   ❏ auf der Seite verschieben, indem Sie auf dem Rahmen klicken und ihn an die gewünscht Stelle ziehen;

---

[1] Ausführlich zum Scannen siehe Kapitel 11, Abschnitt *Bewährt: Der Scanner.*

[2] Zur automatisierten Beschriftung von Rahmen, Grafiken und Tabellen siehe Kapitel 36.

[3] Zur Erstellung von Abbildungsverzeichnissen siehe Kapitel 17.

*Geklebt,
nicht gescannt*

Beispiele

So geht's!

❏ die Größe des Rahmens ändern, indem Sie die Markierungspunkte bis zur gewünschten Größe ziehen.

5. Um weitere Rahmenoptionen zu bestimmen, klicken Sie mit der rechten Maustaste auf dem schraffierten Rahmenrand und wählen im Kontextmenü *Positionsrahmen formatieren*. Im Dialogfeld nehmen Sie dann die notwendigen Einstellungen vor und bestätigen alles mit OK.

6. Kleben Sie nach dem Ausdrucken des Manuskripts die vorgesehene Kopie in den Rahmen ein, und erstellen Sie gegebenenfalls von dieser „Originalcollage" die erforderliche Anzahl von Kopien.

Rechtsprechungsverzeichnis

Das Rechtsprechungsverzeichnis enthält Urteile und Beschlüsse der Rechtsprechung.[1] Innerhalb des Manuskripts werden diese als Belege in Fußnoten aufgeführt.[2] Anders als die übrige zitierte Literatur werden Rechtsprechungsquellen aber innerhalb des Manuskripts vollständig zitiert, also in Form eines Vollbelegs.[3]

41.1 Die Einträge

Die Quellen werden in Form einer Tabelle aufgelistet. Jede Quelle enthält alle bibliographischen Angaben nach folgendem Schema:

> *Gericht, Urteil bzw. Beschluss mit Datum, Aktenzeichen, Fundstelle*

Schema

Wenn Sie dabei Abkürzungen verwenden, die nicht als allgemein bekannt gelten können, dann fügen Sie diese mit der Erklärung in das Abkürzungsverzeichnis ein.[4]

Theisen empfiehlt, im Rechtsprechungsverzeichnis zusätzlich eine Spalte mit den Zitatstellen in der eigenen Arbeit einzufügen, um so „eine gezielte Suche und Lektüre einzelner Urteile im Textzusammenhang"[5] zu ermöglichen. Wenn Sie dieser Empfehlung folgen, muss Ihre Tabelle eine zusätzliche Spalte, also insgesamt fünf erhalten.

Seitenverweise

Querverweise auf die Textstellen im Manuskript

Grundsätzlich können Sie die Querverweise auf die Textstellen, an denen Sie ein Urteil zitieren, von Hand eintragen. Das könnte natürlich erst dann geschehen, wenn das ganze Manuskript paginiert ist.[6] Wenn sich aber in diesem Fall zu einem späteren Zeitpunkt Seiten-

Manuell? Problematisch!

---

[1] Ausführlich siehe *Theisen, M. R.:* Arbeiten, 1993, S. 188ff.

[2] Zu Fußnoten siehe Kapitel 28.

[3] Zu den unterschiedlichen Zitierformen als Voll- und Kurzbeleg siehe Kapitel 48.

[4] Zur Erstellung eines Abkürzungsverzeichnisses siehe Kapitel 18.

[5] *Theisen, M. R.:* Arbeiten, 1993, S. 190.

[6] Zur Paginierung siehe Kapitel 42.

umbrüche ändern, stimmen Ihre manuell eingefügten Seitenzahlen nicht mehr.

Automatisiert:
No Problem!

Diesem Ärger – und damit dem zusätzlichen Arbeitsaufwand, der im übrigen immer wieder kommen kann – können Sie entgehen, indem Sie die Querverweise von Word aktualisieren lassen. Sie brauchen dazu lediglich an der Zitatstelle im Manuskript eine sogenannte *Textmarke* einzufügen, auf die Sie dann im Rechtsprechungsverzeichnis mit der Querverweis-Funktion verweisen.[1] Egal, was sich dann an Ihrem Manuskript ändert – die Querverweise in Ihrem Rechtsprechungsverzeichnis stimmen immer.

41.2 Plazierung im Manuskript

Das Rechtsprechungsverzeichnis wird nach dem Literaturverzeichnis eingefügt (Bild 41.1). Wenn Sie das Rechtsprechungsverzeichnis in das Gesamtmanuskript einfügen – also nicht als eigene Datei erstellen –, beginnen Sie damit immer auf einer neuen Seite, auch wenn auf der vorherigen nur wenige Zeilen stehen. Den Seitenumbruch für eine neue Seite fügen Sie mit der Tastenkombination Strg+← ein.

41.3 Gestaltung

Überschrift

Dem Verzeichnis wird die Überschrift *Rechtsprechungsverzeichnis* vorangestellt, die wie andere Kapitelüberschriften formatiert wird.[2] Dadurch lässt sie sich automatisch in das Inhaltsverzeichnis übernehmen.

Fünfspaltige
Tabelle

Das Rechtsprechungsverzeichnis hat fünf Spalten mit den am Kapitelanfang genannten Bezeichnungen als Spaltenüberschriften:

Gericht   Datum   Aktenzeichen   Fundstelle   Textstelle

Vergessen Sie nicht, diese Titelzeile als Überschrift zu kennzeichnen (Befehl TABELLE/ÜBERSCHRIFT). Dadurch wird sie auch Folgeseiten angezeigt.[3]

---

[1] Ausführlich zur Erstellung von Textmarken und Querverweisen siehe Kapitel 39.

[2] Siehe Kapitel 31.

[3] Siehe Kapitel 44, Abschnitt *Tabellen ausfüllen.*

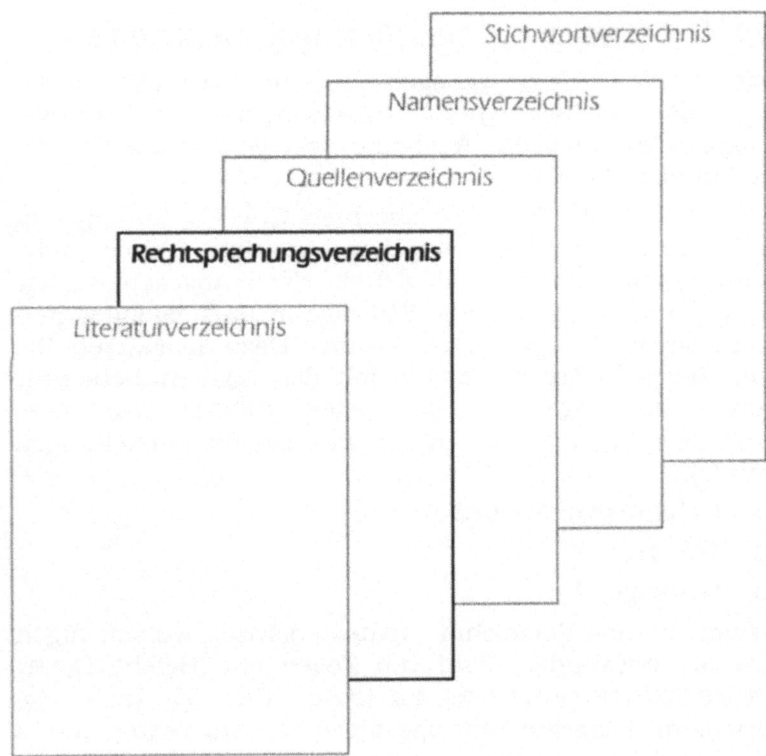

Bild 41.1:
Plazierung des Rechtsprechungsverzeichnisses zusammen mit anderen Verzeichnissen

Das Rechtsprechungsverzeichnis wird wie alle anderen Teile des Manuskript in die Seitennummerierung einbezogen.[1] Dabei ergeben sich zwei Möglichkeiten:

Paginierung

❑ Wenn Sie das Verzeichnis nach dem Literaturverzeichnis in das Gesamtmanuskript einfügen, schließt die Paginierung der Seiten an die letzte Seite des Literaturverzeichnisses an. Die Paginierungsfunkrion des Gesamtmanuskripts wirkt sich also auch auf das Rechtsprechungsverzeichnis aus.

❑ Wenn Sie das Verzeichnis als eigene Datei erstellen, müssen Sie dort die Seitennummern einfügen.[2] Verwenden Sie dabei als Startnummer die Zahl, die um den Wert 1 höher ist als die letzte Seitenzahl des Literaturverzeichnisses (Befehl EINFÜGEN/SEITENZAHL, Schaltfläche *Format*, Feld *Beginnen mit*).

---

[1] Zur Seitennummerierung siehe Kapitel 42.
[2] Ausführlich siehe Kapitel 42.

41.4 Verzeichnis erstellen und bearbeiten

Zeitpunkt der Erstellung

Hier gilt das Gleiche wie beim Literaturverzeichnis[1]: Es ist sinnvoll, das Rechtsprechungsverzeichnis so früh wie möglich zu erstellen. Auch die dort genannten Vorteile gelten hier ebenso.

Titel eingeben und sortieren

Sie können die Titel der einzelnen Quellen zunächst in beliebiger Reihenfolge eingeben. In einer Tabellenzeile wird jeweils ein Titel eingefügt. Nach abgeschlossener Eingabe sortieren Sie alle Einträge in aufsteigender Reihenfolge nach dem Urteilsdatum.[2] Dazu markieren Sie alle Zeilen außer der ersten mit den Spaltenüberschriften. Wählen Sie dann den Befehl TABELLE/SORTIEREN, und bestätigen Sie im Dialogfeld folgende Einstellungen mit OK:

❑   1. Schlüssel: *Spalte2*

❑   Typ: *Text*

❑   Aufsteigend

Verzeichnis ergänzen

Wenn Sie das Verzeichnis später ergänzen wollen, fügen Sie die notwendige Zahl von Zeilen ein (Befehl TABELLE/ZEILEN EINFÜGEN oder im letzten Feld die Taste ⇥ drücken). Einzelne Einträge fügen Sie am besten direkt an der richtigen Stelle ein, also nach dem Urteilsdatum einsortiert. Sie können zusätzliche Einträge aber auch – vor allem, wenn es mehrere sind – an beliebiger Stelle einfügen und dann den Sortiervorgang wiederholen.

---

[1] Siehe Kapitel 33.
[2] Vgl. das bei *Theisen, M. R.:* Arbeiten, 1993, S. 229 eingefügte Rechtsprechungsverzeichnis.

Mit der Seitennumerierung können Sie Ihr Manuskript mit Seitenzahlen versehen, d.h. paginieren. Nach dem Aktivieren der Funktion übernimmt Word die Verwaltung der Seitenzahlen.

42.1 Plazierung und Formate der Seitenzahlen

Sie brauchen eine Seitenzahl nur auf einer Seite einzufügen. Word zeigt dann automatisch auf jeder Seite die richtige Seitenzahl an. Wenn also durch weitere Texteingabe Ihrem Dokument eine neue Seite hinzugefügt wird, erhält diese neue Seite automatisch die nächste Seitenzahl. Die Seitenzahlen werden also immer aktualisiert. Die Titelseite des Manuskripts wird zwar mitgezählt, aber nicht paginiert.[1]

Nur einmal einfügen

Seitenzahlen lassen sich grundsätzlich an jeder beliebigen Stelle der Seite einfügen; üblicherweise werden sie jedoch zentriert am oberen oder unteren Seitenrand angeordnet. Dazu werden sogenannte Kopf- oder Fußzeilen eingefügt, die als besondere Textbereiche in einem Dokument spezielle Funktionen haben.[2]

In Kopf- oder Fußzeilen

Nummernformate

Als Standard-Nummernformat werden von Word arabische Zahlen verwendet. Wenn Sie beispielsweise „nur" ein Referat paginieren müssen, dann verwenden Sie dieses Format.

Nur arabische Zahlen

Das Nummernformat lässt sich jedoch auch ändern. Die Änderung ist dann notwendig, wenn Sie das Inhaltsverzeichnis – und soweit vorhanden, auch andere Verzeichnisse[3] – mit römischen und den übrigen Teil des Manuskripts mit arabischen Zahlen paginieren müssen.[4] Die

Arabische und römische Zahlen

---

[1] Zur Gestaltung der Titelseite siehe Kapitel 45.
[2] Siehe Kapitel 32.
[3] Das können Verzeichnisse für Abbildungen (Kapitel 17), für Abkürzungen (Kapitel 18) und für Formelzeichen (Kapitel 26) sein.
[4] Zur Paginierung des Inhaltsverzeichnisses siehe Kapitel 31.

Verwendung unterschiedlicher Nummernformate am Beispiel römischer und arabischer Zahlen ist im Abschnitt *Wechsel von römischen zu arabischen Seitenzahlen* beschrieben.

Fügen Sie die Seitenzahlen in das Manuskript ein, bevor Sie das Inhaltsverzeichnis erstellen. Nur dann bekommen Sie bei unterschiedlichen Nummernformaten die korrekten Seitenverweise im Inhaltsverzeichnis, d.h., dass dann die Überschriften von Verzeichnissen römische und die aller nachfolgenden Kapitel arabische Zahlen erhalten.

Leere Seiten

Wenn Informationen in Form zusätzlicher Blätter eingefügt werden sollen, die Sie nicht selbst mit Word erstellt haben, müssen diese Einschübe trotzdem paginiert werden. Damit die Seitenzählung des Programms diese Seiten berücksichtigt, fügen Sie einfach Leerseiten ein.

Von Word automatisch paginiert

Eine Leerseite wird durch zwei Seitenumbrüche eingefügt (Tastenkombination $\boxed{\text{Strg}}$+$\boxed{\leftarrow}$). Die Leerseiten werden dann mitgezählt, und Sie können darauf die notwendigen Informationen aufkleben oder auf das leere, paginierte Blatt kopieren. Das alles gilt dann, wenn aus inhaltlichen Gründen die Zusatzinformationen nicht im Anhang untergebracht werden können, sondern im laufenden Text zu integrieren sind.

Eingefügte und entfallene Seiten

Versuchen Sie nicht, wegen entfallener oder eingefügter Seiten die Paginierung von Hand zu ändern!

Bei Manuskripten, die nicht mit Word (oder einer anderen Textverarbeitung) erstellt werden, müssen nach der Paginierung eingefügte oder entfallene Seiten gekennzeichnet werden. Sie finden deshalb in der Literatur zum wissenschaftlichen Arbeiten entsprechende Hinweise auf die Kennzeichnung.[1] Eingefügte Seiten werden durch Anhängen lateinischer Kleinbuchstaben kenntlich gemacht; Beispiel: die auf Seite 27 folgende, eingefügte Seite ist dann mit 27a zu paginieren. Bei entfallenen Seiten ist auf

So nicht!

---

[1] *Poenicke, K.*: Leitfaden, 1988, S. 123; *Theisen, M. R.*: Arbeiten, 1993, S. 170.

der letzte Seite vor der entstandenen Lücke durch Schräg- oder Bindestrich die nächstfolgende einzufügen; Beispiel: auf der Seite 27 wird durch den Eintrag 27-30 auf drei entfallene Seiten hingewiesen.

Ich weise auf dieses Verfahren nicht deshalb hin, weil das Buch auch einen geschichtlichen Aspekt zeigen soll. Ich möchte Sie vielmehr davon abhalten, die beschriebenen Kennzeichnungen bei Word anzuwenden. Das Programm paginiert bei Einfügen oder Entfernen von Seiten automatisch neu. Die Seitenzahlen sind also immer auf dem aktuellen Stand.

42.2 Seitenzahlen einfügen

Sie haben zwei grundsätzliche Möglichkeiten, Seitenzahlen einzufügen. Wenn Sie ...

❏ Seitenzahlen mit zusätzlichen Zeichen oder weiteren Informationen einfügen wollen, dann machen Sie so, wie es unten in den Abschnitten 42.4 und 42.5 beschrieben ist.

Mit Zusätzen

❏ nur Seitenzahlen ohne zusätzliche Zeichen oder Informationen einfügen wollen, dann machen Sie es nach der folgenden Beschreibung.

Ohne Zusätze

1. Wählen Sie EINFÜGEN/SEITENZAHLEN.

So geht's!

2. Bestimmen Sie die Position und die Ausrichtung. Das Vorschaufeld zeigt die gewählte Position.

3. Wenn die Paginierung erst auf der zweiten Seite beginnen soll, entfernen Sie die Markierung des Kontrollfeldes *Auf erster Seite*.[1]

4. Bestätigen Sie mit OK.

---

[1] Als kleine Hintergrundinformation: Mit diesem Kontrollfeld setzen Sie gleichzeitig die entsprechende Option im Dialogfeld des Befehls SEITE/ SEITE EINRICHTEN auf der Registerkarte *Seitenlayout*.

42.3 Wechsel von römischen zu arabischen Seitenzahlen

Wenn Sie das Inhaltsverzeichnis und die anderen Verzeichnisse einerseits und den übrigen Teil des Manuskripts andererseits mit unterschiedlichen Nummernformaten paginieren müssen, gilt folgender Ablauf:

Vorgehensweise

❑ Am Manuskriptanfang verwenden Sie römische Zahlen.

❑ Dann bestimmen Sie die Seite, die als erste arabische Zahlen bekommen soll.

❑ Auf dieser Seite wechseln Sie das Nummernformat.

Die so eingefügten Seitenzahlen mit ihren unterschiedlichen Nummernformaten werden von Word auch bei den Seitenverweisen im Inhaltsverzeichnis verwendet.

So geht's!

1. Wählen Sie EINFÜGEN/SEITENZAHLEN, und bestimmen Sie die Position und die Ausrichtung. Das Vorschaufeld zeigt Ihre Auswahl.

2. Um mit der Numerierung auf der zweiten Seite zu beginnen, entfernen Sie die Markierung des Kontrollfeldes *Auf erster Seite.*

3. Wählen Sie *Format,* und markieren Sie im Listenfeld *Seitenzahl-Format* die römischen Zahlen *I, II, III.* Bestätigen Sie beide Dialogfelder mit OK.

4. Setzen Sie den Cursor an das Ende der letzten römisch paginierten Seite, und wählen Sie dort EINFÜGEN/MANUELLER WECHSEL. Markieren Sie in der Gruppe *Abschnittswechsel* die Option *Nächste Seite,* und bestätigen Sie mit OK. So wird mit dem neuen Abschnitt gleichzeitig ein Seitenumbruch eingefügt und der Cursor an den Anfang der Folgeseite gesetzt.

5. Wählen Sie noch einmal EINFÜGEN/SEITENZAHLEN; Position und Ausrichtung sind noch von der ersten Einstellung vorhanden. Markieren Sie jetzt das Kontrollfeld *Auf erster Seite.*

6. Markieren Sie die Option *Beginnen mit,* und lassen Sie die Zahlenfeld angezeigte Zahl 1 unverändert. Mit diesen Einstellungen erscheint auf der ersten arabisch paginierten Seite auch tatsächlich die Zahl 1; andernfalls würde einfach weitergezählt, und Sie bekämen

nicht die Zahl 1, sondern die nächste, die auf die letzte römische Zahl folgt.

7. Wählen Sie *Format*, und markieren Sie im Listenfeld *Seitenzahl-Format* jetzt die arabischen Zahlen *1, 2, 3*.

8. Bestätigen Sei beide Dialogfelder mit OK.

42.4 Seitenzahlen mit zusätzlichen Zeichen

Die Seitenzahlen lassen sich durch einzelne Zeichen oder ganze Wörter ergänzen. Wenn Sie beispielsweise aufgrund formaler Vorgaben zu Ihrer Arbeit die Seitenzahlen zwischen zwei Striche setzen müssen (Beispiel: – 27 –), tun Sie das, indem Sie die Seitenzahlen mit der Kopf-/Fußzeilen-Funktion einfügen.

1. Wählen Sie ANSICHT/KOPF- UND FUSSZEILE.

2. Bestimmen Sie in der Kopf-/Fußzeilen-Symbolleiste mit dem Symbol *Zwischen Kopf- und Fußzeile wechseln* die gewünschte Position.

3. Klicken Sie in der Formatierungs-Symbolleiste auf dem Symbol *Zentriert*.

4. Geben Sie mit der Tastenkombination `Strg`+`-` (die Minustaste im Zahlenblock der Tastatur) den (etwas längeren) Geviertstrich ein, der links von der Seitenzahl stehen soll, und drücken Sie dann die Taste `Leer`.

5. Klicken Sie in der Kopf-/Fußzeilen-Symbolleiste auf dem Symbol *Seitenzahlen einfügen*, drücken Sie noch einmal die Taste `Leer`, und geben Sie den zweiten Strich ein.

6. Klicken Sie in der Kopf-/Fußzeilen-Symbolleiste auf dem Symbol *Seite einrichten*. Um mit der Numerierung auf der zweiten Seite zu beginnen, markieren Sie auf der Registerkarte *Seitenlayout* in der Gruppe *Kopf-/Fußzeilen* das Kontrollfeld *Erste Seite anders*. Bestätigen Sie das Dialogfeld mit OK.

7. Klicken Sie in der Kopf-/Fußzeilen-Symbolleiste auf *Schließen*, um in den normalen Text zurückzukehren.

So geht's!

42.5 Seitenzahlen mit Angabe
der Gesamtseitenzahl

Wenn Sie zusammen mit der aktuellen Seitenzahl auch noch auf jeder Seite den Gesamtumfang des Manuskripts ausweisen wollen, können Sie mit einer besonderen Programmfunktion die sogenannte *Gesamtseitenzahl* angegeben.

Beispiel Das kann dann folgendermaßen aussehen: *1 von 27*. Dabei ist 1 die aktuelle Seitenzahl, die Sie wie oben beschrieben einfügen, und 27 die Gesamtseitenzahl.

So geht's!

1. Wählen Sie ANSICHT/KOPF- UND FUSSZEILE.

2. Bestimmen Sie in der Kopf-/Fußzeilen-Symbolleiste mit dem Symbol *Zwischen Kopf- und Fußzeile wechseln* die gewünschte Position.

3. Klicken Sie in der Formatierungs-Symbolleiste auf dem Symbol *Zentriert*.

4. Klicken Sie in der Kopf-/Fußzeilen-Symbolleiste auf dem Symbol *Seitenzahlen einfügen*. Schreiben Sie nach der eingefügten Seitenzahl, getrennt durch eine Leerstelle, das Wort *von*, und geben Sie dann eine weitere Leerstelle ein.

5. Klicken Sie in der Kopf-/Fußzeilen-Symbolleiste auf dem Symbol *Anzahl der Seiten einfügen*.

6. Klicken Sie in der Kopf-/Fußzeilen-Symbolleiste auf *Schließen*, um in den normalen Text zurückzukehren.

Variante für Word-6.0/7.0- Und weil diejenigen, die die Gesamtseitenzahl noch nicht aus der Kopf-/Fußzeilen-Symbolleiste abrufen können, auch nicht leben sollen wie der sprichwörtliche Hund, sei hier noch die „klassische Variante" aufgeführt:

1. Führen Sie die oben beschriebenen Schritte 1 bis 4 aus.

2. Wählen Sie dann EINFÜGEN/FELD, markieren Sie im Listenfeld *Kategorien* den Eintrag *Dokument-Information*; im Listenfeld *Feldnamen* ist der Eintrag *AnzSeiten* markiert. Die Funktion dieses Feldnamens verbirgt sich übrigens hinter dem oben in Schritt 5 genannten Symbol.

3. Bestätigen Sie mit OK, und klicken Sie in der Kopf-/Fußzeilen-Symbolleiste auf *Schließen*.

Wenn sich später der Gesamtumfang des Manuskripts ändert, muss die Anzeige der Gesamtseitenzahl aktualisiert werden. Das kann auf dem Bildschirm bzw. beim Ausdrucken des Manuskripts geschehen.

Später aktualisieren ...

Schalten Sie die Kopf- und Fußzeilen-Ansicht ein. Markieren Sie den ganzen Eintrag mit der Tastenkombination [Strg]+[A], und drücken Sie anschließend die Funktionstaste [F9]. Damit wird der aktuelle Wert Gesamtseitenzahl angezeigt.

... auf dem Bildschirm

Damit Sie beim Ausdrucken sicher die korrekten Seitenzahlen bekommen, markieren Sie die Aktualisierungsoption als Dauereinstellung (EXTRAS/OPTIONEN, Registerkarte *Drucken*, Kontrollfeld *Felder aktualisieren*). Die gleiche Einstellung können Sie auch aus dem Drucken-Dialogfeld heraus vornehmen (Schaltfläche *Optionen*). [1]

... beim Drucken

---

[1] Zum Drucken siehe Kapitel 13, Abschnitt *Drucken*.

43

Ein Stichwortverzeichnis oder Register ist eine alphabetisch Liste von Wörtern, die auf bestimmte Stellen in einer Arbeit verweisen. Es ist damit einer der Wegweiser durch ein Manuskript.[1] Ein Stichwortverzeichnis wird nur für zu veröffentlichende Arbeiten erstellt.

Wenn Sie in Ihrer Arbeit ein getrenntes Namensverzeichnis verwenden wollen, dann beachten Sie die Besonderheiten für Namensverzeichnisse.[2]

Die im Verzeichnis aufgelisteten Einträge verweisen durch eine Seitenzahl auf die Referenzstelle im Manuskript, an der Informationen zum Stichwort gefunden werden können.

Ein Stichwortverzeichnis entsteht in zwei Stufen: *Vorgehensweise*

❏ Markierung der Referenzstelle im Manuskript

❏ Auflistung der Stichwörter, die den Referenzstellen zugeordnet sind

43.1 Einträge

Im einfachsten Fall ist der gewünschte Verzeichniseintrag   *Originalbegriff*
identisch mit der im Manuskript markierten Stelle; sie wird also im Wortlaut in das Verzeichnis übernommen. Wenn Sie jedoch auf die Stelle im Manuskript durch ein Antonym, ein Synonym oder einen thematisch verwandten Begriff verweisen wollen, können Sie den markierten Begriff nicht übernehmen, sondern müssen diese Alternativstichwörter von Hand eingeben.

Die Realisierung der zweiten Variante, also die Verwen-   *Alternativbegriff*
dung von Alternativbegriffen, zeichnet ein gutes Stichwortverzeichnis aus. Das bedeutet aber auch, daß Sie überlegen müssen, unter welchen Stichwörtern ein Leser eine bestimmte Information suchen könnte; Sie müssen

---

[1] Die beiden anderen Arten von Wegweisern sind das Inhaltsverzeichnis (siehe Kapitel 31) und thematische Verzeichnisse wie Abbildungs- oder Tabellenverzeichnisse (Kapitel 17) und Formelverzeichnisse (Kapitel 25).

[2] Siehe Kapitel 35.

also das Suchverhalten Ihrer unbekannten Leser antizipieren.

Direkter Verweis oder Querverweis?

Mit den Alternativstichwörtern können Sie entweder direkt auf eine Seite verweisen oder durch einen anstelle der Seitenzahl eingefügten Querverweis auf ein von Ihnen bevorzugtes anderes Stichwort. Diese zweite Möglichkeit ist dann sinnvoll, wenn Sie unter diesem bevorzugten Stichwort weitere Unterstichwörter aufgeführt haben.

Haupteinträge Untereinträge

In der einfachsten Form sind alle Einträge Hauptstichwörter. Sie können jedoch auch sogenannte Unterstichwörter verwenden, in Word heißen die beiden *Haupteintrag* und *Untereintrag*. Diese Aufteilung ermöglicht inhaltliche Differenzierung der Einträge. Ohne diese Differenzierung würden gegebenenfalls hinter einem kurzen Eintrag mehrere Zeilen Seitennummern stehen. Einem Leser ist aber nicht zuzumuten, von einer Seite zur nächsten zu springen, um dann – wie im richtigen Leben beim Schlüsselbund – den Treffer erst beim letzten Zugriff zu landen. Machen Sie also Gebrauch von der Differenzierungsmöglichkeit; Word bietet Ihnen dazu die notwendigen Funktionen.

43.2 Seitenverweise

Voraussetzung: Paginiertes Manuskript

Die Verzeichnisfunktion von Word setzt im Verzeichnis nach jedem Eintrag die Seitenzahl, auf der sich die Markierung befindet. Die Seitenzahlen werden in dem Nummernformat eingefügt, das Sie bei der Paginierung für die Seite festgelegt haben, auf die verwiesen werden soll. Damit also unterschiedliche Nummernformate berücksichtigt werden können, müssen Sie das Manuskript zuerst entsprechend paginieren.[1]

Nummernformat

Wenn sich beispielsweise eine Markierung auf Seite „sieben" der *römisch paginierten* Einleitung befindet, dann wird hinter den Verzeichniseintrag die Zahl *VII* gesetzt; wenn Sie mit demselben Eintrag zugleich auf die Markierung auf Seite „sieben" des *arabisch paginierten* ersten Kapitels verweisen, dann werden hinter den Verzeichniseintrag beide Seitenzahlen gesetzt: *VII, 7*.

---

[1] Zur Seitennumerierung allgemein siehe Kapitel 42, zur Verwendung unterschiedlicher Nummernformate dort im Abschnitt *Wechsel von römischen zu arabischen Seitenzahlen*.

43.3 Zeitpunkt der Erstellung

„*Machen Sie's ganz am Schluß!*" Dieser Satz ist mit Absicht eindeutig zweideutig. Er bezieht sich sowohl auf die Plazierung des Stichwortverzeichnisses, nämlich am *Schluß des Manuskripts*, als auch auf die Erstellung des Verzeichnisses, die zum *Schluß der Bearbeitung* durchzuführen ist. Das soll bedeuten, daß zu diesem Zeitpunkt wirklich alles andere fertig sein soll, daß also in den Kapiteln kein Text mehr verschoben wird; das bedeutet aber auch, daß das Inhaltsverzeichnis[1] in das Manuskript eingefügt sein muß – und soweit vorhanden, auch andere Verzeichnisse[2]. Erst dann können korrekte Seitenverweise erstellt werden.

Zum Schluß

Daneben muß nicht nur die inhaltliche und die sprachliche Richtigkeit der Kapitel geprüft sein; ebenso müssen Fehler der Rechtschreibung und Zeichensetzung korrigiert sein. Sollten Fehler erst nach der Erstellung des Stichwortverzeichnisses korrigiert werden, könnte Text verschoben werden. Solche Verschiebungen könnten Seitenumbrüche zur Folge haben, und dann wäre die bisher korrekte Seitennummer plötzlich die falsche Referenz für den Verzeichniseintrag. In diesem Fall müßte ein bereits erstelltes Stichwortverzeichnis aktualisiert werden.

Keine Fehler übernehmen!

43.4 Plazierung im Manuskript

Falls Ihr Manuskript noch andere Verzeichnisse als das Stichwortverzeichnis enthält, wird dieses hinter allen anderen plaziert (Bild 43.1). Wenn Sie das Stichwortverzeichnis in das Gesamtmanuskript einfügen, – also nicht als eigene Datei erstellen –, beginnen Sie damit immer auf einer neuen Seite, auch wenn auf der vorherigen nur wenige Zeilen stehen. Den Seitenumbruch für eine neue Seite fügen Sie mit der Tastenkombination $\boxed{\text{Strg}}$+$\boxed{\leftarrow}$ ein.

Allein oder mit anderen Verzeichnissen?

---

[1] Siehe Kapitel 31.
[2] Das können Verzeichnisse für Abbildungen oder Tabellen sein (Kapitel 17), für Abkürzungen (Kapitel 18) und für Formeln (Kapitel 25) und Formelzeichen (Kapitel 26).

Wenn Sie getrenntes Namensverzeichnis erstellen, dann plazieren Sie das Stichwortverzeichnis hinter dem Namensverzeichnis.

Bild 43.1:
Plazierung des Stichwort-verzeichnisses zusammen mit anderen Ver-zeichnissen

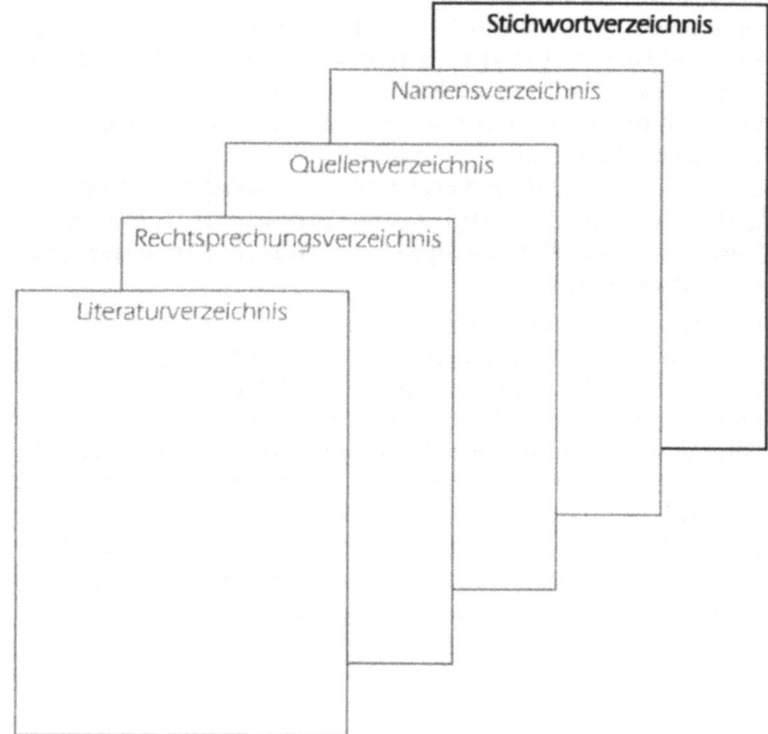

43.5 Einträge im Manuskript markieren

Zur Markierung der Einträge sollten Sie die Maus verwenden, weil Sie damit einerseits durch Doppelklicken im Text Wörter schnell markieren können und andererseits durch einfaches Klicken die notwendigen Dialogfeld-Optionen.

So geht's!

1. Wählen Sie EINFÜGEN/INDEX UND VERZEICHNISSE, dann die Registerkarte *Index*, und klicken Sie dort auf *Eintrag festlegen*.

2. Markieren Sie jetzt durch Doppelklicken das gewünschte Wort und gegebenenfalls durch Ziehen der Maus auch nachfolgende Wörter (falls Sie diese als Eintrag verwenden wollen).

3. Sie haben jetzt zwei Möglichkeiten:

   ❑ Den Eintrag im Textfeld *Haupteintrag* unverändert lassen oder bearbeiten bzw. einen ganz neuen Text eingeben.

   ❑ Zum Haupteintrag einen Untereintrag hinzufügen, indem Sie im Textfeld *Untereintrag* den gewünschten Eintrag eingeben.

4. Markieren Sie in der Gruppe *Optionen* die gewünschte Referenzoption. Mit *Aktuelle Seite* wird dem Eintrag die zugehörige Seitenzahl angefügt. Wenn Sie statt dessen einen Querverweis anfügen wollen, markieren Sie *Querverweis*, und geben im Textfeld daneben den gewünschten Verweistext ein. Falls Sie auf eine im Manuskript vorhandene Textmarke verweisen wollen, markieren Sie sie im Listenfeld.

5. Klicken Sie auf der Schaltfläche *Festlegen* bzw. *Alle festlegen* (auch wenn die Schaltflächen wegen unveränderter Übernahme des Haupteintrages abgeblendet sein sollten; es funktioniert trotzdem). Mit *Festlegen* wird das Wort an der aktuellen Stelle markiert, mit *Alle Festlegen* an jeder Stelle im Manuskript.

6. Wiederholen Sie die Schritte Nr. 2 bis 5 für andere Indexeinträge. Verschieben Sie gegebenenfalls das Dialogfeld. Wenn Sie alle Einträge markiert haben, klicken Sie auf *Schließen*.

43.6 Gestaltung

Dem Verzeichnis wird eine Überschrift vorangestellt (*Stichwortverzeichnis*, *Register* oder *Index*), die wie andere Kapitelüberschriften formatiert wird.[1] Dadurch läßt sie sich automatisch in das Inhaltsverzeichnis übernehmen.[2]   *Überschrift*

Weil es sich beim Text des Verzeichnisses nur um einzelne Wörter handelt, ergänzt durch eine oder mehrere Zahlen, muß der Text in Spalten angeordnet werden. Diese Spaltenanordnung ist in der Verzeichnisfunktion von Word bereits berücksichtigt. Die Zahl der Spalten können Sie nachträglich verändern.   *Mehrspaltig*

---

[1] Siehe Kapitel 46.
[2] Siehe Kapitel 31.

43.7 Verzeichnis erstellen und bearbeiten

Word erstellt das Verzeichnis an der aktuellen Cursorposition; es kann also im Extremfall mitten in einem Wort beginnen. Setzen Sie deshalb jetzt den Cursor auf die Seite, die Sie – so wie weiter oben beschrieben – durch einen manuellen Seitenumbruch eingefügt haben. Beim Einfügen des Verzeichnisses wird automatisch ein neuer Abschnitt mit der von Ihnen festgelegten Spaltenanzahl eingefügt.

So geht's!

1. Wählen Sie EINFÜGEN/INDEX UND VERZEICHNISSE und dann die Registerkarte *Index.*

2. Bestimmen Sie in der Gruppe *Typ* die Anordnung der Verzeichniseinträge und im Listenfeld *Formate* das Aussehen der Einträge. Das Vorschaufeld zeigt das gewählte Format.

Arbeitsökonomisch empfiehlt es sich, eines der vorgegebenen Formate zu verwenden. Alles was Sie andernfalls an Aufwand in eine individuelle Formatierung stecken müssen, ist möglicherweise besser in die inhaltliche Arbeit investiert.

Falls Sie aber doch keines der angezeigten Formate verwenden wollen, markieren Sie *Benutzerdefiniert* und wählen dann *Bearbeiten.* Die dann im Listenfeld aufgeführten Vorlagen können Sie einzelnen bearbeiten, indem Sie Zeilen- und Absatzformate bestimmen.[1]

3. Bestimmen Sie im Drehfeld *Spalten,* in wie vielen Spalten die Einträge aufgelistet werden sollen. Die Spaltenzahl ist abhängig von der Seitengröße, der Schriftgröße und dem/den Absatzformat(en) der Einträge. Weil dazu keine generelle Empfehlung zu geben ist, probieren Sie verschiedene Varianten aus.

4. Entfernen Sie gegebenenfalls die Markierung des Kontrollfeldes *Seitenzahlen rechtsbündig,* damit die Seitenzahlen, wie in wissenschaftlichen Arbeiten üblich, direkt nach dem Eintrag eingefügt werden.

5. Bestätigen Sie mit OK, um das Stichwortverzeichnis erstellen zu lassen.

---

[1] Zur Bearbeitung von Formatvorlagen siehe Kapitel 5, Abschnitt *Texte gestalten.*

Verzeichnis aktualisieren

Wenn Sie das Manuskript *nach* Erstellung des Verzeichnisses bearbeitet haben, kann es sein, dass Seitenverweise nicht mehr oder stimmen. Vielleicht haben Sie aber auch nachträglich Einträge festgelegt, die im aktuellen Verzeichnis noch nicht enthalten sind.

In solchen Fällen müssen Sie das Verzeichnis aktualisieren. Dadurch werden sowohl neue Einträge aufgenommen als auch die Seitenverweise korrigiert.

Um das Verzeichnis zu aktualisieren, haben Sie zwei Möglichkeiten, je nachdem ob Sie ein „Tastatur- oder ein Maustyp" sind:

❑ Setzen Sie zuerst den Cursor in das Verzeichnis, und drücken Sie dann die Taste F9 .

❑ Klicken Sie mit der rechten Maustaste innerhalb des Verzeichnisses und dann im Kontextmenü *Felder aktualisieren.*

Tabellen

44

Informationen, die tabellarisch anzuordnen sind, lassen sich mit Word auf zwei unterschiedliche Arten in das Manuskript einfügen: durch die Tabulatorfunktion[1] oder durch die Tabellenfunktion[2]. Die Tabellenfunktion ist immer dann (zeit-)gewinnbringend einzusetzen, wenn die Verwendung von Tabulatoren einen nicht zu vertretenden Aufwand bedeuten würde, um das Ergebnis zu erhalten, oder wenn das gewünschte Ergebnis so überhaupt nicht zu realisieren wäre.

Tabellen bestehen aus senkrechten Spalten und waagrechten Zeilen. Im Schnittpunkt von Spalten und Zeilen entstehen sogenannte Zellen bzw. Felder. Hier können Sie Text eingeben, Grafiken einfügen bzw. neue erstellen und sogar vollständige Dokumente einfügen.

Spalten
Zeilen
Zellen

Wenn sich in den Feldern Zahlen und Formeln befinden, können Sie Word auch Berechnungen durchführen lassen. Sie ersparen sich damit die Berechnung von Ergebnissen mit Hilfe eines Taschenrechners und das anschließende Übertragen in die Tabelle.

Berechnungen

In die Erstellung und vor allem die Gestaltung von Tabellen lässt sich ohne Probleme sehr viel Zeitaufwand investieren. Das ist dann möglicherweise gerade die Zeit, die dann später an allen Ecken und Enden fehlt. Lassen Sie sich also nicht von der Funktionsvielfalt animieren, sondern setzen Sie Tabellen funktional ein; wenn Sie später dann noch Zeit haben, können Sie diese immer noch in die Gestaltung stecken.

Die folgende Darstellung ist keine umfassende Behandlung der Tabellenfunktion von Word. Sie finden hier vielmehr die Funktionen beschrieben, die im Zusammenhang mit dem Thema „wissenschaftliche Arbeiten" besonders wichtig sind.

---

[1] Ein Beispiel für eine Tabulatoren-Tabelle ist das in Kapitel 18 beschriebene Abkürzungsverzeichnis.
[2] Ein Beispiel für eine „richtige" Tabelle ist das in Kapitel 26 beschriebene Formelzeichenverzeichnis.

44.1 Tabellen erstellen

Ergänzend zu der folgenden Beschreibung der Tabellenerstellung ist in Kapitel 26 am Beispiel eines Formelzeichenverzeichnisses eine konkrete Anwendung der Tabellenfunktion ausführlich beschrieben. Eine weitere Anwendung der Tabellenfunktion finden Sie in Kapitel 45 am Beispiel eines Titelblattformulars.

Beachten Sie, dass Word Tabellen noch immer so plaziert, dass die seitlichen Tabellenränder über die Seitenränder hinausragen. Wenn Sie bei einer Tabelle keine Linien verwenden, ist das nicht weiter tragisch. Sollten Sie aber die Spalten durch senkrechte Linien markieren – in der Word-Terminologie *Rahmenlinien außen* setzen –, dann müssen Sie die beiden Tabellenränder mit der Maus so innen versetzen, dass sie sich mit den Seitenrändern decken; andernfalls sieht Ihre Tabelle unprofessionell aus.

Sie können Tabellen auf vier unterschiedliche Arten erstellen.

❑ Anzahl der Zeilen und Spalten eingeben

❑ Tabellengröße in einem Raster markieren

❑ Tabelle mit der Maus zeichnen

❑ Tabulator- oder Parallelspalten umwandeln

Anzahl der Zeilen und Spalten eingeben

Bei dieser Variante setzen Sie den Curos an die Stelle, wo Sie die Tabelle einfügen wollen und wählen dann TABELLE/TABELLE EINFÜGEN. In einem Dialogfeld können Sie dann die Zahl der Spalten und Zeilen eingeben. Nach Bestätigen dieser Angaben wird die Tabelle erstellt.

Tabellengröße in einem Raster markieren

Bei dieser Variante plazieren Sie den Cursor an der gewünschten Tabellenposition und klicken dann in der Standard-Symbolleiste auf dem Symbol *Tabelle einfügen.* Dadurch wird ein Raster angezeigt, das aus wenigen Zeilen und Spalten besteht. Wenn Sie die Maus über das Raster ziehen, wird es nach unten bzw. rechts erweitert. Sobald Sie die Maustaste loslassen, wird die Tabelle mit der zuvor markierten Anzahl von Zeilen und Spalten erstellt.

Je nach Auflösung Ihres Grafiksystems (Grafikkarte/ Monitor) und Monitorgröße lassen sich unterschiedlich große Tabellen erstellen (beispielsweise 28 Zeilen/23 Spalten bei einem 21-Zoll-Monitor mit einer Auflösung von 1280 x 1024 Bildpunkten oder 20 Zeilen/16 Spalten bei einem 17-Zoll-Monitor mit einer Auflösung von 800 x 600). *Abhängigkeit von der Monitorgröße*

Tabelle mit der Maus zeichnen

Um es gleich vorwegzunehmen: Bei der Zeichnungsvariante lassen sich Spaltenbreiten und Zeilenhöhen sowie die Plazierung der Tabelle auf der Seite ganz variabel gestalten. Sie können an beliebiger Stelle den „Zeichenstift" ansetzen und die Tabelle zeichnen.

Damit Sie den „Zeichenstift" auf den Bildschirm bekommen, wählen Sie TABELLE/TABELLE ZEICHNEN; falls die Symbolpalette *Tabellen und Rahmen* angezeigt wird, können Sie dort auf dem Symbol *Tabelle zeichnen* klicken. Sobald Sie den Mauszeiger in das Dokumentfenster bewegen, wird er zum Stift. Jetzt zeichnen Sie zunächst den Tabellenumriss und dann darin die Spalten und Zeilen. Wenn Sie in der genannten Symbolpalette den *Radiergummi* anklicken, können Sie mit dem Mauszeiger die Tabelle Stück für Stück wieder „ausradieren". *Zeichenstift und Radiergummi*

Tabulator- oder Parallelspalten in Zeilen und Spalten umwandeln

Diese Variante können Sie dann einsetzen, wenn Sie die ursprünglich mit Hilfe von Tabulatoren oder in Spalten angeordneten Informationen später doch in Form einer „richtigen" Tabelle benötigen.

Dazu markieren Sie den Tabulatortext bzw. den Text in den Parallelspalten und wählen TABELLE/TEXT IN TABELLE UMWANDELN. In einem Dialogfeld wählen Sie dann die gewünschten Tabellenoptionen. Das Erstellen der Tabelle und das Einfügen des Textes in die Tabellenfelder übernimmt Word.

44.2 Tabellen beschriften

Bestandteile

Tabellen werden wie Abbildungen oder andere Grafiken beschriftet. Die Beschriftung besteht aus der Bezeichnung Tabelle, der laufenden Nummer der Tabelle und der Beschreibung des Tabelleninhalts. Eine Beschriftung kann damit folgendermaßen aussehen:

Tabelle 1: Wertetabelle der Funktionen $\varphi(x)$ und $\Phi(x)$

Automatische Beschriftung

Beschriften Sie die Tabellen nicht von Hand – es sei denn, es gibt nur eine einzige Tabelle in Ihrem Manuskript. Wenn Sie statt dessen die Beschriftungsfunktion von Word verwenden, werden nicht nur die Bezeichnungen eingefügt, sondern die Beschriftungen werden auch automatisch numeriert.[1]

Grundlage für Tabellenverzeichnisse

Sie können die Beschriftungen außerdem dazu verwenden, von Word ein Tabellenverzeichnis erstellen zu lassen. In dieses Verzeichnis werden die Beschriftungen als chronologische Einträge übernommen und mit den zugehörigen Seitenverweisen auf die Fundstellen im Manuskript versehen.[2]

44.3 Tabellen ausfüllen

Tabelleninhalte

Sie können in Tabellen folgende Informationsträger einfügen und bearbeiten:

❑ Text und Zahlen

❑ Diagramme und Grafiken

❑ Mathematische Formeln

❑ Berechnungsformeln

Tabellenüberschriften

In der ersten Zeile ...

In der ersten Zeile einer Tabelle wird üblicherweise eine Überschrift eingefügt. Diese Überschrift besteht aus mehreren Einträgen, von denen jeder eine Spalte beschreibt.

... und auf allen Folgeseiten

Damit bei Tabellen, die länger als eine Seite sind, nicht immer wieder auf die Seite mit der Überschrift zurückge-

---

[1] Ausführlich zur Beschriftung und Numerierung von Tabellen siehe Kapitel 36.

[2] Ausführliche Informationen zur Erstellung von Tabellenverzeichnissen siehe Kapitel 17.

blättert werden muss, können Sie mit Word die Überschrift so kennzeichnen, dass sie automatisch als erster Eintrag auf jeder Seite steht. So hat der Leser immer die erklärende Überschrift vor Augen. Wie Sie solche fortlaufenden Tabellenüberschriften erstellen können, ist in Kapitel 26 am Beispiel der Tabellen für Formelzeichenverzeichnisse ausführlich beschrieben.

Text und Zahlen

Vor dem Einfügen bzw. Bearbeiten müssen Sie den Cursor in das gewünschte Feld bzw. in die Zelle setzen. Sie können dann Text und Zahlen wie gewohnt eingeben, aus der Zwischenablage einfügen, löschen oder ausschneiden.[1]

Diagramme und Grafiken

Um Diagramme in Zellen einzufügen, wählen Sie in der gewünschten Zelle den Startbefehl für den Diagrammeditor (EINFÜGEN/GRAFIK/DIAGRAMM).[2]

Um fertige Grafiken in Zellen einzufügen, wählen Sie in der gewünschten Zelle EINFÜGEN/GRAFIK/CLIPART bzw. EINFÜGEN/GRAFIK/AUS DATEI. Mit der Variante EINFÜGEN/ GRAFIK/VON SCANNER können Sie Grafiken, die auf Papier vorliegen, auch direkt in eine Tabelle einfügen.[3]

Um eigene Grafiken in Zellen zu erstellen, blenden Sie Symbolleiste *Zeichnung* ein und zeichnen dann die gewünschten Objekte.[4]

Mathematische Formeln

Eine mathematische Formel ist die Darstellung mathematischer Zusammenhänge, die Sie mit dem Formeleditor schreiben. Diese Formeln sind, anders als Berechnungsformeln, wie normaler Text zu sehen. Rechnen Sie also nicht damit, dass Sie damit rechnen können!

---

[1] Siehe Kapitel 5, Abschnitt *Text schreiben und bearbeiten.*
[2] Zur Arbeit mit dem Diagrammeditor siehe Kapitel 22.
[3] Zum Einfügen von Materialien durch Scannen siehe Kapitel 11, Abschnitt *Bewährtes: Der Scanner.*
[4] Zur Erstellung von Grafiken siehe Kapitel 27.

Um Formeln in Felder einzufügen, wählen Sie in der gewünschten Zelle den Startbefehl für den Formeleditor (EINFÜGEN/OBJEKT) oder klicken Sie in der Standard-Symbolpalette auf dem Symbol *Formel-Editor*.[1]

Berechnungsformeln

Eine Berechnungsformel führt mathematische Operationen aus und präsentiert das Ergebnis in der Zelle, in die sie eingefügt ist. Die Formel selbst ist aber, anders als mit dem Formeleditor erstellte mathematische Formeln, in der Tabelle nicht zu sehen. Die Arbeit mit Berechnungsformeln ist weiter unten in diesem Kapitel im Abschnitt *Berechnungen in Tabellen* beschrieben.

44.4 Tabellen verschieben

Tabellen zu verschieben, bedeutet je nach Art der Tabelle einen mehr oder weniger großen Aufwand. Sie sollten deshalb – und weil eine Tabelle während des Verschiebevorgangs verloren oder beschädigt werden kann – auf jeden Fall prüfen, ob nicht das Verschieben des davorliegenden bzw. nachfolgenden Textes einfacher ist.[2]

Sicherer: Zuerst kopieren, dann löschen

Das Verschieben von Tabellen geschieht über den „Umweg" der Zwischenablage. Die markierte Tabelle wird also dorthin kopiert und dann von dort aus an der gewünschten Stelle wieder eingefügt. Sie könnten die Tabelle zwar auch gleich ausschneiden – ebenfalls in die Zwischenablage –, aber falls Ihnen danach versehentlich etwas anderes in die Zwischenablage gerät, ist die Tabelle verloren, und Sie müssten sie noch einmal erstellen.

So geht's!

1. Markieren Sie die Tabelle mit TABELLE/TABELLE MARKIEREN.

2. Wenn die Tabelle mit der Funktion *AutoBeschriftung* beschriftet und nummeriert ist, erweitern Sie die Markierung der Tabelle mit der Tastenkombination ⟨Strg⟩+⟨⇧⟩+⟨↓⟩, bis auch die Beschriftung markiert ist.

3. Kopieren Sie die gesamte Markierung mit der Tastenkombination ⟨Strg⟩+⟨Einfg⟩ in die Zwischenablage.

---

[1] Zur Arbeit mit dem Formeleditor siehe Kapitel 34.
[2] Zum Verschieben von Text siehe Kapitel 5, Abschnitt *Text schreiben und bearbeiten.*

Wenn Sie die Tabelle jedoch gleich ausschneiden wollen, dann können Sie das mit der Tastenkombination $\boxed{\Diamond}$+$\boxed{\texttt{Entf}}$ tun; dann entfällt Schritt Nr. 5.

4. Fügen Sie die Kopie bzw. die ausgeschnittene Tabelle an der gewünschten Stelle wieder ein (Tastenkombination $\boxed{\Diamond}$+$\boxed{\texttt{Einfg}}$). Wenn bzw. weil Sie die Funktion *AutoBeschriftung* verwenden, wird die eingefügte Kopie gleichzeitig automatisch beschriftet (einschließlich fortlaufender Numerierung).[1]

5. Um die ursprüngliche Tabelle einschließlich Beschriftung zu entfernen, markieren Sie die Tabelle und den Absatz mit der Beschriftung (einschließlich Absatzmarke!) noch einmal, und löschen dann das Ganze mit der Taste $\boxed{\texttt{Entf}}$.

6. Zum Schluss müssen Sie noch die (inzwischen falsche) Numerierung der neu plazierten und gegebenenfalls auch aller anderen Tabellen aktualisieren. Damit sicher alle Beschriftungen aktualisiert werden, markieren Sie das ganze Dokument mit der Tastenkombination $\boxed{\texttt{Strg}}$+$\boxed{\texttt{A}}$ und drücken dann die Taste $\boxed{\texttt{F9}}$.

44.5 Das Tabellenlayout

Spalten und Zeilen, aber auch nur einzelne Zellen lassen sich durch Anordnung von Linien hervorheben. Als weiteres Gestaltungsmittel stehen Hintergrundfarben bzw. Schattierungen zur Verfügung. Erliegen Sie aber nicht der Versuchung, zu viele oder gar alle Merkmale einzusetzen; (fast) immer ist weniger mehr.

Eine sinnvolle Anwendung ist beispielsweise die Anordnung zweier waagrechter Linien – eventuell kombiniert mit einer leichten Hintergrundschattierung –, um Tabellenüberschriften hervorzuheben. Eine weitere Linie kann als Tabellenabschluss verwendet werden.

Drei waagrechte Linien reichen

Senkrechte Linien sind in der Regel nicht erforderlich, weil durch die Spaltenbreite ausreichender Abstand zu den nächsten Spalteneinträgen geschaffen werden kann.[2]

Keine senkrechten Linien!

---

[1] Zur automatischen Beschriftung von Tabellen siehe Kapitel 36.
[2] Ein Beispiel zeigt die Tabelle mit den Tastenbezeichnungen im Einleitungskapitel dieses Buches.

Wenn Sie mehr als eine Tabelle in Ihrem Manuskript benötigen, achten Sie darauf, dass Sie für alle Tabellen ein einheitliches Layout verwenden.

Automatisiert formatieren

Word bietet für Tabellen eine umfangreiche Sammlung vorhandener Formatierungen wie Linien, Rahmen oder Schattierungen. Wenn Sie darauf zugreifen wollen, wählen Sie entweder schon bei der Erstellung *AutoFormat* im Dialogfeld *Tabelle einfügen*, oder klicken Sie mit der rechten Maustaste auf der Tabelle und wählen dann im Kontextmenü TABELLE AUTOFORMAT. Sie können dann anhand beispielhafter Tabellen das gewünschte Aussehen wählen.

Achten Sie darauf, dass im Dialogfeld *Tabelle AutoFormat* die Option *Optimale Breite* nicht markiert ist. Falls sie doch markiert ist, wirft Ihnen Word alle Ihre manuell festgelegten Spaltenbreiten über den Haufen, und Sie erhalten einen „Spaltenbreiteneinheitsbrei".

Manuell formatieren

Wenn Sie nur einzelne Zellen einer Tabelle hervorheben wollen, markieren Sie diese und wählen dann FORMAT/ RAHMEN UND SCHATTIERUNG. Sie können dann auf den Registerkarten des Dialogfeldes Rahmenlinien und Hintergrundschattierungen festlegen. Einige der Formatierungsmerkmale können Sie auch aus der Symbolpalette *Tabellen und Rahmen* abrufen.

44.6 Berechnungen in Tabellen

Um in Tabellen Berechnungen durchführen zu lassen, müssen in Zellen Formeln eingefügt werden. Bei der Berechnung des Resultats einer Formel werden Variablen oder Konstanten durch mathematische Operatoren oder Funktionen miteinander verarbeitet.

Zelladressen

Bestandteile

Zelladressen werden verwendet, um Felder bzw. Zellen zu identifizieren. Zeilen werden dabei von oben nach unten mit arabischen Zahlen bezeichnet, Spalten von links nach rechts mit Buchstaben. Zelladressen dienen als Variablen, die bei der Berechnung durch den aktuellen Zellenwert ersetzt werden.

In einer Tabelle mit drei Zeilen und vier Spalten hat beispielsweise das erste Feld (links oben) die Adresse *A1*, das letzte (rechts unten) die Adresse *E3*.

Beispiel

Wenn Sie Formeln in andere Felder bzw. Zellen kopieren oder verschieben, werden die Adressen automatisch angepasst, so dass die Berechnungen immer den aktuellen Stand berücksichtigen.

Anpassung der Adressen

Das Wichtigste über Tabellenformeln

Bei der Formelerstellung sind zwei Fehlerarten möglich.

Fehler

❑ *Syntaxfehler* in einer Formel ergeben keine Ergebnisse, weil die mathematischen Regeln das nicht zulassen. Word präsentiert dann einen entsprechenden Hinweis.

❑ *Logische Fehler* sind gefährlich, weil tatsächlich ein Ergebnis zustande kommt, ohne dass der Fehler unbedingt auffällt.

Ein Beispiel zur Verdeutlichung: Mit der Formel *(A1+B1+C1)*D1* wird die Summe der Zellen *A1* bis *C1* mit dem Inhalt der Zelle *D1* multipliziert. Wenn die Formel ohne Klammern eingegeben wird, also *A1+B1+C1*D1*, dann ergibt das zwar ein Ergebnis, weil die Formel syntaktisch richtig ist; das Ergebnis ist aber falsch, weil der Rechengang ein anderer ist.

Beispiel

Kontrollieren Sie deshalb anhand eines durch die Berechnungsfunktion erbrachten Ergebnisses die Richtigkeit der Formel, indem Sie dasselbe Beispiel „von Hand" nachrechnen.

In Word sind die folgenden sieben Rechenarten möglich:

Rechenarten

❑ Addition

❑ Subtraktion

❑ Multiplikation

❑ Division

❑ Prozentrechnung

❑ Potenzieren

❑ Radizieren

Darüber hinaus können Sie eine Reihe vorbereiteter Funktionen verwenden, bei denen Sie lediglich noch die Argumente einfügen müssen.

Funktionen

Operatoren

Zur Auswertung von Zellinhalten lassen sich folgende logische Operatoren verwenden:

❑ = gleich

❑ < kleiner als

❑ < = kleiner oder gleich

❑ > größer als

❑ > = größer oder gleich

❑ < > ungleich

Online-Informationen

Informationen zur Verwendung von Funktionen und Operatoren können Sie direkt auf den Bildschirm bekommen. Klicken Sie dazu im Dialogfeld *Formel* (TABELLE/FORMEL) in der Titelleiste auf dem Fragezeichen und dann mit dem Fragezeichen-Mauszeiger in den Textfeldern *Formel* bzw. *Funktion einfügen*. In dem dann angezeigten Kurztext klicken Sie auf der Schaltfläche mit dem Pfeil und erhalten so jeweils ein Hilfefenster mit ausführlichen Informationen (Bild 44.1).

Bild 44.1:
Die Online-Hilfe für Formeln und Funktionen

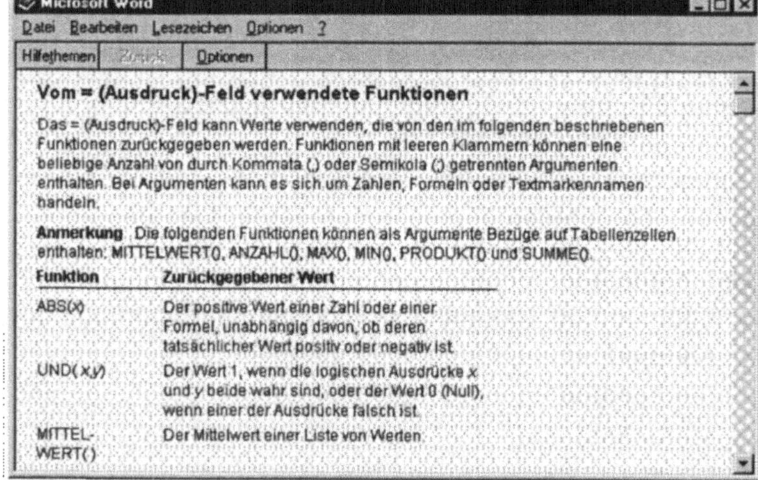

Formeln erstellen

Setzen Sie zunächst den Cursor in die Zelle, die die Formel enthalten soll.

1. Wählen Sie TABELLE/FORMEL.   *So geht's!*

2. Geben Sie im Textfeld FORMEL die Formel ein oder fügen Sie eine Funktion ein, indem Sie im Listenfeld *Funktion einfügen* auf der Funktionsbezeichnung klikken.

3. Geben Sie anschließend in den Klammern die erforderlichen Argumente ein; Hinweise dazu bekommen Sie mit dem Fragezeichen (siehe oben).

   Bei der Eingabe von Zelladressen, Operatoren und Konstanten können Sie alle nach den Regeln der Mathematik möglichen Kombinationen verwenden. Die Zelladressen können Sie in Groß- oder Kleinbuchstaben eingeben; Zelladressen werden durch ein Semikolon (;) voneinander getrennt.   *Syntax*

   Anstelle von Zelladressen können Sie in den Argumenten auch Textmarken verwenden. Voraussetzung dafür ist, dass Sie in den Zellen, die Sie zur Berechnung verwenden wollen, zuvor Textmarken eingefügt haben.[1]   *Textmarken zur Adressierung*

4. Bestimmen Sie im Listenfeld *Zahlenformat* das gewünschte Format, in dem das Ergebnis der Formel ausgegeben werden soll.

5. Fügen Sie die Formel mit OK in die Tabelle ein.

---

[1] Ausführliche Informationen zur Verwendung von Textmarken siehe Kapitel 39.

45

Die Titelseite eines Manuskripts ist die erste Seite und vermittelt dadurch auch den ersten Eindruck der Arbeit, die Sie abgeben (Bild 45.1). Deshalb auch gleich der erste wichtige Hinweis: Nehmen Sie sich Zeit für die Gestaltung der Titelseite.

Der zweite Hinweis, in Bezug auf den ersten Eindruck, erscheint mir ebenfalls wichtig: Kontrollieren Sie die Titelseite lieber einmal mehr auf orthographische Fehler. Schreibfehler irgendwo im Manuskript sollten zwar auch nicht vorkommen; aber gleich auf der ersten Seite der Arbeit sind sie eigentlich beinahe schon verboten.[1]

45.1 Inhalt

Außer der nicht vorgeschriebenen Funktion der Vermittlung des ersten Eindrucks muss die Titelseite vor allem seine eigentliche Aufgabe erfüllen, nämlich den formalen Rahmen der Arbeit zu beschreiben. Dazu kann die Seite folgende Angaben enthalten:

❑ Ihren Namen und Vornamen, Ihre Matrikelnummer und Ihre Adresse   *Persönliche Angaben*

❑ Ihre Fachrichtung bzw. Studienrichtung

❑ Ihre Semesterzahl zur Zeit der Erstellung (bei Seminararbeiten) bzw. der Prüfung (bei Abschlussarbeiten)

❑ Bezeichnung des Semesters, in dem Sie die Arbeit erstellt haben

❑ Datum der Einreichung

❑ Bezeichnung der Hochschule und der Hochschuleinrichtung, an der Sie die Arbeit erstellt haben (Fachbereich, Institut, Labor usw.)   *Studienbezogene Angaben*

❑ Bezeichnung der Veranstaltung (mit Themenangabe), in deren Rahmen Sie die Arbeit erstellt haben (Proseminar, Hauptseminar usw.)

❑ Thema der Arbeit, gegebenenfalls mit Untertitel

---

[1] Zur Rechtschreibprüfung mit Hilfe von Word siehe Kapitel 3, Abschnitt *Hilfsmittel zur sprachlichen Bearbeitung von Manuskripten.*

Bild 45.1:
Titelseite mit
einem Seiten-
rahmen

Wissenschaftliche Hausarbeit für die
Erste Staatsprüfung
für das Lehramt der Sekundarstufe II

Das wirtschafts- und sozialpolitische Selbstverständnis

des Deutschen Gewerkschaftsbundes –

dargestellt an den Stellungnahmen zu den

Bundestagswahlen von 1953, 1957, 1972 und 1976

Angefertigt bei Herrn Prof. Dr. I. K. Rus
Fachbereich 3
Carlo-Venturi-Universität Ganzweitoben

Vorgelegt von P. Gasus
29. Februar 1997

❏ Funktion der Arbeit (Referat, Laborbericht, Diplomarbeit usw.)

❏ Adressat der Arbeit (Prüfer/Seminarleitung, Name
einschließlich akademischer Titel und Funktions-
bzw. Positionsbezeichnung innerhalb der Hochschule)

P. Gasus, Matrikel-Nr. 123456, 7. Semester
An der Rennbahn 8
65432 Weiterunten

Hauptseminar: Probleme der Sozial- und Wirtschaftsgeschichte der Weimarer
Republik (WS 1994/95)

Seminarleiter: Prof. Dr. A. Q. Rat

Referatthema: Wirtschafts- und sozialpolitische Vorstellungen in der Programmatik
der Nationalsozialsozialistischen Deutschen Arbeiterpartei (NSDAP)

Vorgelegt am 29. Februar 1997

Inhaltsverzeichnis

Bild 45.2:
Titelseite eines Referats mit eingefügtem Inhaltsverzeichnis

Zur Klärung der Frage, welche Einträge Ihre aktuelle Titelseite in welcher Reihenfolge enthalten muss, können Sie die verschiedensten Informationsquellen heranziehen: Prüfungsordnungen; Ausbildungverordnungen; die sogenannten *Merkblätter zur Gestaltung von wissenschaftlichen Arbeiten*, die von Fachbereichen oder Instituten herausgegebenen werden.

*Vorgaben:
Das Merkblatt*

P. Gasus
Matrikel-Nr. 123456
An der Rennbahn 7
65432 Weiterunten

Hauptprüfung Zeitgeschichte
bei Herrn Prof. Dr. A. Q. Rat
Fachbereich Geschichte
WS 1997/98

Thesenpapier zum Prüfungsthema:

**Die Entwicklung der deutschen Sozialdemokratie im
Kaiserreich und in der Weimarer Republik**

1   Die Abgrenzung des behandelten Zeitraums

Im Zeitraum von der (eigentlichen) Gründung der Sozialdemokratischen Partei 1875 bis
zu ihrem Verbot 1933 sind die Jahre zwischen den Parteitagen von *Erfurt (1891)* und
Heidelberg (1925) besonders wichtig. In dieser Zeit liegen Schlüsselereignisse der
Sozialdemokratie und der deutschen Arbeiterbewegung.

1.1   Nach dem Sozialistengesetz

In Erfurt gab sich ein Jahr nach dem Fall des Sozialistengesetzes eine gegenüber der
Zeit vor Inkrafttreten dieses Gesetzes wesentlich veränderte Partei ein Programm, das
kurz- und langfristige Ziele benannte. Diese Theorie konnte jedoch nicht nur nicht
verhindern, daß die Praxis der Partei zunehmend an *Reformen und Parlamentarismus*
orientiert war; sie schien eine solche Praxis darüber hinaus noch zu fördern.

*Vorgaben:
Ein Muster*

Sie können aber auch Arbeiten, die bereits in Ihrem
Fachbereich, Institut usw. erstellt worden sind, zur Information heranziehen. Klären Sie die Frage gegebenenfalls mit dem Adressaten Ihrer Arbeit.

*Mit und ohne
„Beiwerk"*

Bei Diplom- und anderen umfangreichen Arbeiten enthält
die Titelseite außer den genannten Angaben keine weiteren Texte. Bei weniger umfangreichen Arbeiten wie Referaten, Thesenpapieren oder Laborberichten lassen sich

möglicherweise noch andere Bestandteile des Manuskripts auf der Titelseite plazieren: beispielsweise die Gliederung der Arbeit bzw. das Inhaltsverzeichnis[1] (Bild 45.2) oder bereits den Anfang des Textes (Bild 45.3). Klären Sie auch diese die Frage mit dem Adressaten Ihrer Arbeit.

45.2 Titelseitenformular

Wenn Sie eine Titelseite mehrmals mit nur geringen Änderungen benötigen, dann kann es sinnvoll sein, diese Titelseite als Formular zu erstellen. Die Erstellung eines solchens Formular lohnt sich, weil bzw. wenn es über einen gewissen Zeitraum mit bestimmter Regelmäßigkeit gebraucht wird. In dieser Form kann es dann immer wieder schnell eingesetzt werden. Voraussetzung dafür ist, dass solche Formulare als Dokumentvorlage gespeichert sind.[2]

Dauerbrenner als Dokumentvorlage

Bild 45.4 zeigt eine solche Titelseite, die mit Hilfe der Tabellenfunktion realisiert wurde.[3] Titelseiten dieser Art lassen sich beispielsweise im Rahmen der Ausbildung in Studienseminaren verwenden. Wenn dort für sogenannte Unterrichtsproben die Unterrichtsentwürfe vorzulegen sind, dann müssen diese nicht nur jedesmal einen anderen inhaltlichen Schwerpunkt haben, sondern auch jedesmal die gleiche formale Titelseite mit Angabe des Studienseminars, des Seminarleiters, der Ausbildungsschule, des Schulleiters u.ä.

Beispiel

45.3 Plazierung und Paginierung

Die Titelseite wird im Manuskript bzw. in der Arbeit vor allen anderen Teilen plaziert. Bei der Seitennumerierung wird sie zwar mitgezählt, die Seitenzahl 1 wird jedoch nicht eingetragen.[4]

---

[1] Zur Gliederung eines Manuskripts siehe Kapitel 9, zum Inhaltsverzeichnis siehe Kapitel 31.

[2] Siehe Kapitel 5, Abschnitt *Vorgehensweise beim Erstellen einer Dokumentvorlage.*

[3] Zur Erstellung von Tabellen siehe Kapitel 44.

[4] Zur Seitennumerierung siehe Kapitel 42.

__Bild 45.4:__
Titelseite als
Formular mit
konstanten
und variablen
Elementen;
anstelle der
Sterne ist bei
jedem Einsatz
des Formulars
der neue Text
einzugeben.

D. K. Denz, Studienreferendar
Am Tiefpunkt 6
54321 Ganzweitunten

Unterrichtsplan
mit *** Schwerpunkt
zum Unterrichtsbesuch nach § 11 AO

Unterrichtsfach   ***

Unterrrichtseinheit   ***

Stundenthema   ***

Klasse   ***

Studienseminar   Studienseminar II
                         76543 Mittendrin

Seminarleiter   OStD Dr. I. K. Rus

Ausbildungsschule   Carlo-Venturi-Oberschule
                         76543 Mittendrin

Schulleiter   OStD Dr. P. Gasus

Fachleiter   StD A. Q. Rat

Mentor   StR Z. L. Schneider

Klassenlehrer   OStR G. O. Graf

Tag   ***

Zeit   ***

Raum   ***

1 Schwerpunktthema: ***

2 Klassensituation

3 Einbettung des Stundenthemas in der Unterrichtseinheit

4 Ziel der Unterrichtsstunde

45.4 Gestaltung

Bei Titelseiten für Abschlussarbeiten lassen sich als Bestandteil des Seitenlayouts sogenannte *Seitenrahmen* anbringen.[1] Die Tatsache, dass sich über Geschmack nicht streiten lässt, sollte aber doch nicht allzu schwergewichtige oder gar barocke Gebilde entstehen lassen – wozu Word durchaus in der Lage ist.

Weniger ist mehr!

Da auf der Titelseite eine relativ begrenzte Textmenge unterzubringen ist, können Sie mit dem Platz großzügig umgehen. Trotzdem müssen inhaltlich zusammengehörende Teil auch räumlich eine Einheit bilden.

Logisch-inhaltliche Blöcke

Absätze sind deutlich voneinander zu trennen. Zeilenabstände innerhalb der Absätze sollten nicht zu groß und der Schriftgröße angepasst sein.[2] Der Text wird zentriert ausgerichtet. Die Verwendung nur einer Schriftart mit einem Schriftattribut und möglichst nicht mehr als zwei Größen ermöglicht trotzdem eine klare, leicht lesbare Anordnung des Textes .[3]

Empfehlungen

---

[1] Zur Verwendung von Rahmen und Rahmen siehe Kapitel 40.
[2] Siehe Kapitel 5, Abschnitt *Zeilen und Absätze*.
[3] Siehe Kapitel 5, Abschnitt *Schriften*.

Überschriften 46

Überschriften werden in einem Manuskript an zwei verschiedenen Stellen verwendet, einmal als Originaltext innerhalb der Kapitel und einmal als Kopie der Originalfassung im Inhaltsverzeichnis. Die Unterscheidung *Original/Kopie* erklärt die Art der Entstehung in Word: Überschriften werden beim Schreiben der einzelnen Kapitel eingegeben und dann von dieser Stelle aus durch eine besondere Programmfunktion beim Erstellen des Inhaltsverzeichnisses in dieses Verzeichnis kopiert. Das bedeutet aber auch, dass alle Fehler aus der Originalüberschrift in das Inhaltsverzeichnis kopiert werden. Korrigieren Sie also die Überschriften noch vor dem Erstellen des Inhaltsverzeichnisses.[1]

Fehlerquellen

46.1 Die Funktion von Überschriften

An jeder der beiden Stellen haben Überschriften unterschiedliche Aufgaben:

- ❏ Innerhalb der Kapitel weisen sie auf den Inhalt des nachfolgenden Textes hin, ohne aber gleich dessen Ergebnis zu präsentieren; sie bereiten also die Lektüre vor.

  Hinweis auf den Kapiteltext

- ❏ Im Inhaltsverzeichnis benennen sie zusammen mit dem unbedingt notwendigen Seitenverweis die Fundstelle innerhalb des Manuskripts. Die Überschriften in den Kapiteln und die Einträge im Inhaltsverzeichnis müssen im Wortlaut übereinstimmen; das ist durch die Verwendung der Inhaltsverzeichnisfunktion von Word gewährleistet.[2]

  Hinweis auf Fundstellen

- ❏ Durch ihr Aussehen verdeutlichen Überschriften an beiden Stellen die unterschiedliche inhaltliche Gewichtung der Texte, denen sie vorangestellt sind. Das geschieht durch Formatierungsmerkmale und durch Zuordnung von Hierarchiestufen in Form sogenannter Gliederungsebenen.

  Hinweis auf die Gliederung

---

[1] Zur Korrektur von Texten siehe Kapitel 5, Abschnitt *Texte sprachlich korrigieren.*

[2] Zur Erstellung von Inhaltsverzeichnissen siehe Kapitel 31.

Überschriften und der nachfolgende Text

Auf eine Überschrift muss immer Text folgen. Andernfalls hat sie im Manuskript keine Existenzberechtigung. Der nachfolgende Text kann entweder selbst wieder eine Überschrift sein oder „normaler" Manuskripttext. Wenn es sich bei dem Folgetext um eine Überschrift handelt, muss diese immer eine um eine Ebene niedrigere Hierarchiestufe haben; achten Sie darauf, dass eine solche Überschrift aber tatsächlich nur eine Ebene tiefer steht. Zwei aufeinanderfolgende Überschriften der gleichen Stufe oder mit einem Unterschied von mehr als einer Ebene sind also genauso unmöglich wie eine Überschrift ganz ohne Folgetext.

46.2 Formatierungsmerkmale von Überschriften

Überschriften sind im Sinne der Textverarbeitung nichts anderes als sehr kurze Absätze mit besonderen Merkmalen. Alle Merkmale jeweils einer Überschrift lassen sich in einer Formatvorlage zusammenfassen.

Gliederungsnummerierung

Nur mit der Gliederungsfunktion ...

Überschriften zu erstellen, bedeutet in unserem Zusammenhang gleichzeitig auch, die Gliederungsfunktion von Word zu verwenden.[1] Nur dann haben Sie die Gewähr, dass alle Überschriften gleicher Hierarchiestufe korrekt fortlaufend nummeriert werden; auch die korrekte Nummerierung niedrigerer Hierarchiestufen ist damit gesichert.

... niemals von Hand!

Nummerieren Sie also Überschriften nicht dadurch, dass Sie den Cursor an den Zeilenanfang setzen und dort dann Zahlen eingeben. Sie kommen sonst garantiert in Teufels Küche; und die Zeit, um dort wieder herauszukommen, können Sie sicher nutzbringender in die inhaltliche Bearbeitung oder in die Gestaltung Ihres Manuskripts investieren.

---

[1] Zur Gliederung von Manuskripten und zur Gliederungsfunktion siehe Kapitel 9, Abschnitt *Die Gliederung und der •normale• Text*.

Word stellt verschiedene Nummernformate zur Verfügung. Sie können alle Überschriften nur mit arabischen Zahlen nummerieren (*1, 1.1, 1.1.1, 1.1.1.1* usw.) oder mit einer Kombination, die aus arabischen und römischen Zahlen sowie aus Groß- und Kleinbuchstaben besteht (*I, A, 1, i, a*). Die Bilder 46.1 und 46.2 zeigen die gleichen Überschriften –in jeweils einem Inhaltsverzeichnis – mit den beiden unterschiedlichen Nummernformaten.

Nummern-
formate

Word ermöglicht mit der Gliederungsfunktion eine sehr feine Unterteilung und damit eine sehr extensive Verwendung der Nummerierung. Im Extremfall könnten Überschriften folgendermaßen nummeriert werden:

1.1.1.1.1.1.1.1.1   Der erste Abschnitt

1.1.1.1.1.1.1.1.2   Der zweite Abschnitt

1.1.1.1.1.1.1.1.3   Der dritte Abschnitt

Überlegen Sie bzw. klären Sie gegebenenfalls mit dem Betreuer Ihrer Arbeit, ob in Ihrem aktuellen Fall eine sehr feine Gliederung sinnvoll bzw. erforderlich ist, oder ob sie nicht eher zur Verwirrung beiträgt.

Verbindung mit dem nachfolgenden Text und vorheriger Seitenwechsel

Ohne die Verbindung mit dem Folgeabsatz kann es geschehen, dass eine Überschrift am Seitenende allein ohne den Folgetext stehenbleibt; das entspricht jedoch nicht den Ansprüchen an die korrekte Gestaltung eines Manuskripts. Diese Situation wäre im Zeitalter der Schreibmaschinenmanuskripte weniger leicht möglich gewesen, weil dort immer der ganze DIN-A4-Bogen im Blick war; man hätte dann einen neuen Bogen eingespannt. Bei der Arbeit mit Word kann der Fehler deshalb grundsätzlich entstehen, weil das Programm automatisch einen Seitenwechsel durchführt, wenn der Platz auf einer Seite zwar für eine Überschrift noch ausreichen würde, nicht mehr aber für den nachfolgenden Absatz.

Keine einsamen
Überschriften

Wenn Sie bestimmte Überschriften – beispielsweise die Hauptüberschriften von Kapiteln – immer auf einer neuen Seite plazieren wollen, dann können Sie diesen Wunsch in Form eines Absatzmerkmals definieren. Immer wenn

Automatischer
Seitenwechsel

eine Überschrift dieses Merkmal aufweist, wird vor dieser Überschrift automatisch ein Seitenwechsel durchgeführt.[1]

Bild 46.1:
Hier sind die Überschriften ausschließlich mit arabischen Zahlen numme-riert.

Inhaltsverzeichnis

II

Abstände und Ausrichtung

Abstand zum Text

Damit der Zusammenhang zwischen Überschrift und Folgetext nicht nur inhaltlich, sondern auch formal erkennbar wird, müssen Überschriftenabsätze zum Folgeabsatz einen geringeren Abstand haben als zum vorange-

---

[1] Siehe Kapitel 5, Abschnitt *Zeilen und Absätze*.

gangenen. Die Abstände sind in Abhängigkeit von der Schriftgröße zu bestimmen.

<table>
<tr><td colspan="2">Inhaltsverzeichnis</td></tr>
<tr><td>Abkürzungsverzeichnis</td><td>IV</td></tr>
<tr><td>Abbildungsverzeichnis</td><td>V</td></tr>
<tr><td>I. Einführung in die Technologie des Hochregallagers</td><td>1</td></tr>
<tr><td>   A. Entwicklung von Hochregallagern</td><td>1</td></tr>
<tr><td>   B. Elemente des Hochregallagers</td><td>4</td></tr>
<tr><td>   1. Die Lagereinheit</td><td>4</td></tr>
<tr><td>   2. Das Regalförderzeug</td><td>6</td></tr>
<tr><td>   3. Die Förderanlage</td><td>10</td></tr>
<tr><td>   4. Der Materialfluß</td><td>13</td></tr>
<tr><td>   5. Automatisierungsgrade</td><td>14</td></tr>
<tr><td>   C. Steuerung mit Prozeßrechnern</td><td>15</td></tr>
<tr><td>   1. Anforderungen an das Steuerungssystem</td><td>15</td></tr>
<tr><td>   2. Das Steuerungssystem</td><td>16</td></tr>
<tr><td>   3. Beispiel einer Steuerung</td><td>17</td></tr>
<tr><td>   4. Lagerstrategien</td><td>18</td></tr>
<tr><td>   5. Lagerablauf</td><td>21</td></tr>
<tr><td>   6. Materialflußverfolgung</td><td>22</td></tr>
<tr><td>   7. Bestandsführung</td><td>22</td></tr>
<tr><td>   8. Vorkehrungen für den Notbetrieb</td><td>25</td></tr>
<tr><td>   9. Sicherung gegen Stromausfall</td><td>27</td></tr>
<tr><td>II. Steuerung</td><td>28</td></tr>
<tr><td>   A. Konzeption der Steuerung</td><td>28</td></tr>
<tr><td>   B. Grob-Positionierung</td><td>29</td></tr>
<tr><td>   C. Fein-Positionierung</td><td>30</td></tr>
<tr><td>   1. Horizontal-Feinpositionierung</td><td>31</td></tr>
<tr><td>   2. Vertikal-Feinpositionierung</td><td>31</td></tr>
<tr><td>   D. Fahrsteuerung</td><td>32</td></tr>
<tr><td>   E. Hubsteuerung</td><td>34</td></tr>
<tr><td>   F. Tischsteuerung</td><td>35</td></tr>
</table>

II

Bild 46.2:
Die gleichen Überschriften wie in Bild 46.1 sind hier mit römischen und arabischen Zahlen sowie mit Großbuchstaben nummeriert.

Ein oberer Absatzabstand in der doppelten Schriftgröße und ein unterer Abstand in der einfachen Schriftgröße ermöglichen ein ausgewogenes Schriftbild mit deutlich erkennbarer Zuordnung der Überschrift zum Folgeabsatz.

Empfehlung

Ein Beispiel zur Verdeutlichung: *Schriftgröße 12 pt, oberer Abstand 24 pt, unterer Abstand 12 pt.* Bei der Festlegung von Abständen ist aber zu beachten, dass insgesamt nicht zu große Leerräume entstehen, denn in der Regel

Beispiel

werden die vor einer Überschrift stehenden Absätze ebenfalls mit einem unteren Absatzabstand versehen sein.

Zeilenabstand

Als Zeilenabstand ist *Einzeilig* zu verwenden. 1,5- oder 2-zeilige Abstände lassen vor allem bei größeren Schriften nicht akzeptable und das Lesen behindernde Zeilenzwischenräume entstehen.

Ausrichtung und Einzug

Überschriften werden linksbündig ausgerichtet. Der Abstand zwischen den Nummern und dem Text wird als Merkmal der Gliederungsnummerierung festgelegt. Word rückt also nach Einfügen der laufenden Nummer den Cursor automatisch um den vorgegebenen Abstand nach rechts, wo Sie dann den Text eingeben können. Fügen Sie also den Abstand nicht mit der Leertaste oder durch Tabulatoren ein.

Schriftarten und Schriftgrößen

Nicht unterstreichen

Bei Schreibmaschinenmanuskripten war die Hervorhebung durch Unterstreichen fast die einzige Möglichkeit. Bei der Arbeit mit Word sollten aber Überschriften grundsätzlich nicht unterstrichen werden, schon gar nicht doppelt! Word bietet bessere Möglichkeiten.

Schriftart

Die Schriftart kann grundsätzlich die gleiche sein wie die, die im normalen Text verwendet wird. Dann sollte aber das Schriftattribut **Fett** eingesetzt werden, um Überschriften hervorzuheben; beachten Sie aber, dass dabei Überschriften mit großen Schriftgrößen sehr schnell „klotzig" wirken können und den Leser schon beinahe erschlagen.

Das ist die Schriftart Helvetica.

Das ist die Schriftart Arial.

Eine andere Möglichkeit der Hervorhebung ist die Verwendung einer anderen Schriftart. Unter Berücksichtigung des Grundsatzes „Begrenzung der Schriftvielfalt" lässt sich beispielsweise als zweite Schriftart in einem Manuskript eine serifenfreie Schrift wie Helvetica oder Arial verwenden. Die Verwendung sogenannter Zierschriften verbietet sich in wissenschaftlichen Arbeiten von selbst.

Schriftgröße

Als Merkmal der Hervorhebung kann auch die Schriftgröße verwendet werden. So lassen sich beispielsweise bei einer Schriftgröße von 12 pt für den normalen Text Überschriften durch Größen von 16–18 pt hervorheben. Ob dabei ausschließlich die größere Schrift oder zusätzlich das Attribut **Fett** verwendet wird, ist letztlich Geschmacksache.[1]

Die Standardvorgaben von Word verführen vielleicht geradezu zum extensiven, um nicht zu sagen: exzessiven Gebrauch der unterschiedlichsten Schriftmerkmale. Vergessen Sie nicht, dass Sie eine wissenschaftliche Arbeit und nicht eine Werbebroschüre erstellen, in der Überschriften andere Funktionen haben.

46.3 Überschriften erstellen

Überschriften geben Sie wie normalen Text ein. Jede Überschrift wird durch einen Absatzschaltung mit der Taste ⏎ beendet. Durch Zuordnung der oben beschriebenen Formatvorlagen sind Überschriftenabsätze bereits vollständig formatiert.

Sie können Überschriften in jeder beliebigen Ansicht eingeben. Besonders eignen sich aber die Ansichten ONLINE-LAYOUT, DOKUMENTSTRUKTUR und GLIEDERUNG.[2]

Bildschirm-ansichten

Mit den beiden erstgenannten bekommen Sie zusätzlich zum Dokument am linken Rand des Dokumentfensters die Überschriften angezeigt (Bild 46.3). Die Gliederungsansicht (Bild 46.4) erlaubt gleichzeitig die Bearbeitung des Dokuments.

Die Gliederungsansicht hat den Vorteil, dass Sie alle Manuskriptbestandteile bis auf die Überschriften der gewünschten Hierarchiestufe ausblenden können. Damit lässt sich die Gliederung des Manuskripts, repräsentiert durch die Überschriften, ebenso übersichtlich anzeigen wie in den beiden oben genannten Ansichten. Zusätzlich können Sie aber die Gliederung auch bearbeiten, ohne dass Sie immer den ganzen Manuskripttext „mitschleppen" müssen.[3]

Gliederungs-ansicht

---

[1] Siehe Kapitel 5, Abschnitt *Schriften*.

[2] Zu den verschiedenen Ansichten in Word siehe Kapitel 4, Abschnitt *Dokumentansichten und Bildschirmanzeige*.

[3] Zur Arbeit im Gliederungsmodus siehe Kapitel 9.

Bild 46.3:
Links neben dem Textfenster ist anhand der Überschriften die Dokumentstruktur zu erkennen.

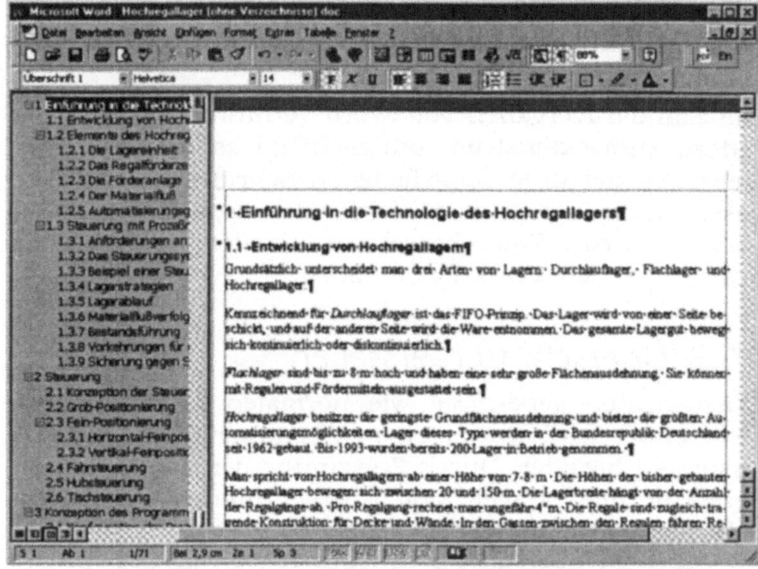

Bild 46.4:
In der Gliederungsansicht ist die Dokumentstruktur nicht nur zu erkennen; die Struktur lässt sich auch sehr komfortabel und effizient bearbeiten.

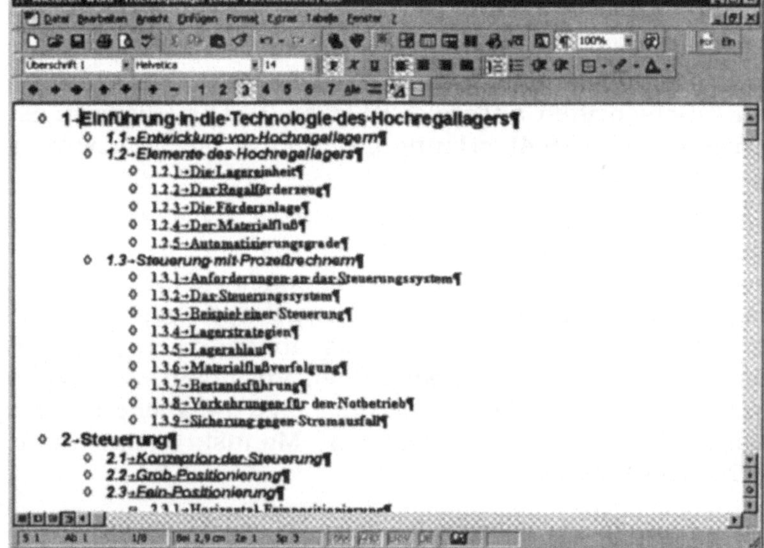

Arbeiten, die wie Diplom- und andere Abschlussarbeiten Bestandteil einer Prüfung sind und damit den Bedingungen von Prüfungsordnungen unterliegen, müssen Ihre Versicherung enthalten, dass Sie die Arbeit selbst verfasst haben. Je nach Studienrichtung bzw. Fachbereich finden sich für diese Erklärungen die verschiedensten Bezeichnungen: *Erklärung, Versicherung, Eidesstattliche Erklärung* sind typische Bezeichnungen.[1]

Die Formulierung wird meist von Seiten der Prüfungsämter oder wie bei Lehramtsprüfungen durch staatliche Ausbildungsverordnungen vorgegeben.

Die Erklärung wird als letzter Teil dem Manuskript angefügt. Der folgende Text veranschaulicht, was im einzelnen zu versichern ist:

> *Erklärung nach §... der Ausbildungsverordnung*
>
> *Ich erkläre, dass ich die Arbeit selbständig verfasst und keine anderen Hilfsmittel als die angegebenen verwendet habe und sämtliche Stellen der Arbeit, die anderen benutzten Werken im Wortlaut oder dem Sinne nach entnommen sind, in jedem einzelnen Falle unter Angabe der Quelle als Entlehnung kenntlich gemacht habe.*
>
> *Ort, Datum*

Beispiel

Eventuell ist der Text um einen Zusatz zu ergänzen, dass Sie die Arbeit nicht bereits zu einem früheren Zeitpunkt und an einem anderen Ort im Rahmen einer Prüfung vorgelegt haben, falls Sie diese Teilerklärung nicht bereits in Zusammenhang mit der Meldung zur Prüfung abgegeben haben.

Die Erklärung müssen Sie dann noch in jedem vorzulegenden Exemplar der Arbeit unterschreiben.

Unterschrift

---

[1] Zu eidesstattlichen Erklärungen siehe *Theisen, M. R.*: Arbeiten, 1993, S. 194f

Zitate

48

Die wörtliche oder auch nur inhaltlich übereinstimmende Wiedergabe von Teilen aus anderen Werken wird durch sogenannte Belege gekennzeichnet. Die durch die Regeln des wissenschaftlichen Arbeitens vorgegebenen formalen Bedingungen lassen sich durch verschiedene Funktionen in Word umsetzen, so dass Sie sich beim Einfügen von Zitaten und Belegen auf die inhaltliche Seite konzentrieren können, ohne dass Sie sich auch noch in besonderer Weise um die technische kümmern müssten.

48.1 Zitierformen

Kurze Zitate innerhalb des normalen Textes werden in Anführungszeichen gesetzt. Längere Zitate werden als eigener Absatz mit folgenden Merkmalen geschrieben:

Kurze Zitate

❏ Linker Einzug gegenüber den normalen Absätzen

❏ Kleinere Schriftgröße als im normalen Text

❏ Schriftattribut Kursiv

> *„Längere Zitate werden in Form eines getrennten Absatzes mit besonderen Formatierungsmerkmalen geschrieben. Längere Zitate werden in Form eines getrennten Absatzes mit besonderen Formatierungsmerkmalen geschrieben.*

Lange Zitate

Ausführliche Hinweise zu den unterschiedlichen Zitierformen enthalten die beiden Bände zum wissenschaftlichen Arbeiten, an die die Darstellung in diesem Buch angelehnt ist.[1] Weil das Thema des Buches der Einsatz von Word (u.a. eben bei Zitaten und Belegen) ist, kann es hier also vorrangig nur um die Darstellung der Einsatzmöglichkeiten von Word gehen.

Je nach Wunsch können Sie Anführungszeichen als Hochkomma ("abcde"), als typographische Anführungszeichen („abcde") oder als französische Anführung (»abcde«) realisieren. In Word lassen sich mit der Auto-Korrektur-Funktion die als Hochkomma mit der Taste ② eingegebenen Zeichen automatisch während der Eingabe in typographische Anführungszeichen umwandeln. Dazu

Anführungszeichen

---

[1] *Poenicke, K.*: Leitfaden, 1988, S. 129-134; *Theisen, M. R.*: Arbeiten, 1993, S. 131-151.

muss die Option *Gerade Anführungszeichen durch typo-graphische* aktiviert sein (Befehl EXTRAS/AUTOKORREKTUR, Registerkarte *AutoFormat während der* Eingabe, Gruppe *Während der Eingabe ersetzen):*.

Wenn Sie die Doppelpfeile (»abcde«) der französischen Anführung auch in Word verwenden wollen, fügen Sie diese Zeichen aus der Zeichentabelle (Befehl EINFÜ-GEN/SONDERZEICHEN) im Dialogfeld der AutoKorrektur-Funktion ein.

48.2 Anordnung von Belegen

Die Benennung der Quelle geschieht in Form sogenannter Belege. Dabei sind bezüglich Form, Umfang, Plazierung und Realisierung mit Word mehrere Varianten möglich: der Vollbeleg und der Kurzbeleg; Belege können innerhalb oder außerhalb des Textes eingefügt werden.

In Fußnoten oder in Endnoten?
Um Belege außerhalb des Textes einzufügen, bietet Word zwei verschiedene Möglichkeiten. Sie können Sie entweder als Fußnote am Ende der Seite oder als Endnote am Kapitelende oder am Schluss des Hauptteils, noch vor dem Literaturverzeichnis bzw. vor dem Anhang plazieren.

Warum (fast) alles für die Plazierung in Fußnoten am Seitenende und gegen die Verwendung von Endnoten am Schluss des Hauptteils spricht, ist bei der Beschreibung von Anmerkungen ausführlich dargestellt.[1]

Vollbeleg

Wenn Sie kein gesondertes Literaturverzeichnis in Ihr Manuskript einfügen, muss eine zitierte Quelle bei ihrer ersten Verwendung im Manuskript als sogenannter Vollbeleg mit allen bibliographischen Angaben nach folgendem Schema angeführt werden:[2]

Schema
Name, Vorname(n): Titel. Untertitel. Band. Auflage einschließlich Bearbeitungshinweis(en). Erscheinungsort(e): Verlag(e), Erscheinungsjahr(e) (Reihentitel, lfd. Nr.)

---

[1] Siehe Kapitel 12; zur Erstellung von Fuß- und Endnoten siehe Kapitel 18.

[2] Siehe auch Kapitel 33, Abschnitt *Einträge.*

Ein Beispiel nach diesem Schema sieht folgendermaßen aus:

> *Theisen, Manuel R.:* Wissenschaftliches Arbeiten: Technik – Methodik – Form. 7., überarb. und aktualisierte Aufl. München: Vahlen, 1993 (WiSt-Taschenbücher), S. 123-127.

Beispiel

Bei nachfolgenden Verwendungen müssen Sie dann durch Verweisabkürzungen (a.a.O. = am angegebenen Ort) auf diese Stelle verweisen. Dass dadurch – vor allem bei häufiger Verwendung einer Quelle – gegebenenfalls oft und viel im Manuskript geblättert werden muss, ist der große Nachteil des Vollbelegs. Wenn der Beleg dann auch noch als sogenannte Endnote am Kapitelende statt als Fußnote am Seitenende eingefügt wird, kann anstelle der Lektüre fast schon das ausschließliche Suchen und Blättern treten.

a.a.O.

... und die Nachteile

Dort, wo sich die verwendete Literatur auf ganz wenige Titel beschränkt und gleichzeitig das Manuskript einen nicht allzu großen Umfang hat, ist die Verwendung des Vollbelegs bei gleichzeitigem Verzicht auf ein gesondertes Literaturverzeichnis sinnvoll. Ein Beispiel dafür ist die Erstellung von Laborberichten, die nicht Bestandteil von Diplom- oder anderen Abschlussarbeiten sind.[1]

Kurzbeleg

Dies alles und die Tatsache, dass jede wissenschaftliche Arbeit ein eigenständiges Literaturverzeichnis enthalten muss, spricht für die Verwendung des sogenannten Kurzbelegs in Form von Fußnoten. Wenn Sie dabei auch noch die weiter unten beschriebene AutoText-Funktion verwenden, wird das Einfügen von Belegen (fast) zum „Kinderspiel" und die Lektüre Ihrer Arbeit zur Freude.

Was dafür spricht

Der Kurzbeleg wird mit folgendem Schema eingefügt.

> *Name, abgekürzte(r) Vorname(n):* Titelabkürzung, Jahr, Seitenverweis.

Schema

Ein Beispiel nach diesem Schema sieht folgendermaßen aus:

> *Theisen, M. R.:* Arbeiten, 1993, S. 136-139.

Beispiel

---

[1] Zu Laborberichten siehe Kapitel 1, Abschnitt *Versuchs- und Laborbericht.*

Die Titelangabe besteht dabei aus einer Titelabkürzung, die beim Eintrag im Literaturverzeichnis wörtlich übereinstimmend, aber in eckigen Klammern [ ] verwendet wird. Der zum obigen Beispiel gehörende Titeleintrag im Literaturverzeichnis sieht dann so aus:

> *Theisen, Manuel R.* [Arbeiten 1993]: Wissenschaftliches Arbeiten: Technik – Methodik – Form. 7., überarb. und aktualisierte Aufl. München: Vahlen, 1993 (WiSt-Taschenbücher)

48.3 Kurzbeleg-Textbausteine

Textbausteine sind Texte, die in unveränderter Form immer wieder in ein Dokument eingefügt werden können. Dort lassen sie sich ergänzen und wie normaler Text bearbeiten. Diese Bausteine heißen *AutoText*. Sie werden in einer Dokumentvorlage unter einem Stichwort gespeichert und können mit dessen Hilfe auf „Knopfdruck" abgerufen werden.[1]

Übrigens ...   Eigentlich überflüssig zu sagen, trotzdem sei's gesagt: Die Kurzbelege in diesem Buch habe ich natürlich genau so erstellt und in die Fußnoten eingefügt, wie es in diesem Kapitel beschrieben ist.

Im folgenden werden die Einsatzmöglichkeiten der Auto-Text-Funktion anhand der Fußnotenplazierung beschrieben. Das Verwendung im Text oder in Endnoten lässt sich in der gleichen Weise realisieren.

Kurzbeleg-AutoTexte erstellen

Zur Erstellung von Kurzbeleg-AutoTexten muss zwar das Literaturverzeichnis noch nicht vorhanden sein, es ist jedoch sinnvoll, weil dann die einzelnen Literatureinträge in die AutoTexte kopiert werden können; außerdem hat die frühzeitige Erstellung des Verzeichnisses weitere Vorteile.[2]

Empfehlung   Für die Erstellung von AutoTexten ist folgendes Vorgehen zu empfehlen.

❑ Erstellen Sie konsequent für jeden zu verwendenden Titel einen getrennten AutoText.

---

[1] Siehe Kapitel 5, Abschnitt *Automatisierte Texterstellung*.
[2] Siehe Kapitel 22.

❑ Geben Sie den Text nicht ein, sondern kopieren Sie ihn aus dem Literaturverzeichnis. Damit ist gewährleistet, dass Sie alle Titel verwenden und dass durch die erneute Eingabe nicht Schreibfehler in die Auto-Texte gelangen und so vielfach im Manuskript auftauchen können.

❑ Das Stichwort, unter dem der AutoText gespeichert wird, ist der Name des Verfassers, gegebenenfalls ergänzt um die Jahreszahl.

❑ Die Struktur des AutoTextes entspricht dem oben beschriebenen Schema des Kurzbelegs (ohne die eckigen Klammern); für die spätere Ergänzung des Seitenverweises geben Sie in den AutoText jetzt schon für das Wort Seite die Abkürzung „S." und eine Leerstelle ein. Ein solcher AutoText kann dann folgendermaßen aussehen:

Theisen, M. R.: Arbeiten, 1993, S.

1. Öffnen Sie die Datei mit dem Literaturverzeichnis.

2. Kopieren Sie alle Einträge in ein leeres Dokumentfenster, und schließen Sie die Literaturverzeichnisdatei wieder.

3. Entfernen Sie dann in den Kopien mit der Ersetzen-Funktion[1] die eckigen Klammern folgendermaßen:

    ❑ Die linke Klammer und die Leerstelle davor ersetzen Sie durch einen Doppelpunkt.

    ❑ Die rechte Klammer und alle folgenden Teile der Titelangabe ersetzen Sie durch ein Komma und die darauffolgende Abkürzung „S." mit der anschließenden Leerstelle.

4. Die ganze Liste speichern Sie dann – beispielsweise unter dem Dateinamen BELEGE.DOC – und haben sie so immer wieder zur Verfügung.[2]

5. Markieren Sie den als AutoText zu verwendenden Eintrag, und wählen Sie den Befehl BEARBEITEN/AUTOTEXT bzw. klicken Sie in der AutoText-Symbolleiste auf der Schaltfläche *Neu.*[3]

So geht's!

---

[1] Siehe Kapitel 5, Abschnitt *Suchen und Ersetzen.*
[2] Zum Speichern siehe Kapitel 8, Abschnitt *Speichern.*
[3] Ausführlich in Kapitel 5, Abschnitt *Automatisierte Texterstellung.*

6. Geben Sie im Textfeld *Name* den Namen des Verfassers, gegebenenfalls auch die Jahreszahl ein.

7. Wiederholen Sie die Schritte Nr. 5 und 6 für weitere Einträge.

Kurzbeleg-AutoTexte im Manuskript einfügen

AutoTexte für Kurzbelege werden innerhalb des Fußnotentextes eingefügt.

So geht's!

1. Drücken Sie die Tastenkombination [Strg]+[Alt]+[F], um eine Fußnote einzufügen.[1]

2. Schreiben Sie den Verfassernamen, unter dem Sie den Kurzbeleg-AutoText gespeichert haben, und drücken Sie die Taste [←] bzw. die Funktionstaste [F3][2]. Damit wird der Kurzbeleg-AutoText eingefügt. Der Cursor steht hinter der Seitenabkürzung „S.".

3. Geben Sie die für den Beleg erforderliche/n Seitenzahl/en ein, und drücken Sie die Tastenkombination [Strg]+[Alt]+[Z], um in den normalen Text zur Fußnote zurückzukehren.

---

[1] Ausführlich in Kapitel 28.

[2] Zu den beiden Möglichkeiten siehe Kapitel 5, Abschnitt *Automatisierte Texterstellung.*

Zusammenfassung 49

Wenn Sie eine Zusammenfassung schreiben, dann gehört sie wie die Einleitung zum Hauptteil der Arbeit. Ob eine Zusammenfassung am Schluss des Hauptteils notwendig ist oder nicht, darüber gehen die Meinungen auseinander. Möglicherweise begegnen Ihnen sogar innerhalb derselben Hochschule in verschiedenen Fachbereichen/Instituten unterschiedliche Anforderungen. Während hier die Zusammenfassung als überflüssige Wiederholung abgelehnt wird, muss sie dort als notwendiger Bestandteil in das Manuskript eingefügt werden. Klären Sie die Frage deshalb mit dem Betreuer Ihrer Arbeit.

49.1 Selbst erstellen oder erstellen lassen?

Sie sind – zumindest vor Abgabe und Begutachtung Ihrer Arbeit – die einzige Person, die den Inhalt der Arbeit in wenigen Sätzen zusammenfassen kann. In der Regel werden also Sie das tun.

Was Sie können

Word bietet die Möglichkeit, eine Zusammenfassung eines Textes erstellen zu lassen (EXTRAS/AUTOZUSAMMENFASSEN). Ob sich diese Funktion tatsächlich eignet, eine wissenschaftliche Arbeit zusammenzufassen, kann sicher berechtigterweise diskutiert werden; ich bezweifle es. Denkbar ist der Einsatz der Funktion bei der Erstellung von Abstracts von Aufsätzen, also von relativ begrenzten Textmengen.

Was Word kann

Ich habe den Text dieses Kapitels – ohne Abschnitt 49.1 – von Word zweimal zusammenfassen lassen (Optionen: *Neues Dokument erstellen, Länge der Zusammenfassung 25% vom Original*). Das Ergebnis sehen Sie in den Bildern 49.1 und 49.2. Bei der ersten Zusammenfassung waren die Überschriften nicht als solche formatiert, sondern so wie der normale Text; bei der zweiten Zusammenfassung hatten die Überschriften Überschriftenformate.[1] Beide Zusammenfassungen unterscheiden sich inhaltlich deutlich voneinander.

Beispiel

---

[1] Zur Formatierung von Überschriften siehe Kapitel 46.

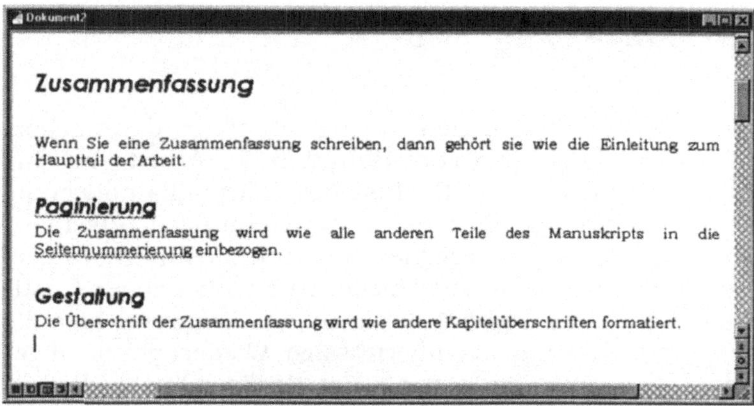

Bild 49.1:
Bei der ersten Variante der Zusammen- fassung bezieht Word den Abschnitt „Paginierung" mit ein ...

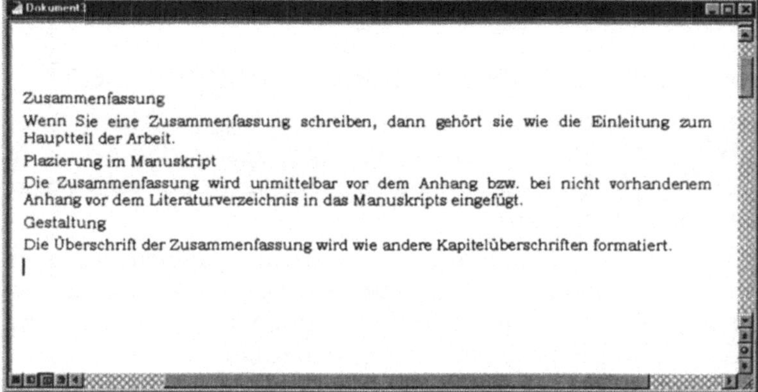

Bild 49.2:
... während bei der zweiten Variante statt dessen der Abschnitt „Plazierung im Manuskript" berücksichtigt wird.

49.2 Plazierung im Manuskript

Vor dem Anhang

Die Zusammenfassung wird unmittelbar vor dem Anhang bzw. bei nicht vorhandenem Anhang vor dem Literatur- verzeichnis in das Manuskript eingefügt. Je nach Umfang der Zusammenfassung plazieren Sie sie auf einer neuen Seite. Fügen Sie dazu nach dem letzten Kapitel des Hauptteils gegebenenfalls einen Seitenumbruch mit der Tastenkombination [Strg]+[←] ein.

49.3 Paginierung

Die Zusammenfassung wird wie alle anderen Teile des Manuskripts in die Seitennummerierung einbezogen. Die Paginierung erfolgt fortlaufend, also mit arabischen Zahlen.[1]

49.4 Gestaltung

Die Überschrift der Zusammenfassung wird wie andere Kapitelüberschriften formatiert. Dadurch lässt sie sich automatisch in das Inhaltsverzeichnis übernehmen.[2]   *Überschrift*

Der Text wird grundsätzlich wie andere Abschnitte for-   *Text*
matiert. Sie können jedoch im Rückgriff auf die in der Einleitung Ihrer Arbeit formulierten Fragestellungen oder Arbeitshypothesen die Ergebnisse als jeweils hervorgehobene Absätze formatieren.[3]

---

[1] Zur Seitennummerierung siehe Kapitel 42.
[2] Siehe Kapitel 31.
[3] Siehe Kapitel 5, Abschnitt *Zeilen und Absätze.*

Der Anhang 

Literatur- und Software-Verzeichnis 50

Das Literaturverzeichnis enthält neben der „papierenen" auch „elektronische" Literatur, die in Form von HTML-Dokumenten nur im Internet verfügbar ist.

Das Software-Verzeichnis enthält zwei Kategorien von Software: zum einen die Software, die ich in diesem Buch als Quellen *ver*-arbeitet habe; zum anderen Software, mit der ich bei der Erstellung des Buches *ge*-arbeitet habe.

50.1 Literaturverzeichnis

Deininger, Marcus/Lichter, Horst/Ludewig, Jochen/ Schneider, Kurt [Studien-Arbeiten, 1992]: Studien-Arbeiten: ein Leitfaden zur Vorbereitung, Durchführung und Betreuung von Studien-, Diplom- und Doktorarbeiten am Beispiel Informatik. Zürich: vdf; Stuttgart: Teubner, 1992

DUDEN Fremdwörterbuch [DUDEN Fremdwörterbuch, 1982]. Bearb. von Wolfgang Müller u.a. 4., neubearb. und erw. Aufl. Mannheim/Wien/Zürich: Bibliographisches Institut, 1982

DUDEN Rechtschreibung der deutschen Sprache [DUDEN Rechtschreibung, 1996]. Hrsg. von der Dudenredaktion auf der Grundlage der neuen Rechtschreibregeln. 21., völlig neubearb. und erw. Aufl. Mannheim/Leipzig/Wien/Zürich: Dudenverlag, 1996

Ebel, Hans F./Bliefert, Claus [Schreiben, 1994]: Schreiben und Publizieren in den Naturwissenschaften. 3., bearb. Aufl. Weinheim/New York/Basel/Cambridge: VHC, 1994

Eggeling, Thorsten/Springer, Thomas [Makroviren, 1996]: Keine Angst vor Makroviren. Tips und Profi-Lösungen zur Virenanalyse In: PC-Welt 12/96, S. 152-178

Graf, Joachim [Computergesetze, 1990]: Murphys Computergesetze oder wie das Gesetz, daß alles, was schiefgehen kann, auch schiefgeht, durch den Computer optimiert wird. München: Markt und Technik, 1990

Greis, Klaus P. [Metaphern, 1989]: Zur Verwendung von Metaphern in Wirtschaftstexten. In: Info DaF, 16. Jg., 4/1989, S. 460-471

Greis, Klaus P. [Studenten, 1995]: Textverarbeitung für Studenten: Word für Windows, WordPerfect für Windows, Ami Pro: Schreibtechniken für Studienarbeiten lernen und sofort umsetzen. Haar bei München: Markt und Technik, 1995

Henze, Stefan [Alltag, 1995]: Der sabotierte Alltag. Die phänomenologische Komik Karl Valentins. Diss. phil. Universität Konstanz, 1995. *http://www. uni-konstanz.de/ZE/Bib/diss/h/henze1.html*

Hoff, Alexander/Urbanczyk, Markus [Spracherkennung 1997]: Automatische Spracherkennung – Realität oder Fiktion? In: EHZ 1/97, S. 80-90

Krämer, Walter [Anleitung, 1994]: Wie schreibe ich eine Seminar-, Examens- und Diplomarbeit: eine Anleitung zum wissenschaftlichen Arbeiten für Studierende aller Fächer an Universitäten, Fachhochschulen und Berufsakademien. 3., durchges. Aufl. Stuttgart/Jena: G. Fischer, 1994 (UTB für Wissenschaft: Uni-Taschenbücher, Nr. 1633)

Poenicke, Klaus [Arbeiten, 1988]: Wie verfaßt man wissenschaftliche Arbeiten? Ein Leitfaden vom ersten Semester bis zur Promotion. 2., neu bearb. Aufl. Mannheim/Wien/Zürich: Bibliographisches Institut, 1988 (Duden-Taschenbücher: Bd. 21)

Rückriem, Georg/Stary, Joachim/Franck, Norbert [Technik, 1992]: Die Technik wissenschaftlichen Arbeitens: ein praktische Anleitung. 7., aktualisierte Aufl. Paderborn/München/Wien/Zürich: Schönigh, 1992 (UTB für Wissenschaft: Uni-Taschenbücher, Nr. 724)

Schneider, Wolf [Deutsch, 1992]: Deutsch für Profis – Wege zum guten Stil. 6. Aufl., München: Goldmann, 1992

Springer, Günter (Hrsg.) [Abkürzungslexikon, 1993]: Abkürzungslexikon Technik, Wirtschaft, Datenverarbeitung. 1. Aufl. Haan-Gruiten: Verlag Europa-Lehrmittel, 1993 (Bibliothek des Technikers)

Springer, Günter (Hrsg.) [Größen, 1991]: Größen, Formelzeichen, Einheiten in Naturwissenschaften und Technik. Haan-Gruiten: Europa-Lehrmittel, 1991 (Bibliothek des Technikers)

Technische Universität Chemnitz-Zwickau [Dissertationen, 1996]: Dissertationen im WWW. *http://www.bibliothek.tu-chemnitz.de/bibliothek/dissen.html*

Theisen, Manuel R. [Arbeiten, 1993], Wissenschaftliches Arbeiten: Technik – Methodik – Form. 7., überarb. und aktualisierte. Aufl. München: Vahlen, 1993 (WiSt-Taschenbücher)

Verein Deutscher Ingenieure [Richtlinie 2270]: VDI-Richtlinie 2270: Adjektivbildung mit ...los und ...frei. Sprachlicher Ausdruck für die Abwesenheit. Düsseldorf: VDI-Verlag, 1963

Werlin, Josef [Wörterbuch, 1987]: Wörterbuch der Abkürzungen. 3., neu bearb. u. erw. Aufl., Mannheim/ Wien/Zürich: Dudenverlag, 1987 (Duden-Taschenbücher, Bd. 11)

Ziegler, Christoph. [Monarch, 1997]: MONARCH – Ein Jahr Dissertationen online. Erfahrungsbericht für die Tagung „Dissertationen Online", Berlin, 17./18.3. 1997. *http://archiv.tu-chemnitz.de/pub/19 97/0013/ vortrag.html*

Ziegler, Christoph/Schumann, Merten [Archivierung, 1996]: Archivierung von Publikationen. *http://www. tu-chemnitz.de/home/czi/archiv/archiv_publications.ht ml*

50.2 Software-Verzeichnis

Adobe Acrobat 3.0. Adobe Systems Incorporated, 1996

ChemWindow 3, Version 3.0.2. SoftShell International, 1993

DeskScan II, Version 2.3.1a. Hewlett-Packard Co., 1995

FTP Explorer, Version 1.00. FTPx Corp., 1996

IBM VoiceType Simply Speaking 3.0.2. IBM Corp., 1997

Lexirom, Version 2.0. Unterschleißheim/Mannheim: Microsoft und Bibliographisches Institut & F. A. Brockhaus AG, 1996

Microsoft Access 97. Microsoft Corporation, 1997

Microsoft Excel 97. Microsoft Corporation, 1997

Microsoft Photo Editor 3.0. Microsoft Corporation, 1997

Microsoft PowerPoint 97. Microsoft Corporation, 1997

Microsoft Word 6.0. Microsoft Corporation, 1994

Microsoft Word 97. Microsoft Corporation, 1997

Microsoft Word für Windows 95. Microsoft Corporation, 1995

Netscape Navigator, Version 2.02. Netscape Communications Corporation, 1996

OmniPage Pro, Version 7.0. Caere Corp., 1996

Paint Shop Pro, Version 4.10. JASC Inc., 1996

Tiffany Plus, Version 2.50U. Anderson Consulting and Software, 1991

Volck, Stefan: *Liman Literaturmanager, Version 2.5.* 1996